Tous nos ouvrages sont disponibles aux

Éditions Decoopman
Ferrières
30440 Saint-Laurent-le-Minier
Tel : +33 (0)4.67.73.90.95
web : www.decoopman.com
e.mail : livres@decoopman.com

Olivier Lacaux
Jean Castanier

I.S.B.N. 978-2-36965-182-6
Dépôt légal : 1er trimestre 2024

Ouvrages parus
aux Éditions Decoopman
Collection « ***Sciences & Techniques*** »

Autos/Motos

- *Embrayages et freins* - R. Champly
- *Le Clos Serpollet* - P. Dubarry de Lassalle
- *Motocyclettes & side-cars* - M. Zerolo

Chemins de fer

- *La locomotive* - U. Lamalle & F. Legein
- *La machine locomotive* – E. Sauvage
- *Les chemins de fer* – A. Guillemin
- *Locomotive & Chemin de Fer* – L. Figuier

Électricité

- *Des électromoteurs* - T. du Moncel
- *La machine de Gramme* - A. Breguet
- *La bobine Ruhmkorff* - A. Loiseau
- *La serrurerie* - H. Havard

Génie humain

- *Comment on devient forgeron - R. Champly*
- *Traité de pneumatique - N. Boquillon*
- *Forges et fonderies - G. Franche*
-

Horlogerie

- *Gnomonique - G. Bigourdan*
- *Comptage du temps - R. Baierlein*
- *Échappements d'horloges et de montres - C. Gros*
- *L'horloger à l'établi - C. Gros*
- *Manuel d'horlogerie - P. Foucher*
- *Encliquetages*
- *Échappements à ancre* - École de Cluses
- *Guide-manuel de l'Horloger* - C. Saunier
- *Histoire de l'Horlogerie* - P. Dubois
- *L'Horloger* - C. Poncet
- *L'art de connaître les montres* - J. Gondy
- *L'art de l'Horlogerie enseigné en trente leçons* - Anonyme
- *Les merveilles de l'Horlogerie* - Portal-Graffigny
- *L'horlogerie électrique* - G. Tobler
- *Traité d'horlogerie moderne* - C. Saunier

Hydraulique

- *Traité d'hydraulique* - N. Boquillon
- *Machines destinées à l'élévation des eaux* - A. Morin

Marine

- *La Marine française* - F. Roux
- *Des bateaux aux couleurs de la Gironde* - F. Jouison
- *Abécédaire des forces sous-marines* - P. Nôtre & J. L. Vichot
- *La Marine de guerre* – L. Huard
- *La Marine de guerre – A. Sauvaire-Jourdan*
- *La navigation sous-marine* – G.L. Pesce
- *Les bateaux automobiles à pétrole* - R. Champly
- *Les paquebots à grande vitesse – M. Dumoulin*
- *Les Torpilles* – E. Hennebert
- *Sous-marins & submersibles - Max Laubeuf*
- *L'Artillerie moderne (Le monde industriel)* – L. Huard

Mécanique

- *507 Mouvements mécaniques* – H. Brown
- *760 mouvements mécaniques* - G. Vander Haeghen
- *Appareils d'obturation* - J. Gary et A. Druot
- *Des mécanismes élémentaires* - L.E. Loche
- *Engrenages & Transmissions* – G. Franche
- *Engrenages et vis sans fin* - R. Champly
- *Les Machines* – E. Collignon

Ouvrages parus
aux Éditions **Decoopman**
Collection « ***Sciences & Techniques*** »

Mécanique (suite)

- *Les mouvements mécaniques* - M. Nicaise
- Mécanismes des machines - H. Leblanc
- *Notions de technologie mécanique* - P. Beauvais
- *Organes de transmission* - R. Champly
- *Organes de machines* - J. Gary et A. Druot
- *Organes auxiliaires des machines* - R. Champly
- *Traité de mécanique industrielle* - S. Flachat
- *Traité pratique des engrenages* - L. Wève
- *Transmission du mouvement* - J. Gary et A. Druot

Moteurs

- *Les moteurs d'aviation* - C. Martinot-Magarde
- *Le moteur sans soupape Knight* - A. Contet
- *Les Moteurs* – H. de Graffigny
- *Les moteurs à vent* - R. Champly
- *Moteurs* - Max de Nansouty
- *Moteurs et gazogènes* - L. Letombe
- *Les moteurs* - H. de Graffigny

Moteurs Stirling

- *D'Asap à Rhombic 160* - D. Lyonnet
- *Fabriquer des moteurs Stirling* - A. Ross
- *Petits moteurs Stirling pour l'amateur* – D. Lyonnet

Vapeur

- *Catéchisme des Chauffeurs* - Collectif
- *Distribution de la vapeur* - M. Castelnau
- *Distribution de la vapeur dans les machines* - A. Spineux
- *Gouvernails à vapeur Farcot* – J. Farcot
- *Histoire de la machine à vapeur* – R.H. Thurston
- *L'A.B.C. du Chauffeur* – H. Mathieu
- *Les bateaux à vapeur* – L. Figuier
- *Les Locomobiles* – L. Figuier
- *Les machines à vapeur* - J.P. Delaby
- *La machine à vapeur* – E. Sauvage
- *La Vapeur – A. Guillemin*
- *Tiroirs et distributeurs de vapeur* – A. Madamet

Anatomie
de la voiture automobile

LE CHÂSSIS

Fernand CARLÈS
Ingénieur Civil

1913

– I –

LA DIRECTION

I - Notions générales

L'essieu avant (fig. 1) supporte les longerons par l'intermédiaire des ressorts à lames. Les essieux avant constituent donc une des parties non suspendues d'un véhicule.

Tout l'avant-train, formé par l'essieu et les deux roues directrices, est entraîné par l'intermédiaire des ressorts. Suivant leur mode d'attache ces ressorts travaillent donc à la compression ou à la traction. Si la jumelle

Fig. 1. — Avant-train d'une 18 HP Peugeot.
Essieu cintré, en double T, chapes fermées, barre de connexion derrière l'essieu, très bonne position des leviers.

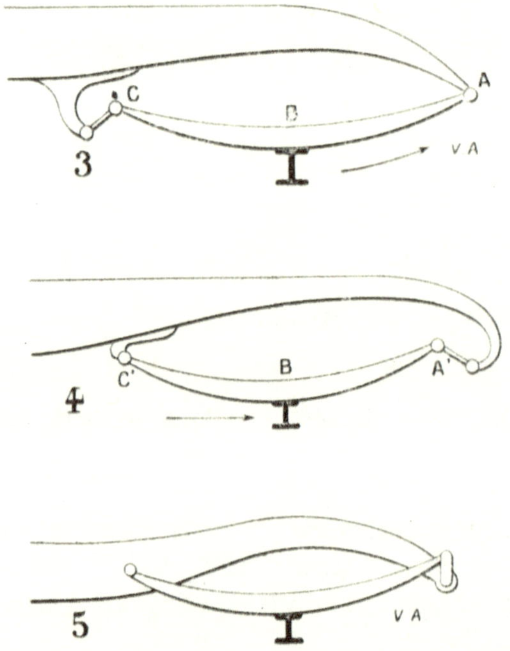

Fig. 2. – Ressort avec attache fixe à l'avant et jumelle à l'arrière. – Ressort avant avec jumelle à l'avant et attache fixe à l'arrière. – Autre montage du ressort avec jumelle à l'avant.

est à l'arrière du ressort (fig. 2) la partie A B du ressort tirera l'essieu, au contraire si la jumelle est à l'avant (figurine 4) l'essieu est poussé par la partie C' B du ressort.

La figurine 3 de la figure 2 représente le mode d'attache le plus communément adopté. Il est bien évident que par leur nature même, les ressorts travaillent dans de meilleures conditions à la traction qu'à la compression. Cependant nous trouverons sur quelques voitures des ressorts à jumelles avant; nous verrons quelles considérations ont guidé les constructeurs en les adoptant.

Une bonne direction ne peut être établie si le constructeur n'a pas tenu compte de la loi de fléchissement des ressorts avant, de même qu'il serait impossible d'établir une bonne transmission à cardans et même à chaînes sans tenir compte du fléchissement des ressorts arrière.

Examinons un schéma de direction (fig. 3). Sur ce schéma nous avons figuré la vis sans fin V de la barre de direction, le secteur S et le petit levier, A C la bielle de commande, D (vue en plan) le point d'attache de la barre de connexion, O l'axe du pivot de la roue.

Supposons que le ressort fléchisse et de la position dessinée en traits pleins sur la figure prenne la position indiquée en traits pointillés. Le ressort en s'aplatissant obligera l'essieu à reculer, comme on le voit sur la figure et au lieu de la position I, l'essieu prendra la position II ; l'essieu entraînera les pivots et les roues naturellement. Mais qu'advient-il de la bielle de commande A C ? Nous demandons à nos lecteurs un moment

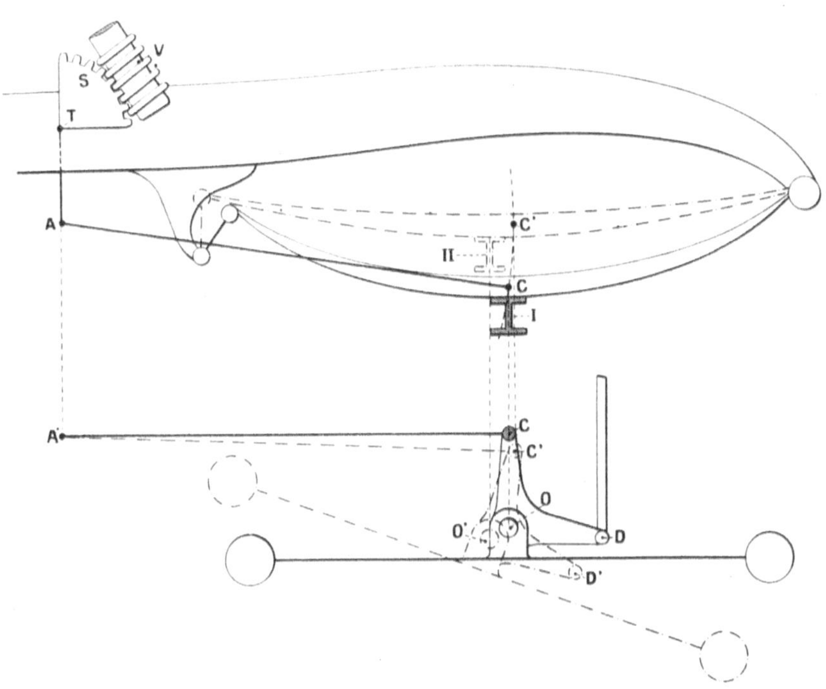

Fig. 3. – Schéma expliquant la déviation de la roue directrice lorsque le ressort fléchit.
TA – levier pendant ;
AC – barre ou bielle de commande ;
O – pivot de la roue (vu en plan).
Lorsque le ressort fléchit, le point C décrit un arc de cercle et vient en C'.
L'essieu vient de la position I à la position II.
Le pivot O, lié à l'essieu le suit dans son déplacement, entraînant l'équerre COD qui vient alors forcément en C' O' D' et la roue est déviée.

d'attention, ceci étant très important. Le point A ne bougera pas, car la direction est irréversible (tous nos lecteurs savent ce que cela veut dire, nous y reviendrons d'ailleurs plus tard ; il importe seulement pour le moment de remarquer que le levier T A ne bougera que s'il est commandé par le secteur S, mais tout effort exercé sur la bielle d'accouplement A C doit le laisser indifférent). Le point C ne pourra que décrire un arc de cercle autour de A comme centre, soit l'arc C C' ; l'articulation C se trouvera donc quelque part sur cet arc, en C'. Voyons ce qui se passe en projection horizontale :

L'essieu et le pivot O étant déviés vers la gauche, tandis que la projection du point C était venue en C', il faut que le triangle D O C prenne la position D' O' C'; par conséquent la roue sera déviée. Nous avons naturellement exagéré cette déviation à plaisir, pour rendre le phénomène plus compréhensible, n'empêche que cette déviation se produit en réalité et rend la direction instable. Une direction établie comme celle représentée dans notre schéma serait des plus dangereuses. On sent, rien qu'à l'inspection de la figure, que cela provient de ce que les ressorts ont trop de courbure ; on comprend qu'avec un ressort presque droit qui fléchit peu, le recul de l'essieu sera moindre; de plus la barre A C est dans le schéma trop courte. Plus elle sera longue, mieux cela vaudra ; enfin la bielle a une mauvaise position.

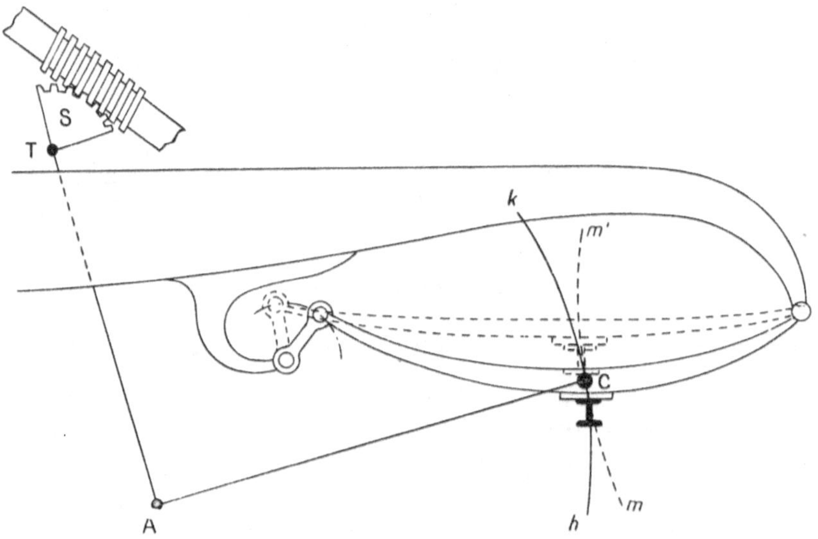

Fig. 4. — Déplacement de l'essieu suivant les flexions du ressort.
S, secteur de direction. — T A, le levier-doigt. — m n, courbe de déplacement du milieu du ressort. — h k, arc de cercle décrit par A comme centre et AC comme rayon.

En somme ce qu'il faut, c'est que la courbe décrite dans ses déplacements par la rotule C (voyez fig. 5) se rapproche autant que possible de l'arc de cercle décrit du point A comme centre et A C comme rayon. M. P. Ravigneaux a déterminé cette courbe (*Technique Automobile*, n° 1). Nous connaissons donc cette courbe qui a à peu près l'allure de la courbe dessinée sur la figure 4. Lorsque la jumelle du ressort est à l'avant (fig. 5) sa convexité est tournée dans l'autre sens et elle peut se confondre avec l'arc de cercle *mm'*. Mais les ressorts avec jumelle avant ne sont pas sans présenter des inconvénients comme nous l'avons vu, puisqu'on

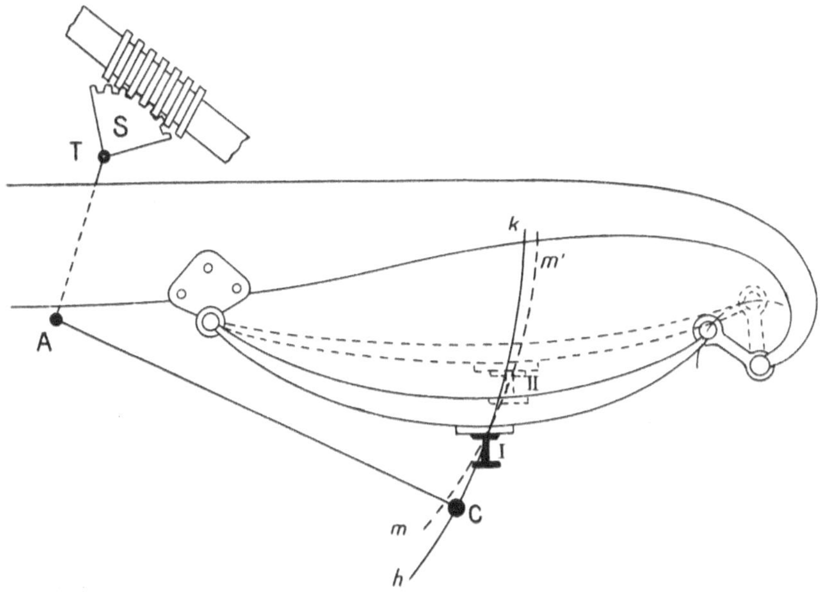

Fig. 5.
Avec jumelle à l'avant, les deux courbes m n et h k sont peu différentes.

fait ainsi travailler ce ressort à la compression ; avec ce dispositif, des ruptures de la maîtresse lame sont à craindre. Quelques constructeurs étrangers ont, pour éviter cet inconvénient, mis des jumelles avant et arrière et un tendeur à côté de la bielle de commande (fig. 6).

On voit encore qu'en plaçant le point A très bas, on peut arriver à faire coïncider les deux courbes sur une longueur pratiquement suffisante.

On corrige également ces effets en munissant la bielle de direction A C d'amortisseurs à ses deux extrémités. Ces amortisseurs sont constitués, en principe, simplement par une

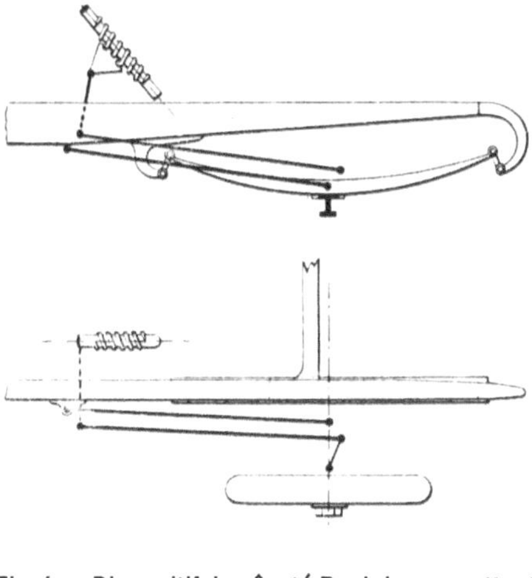

Fig. 6. — Dispositif de sûreté Poulain permettant de monter le ressort sur deux jumelles, une barre rigide articulée à ses deux extrémités relie l'essieu au ressort.

boîte à rotules fermée d'un écrou borgne ; la boule qui termine le levier est serrée dans cette boîte entre deux cuvettes qui compriment deux ressorts à boudins.

Ces ressorts entrent en jeu immédiatement après le choc qu'ils amortissent et ramènent le train dans sa direction primitive. Des petits chocs sont amortis sans trop de mal. Mais ce n'est qu'un palliatif ; le mal subsiste bien que dans des proportions moindres. Il faut même remarquer que ces amortisseurs sont une des causes du flottement ou dandinement des roues avant que l'on observe sur beaucoup de voitures. Nous reviendrons là-dessus.

De plus, les boîtes à rotules sont très délicates à usiner ; si elles ne sont pas toujours bien graissées et tenues bien propres — à l'abri de la poussière et de la boue, — elles s'usent rapidement et peuvent casser ou laisser échapper la rotule du levier. Mieux vaut donc combattre le mal à sa source et établir une direction présentant l'inconvénient à son moindre degré.

Comment peut-on voir si la direction a été bien établie à ce point de vue ?

Fig. 7. — Commande de la direction Renault.
B, barre d'accouplement bien horizontale. — D, cache-poussière de la boîte à rotule. — g, graisseur de la boîte. — G, boulon graisseur des jumelles. — E, équerre de commande.)

C'est assez facile. On cale les amortisseurs. (Il suffit pour cela de dévisser l'écrou borgne qui ferme la boîte à rotule et de remplacer les deux ressorts par des cales en bois de même longueur). Puis on soulève l'essieu en plaçant autant que possible un cric sous chaque patin de ressort. On charge ensuite l'avant pour comprimer les ressorts jusqu'à ce qu'ils soient devenus presque droits. On constatera une déviation des deux roues. Si cette déviation dépasse dix degrés, on peut dire que la direction est mauvaise. La bielle d'accouplement est alors sans doute trop courte, ou bien elle a une mauvaise position.

C'est bien fâcheux pour le propriétaire de la voiture, cependant il faudra qu'il se résigne. Je ne lui conseille pas de toucher à sa direction ; en allongeant par exemple le levier T A pour placer la barre A C comme dans la figure 5, d'un inconvénient il pourrait faire un danger. C'est d'ailleurs un conseil que j'aurai souvent à répéter : ne vous substituez pas au constructeur.

Si celui-ci a commis une faute, c'est quelquefois par erreur, mais c'est très souvent aussi qu'il a été obligé de choisir entre deux maux, le moindre. En voulant le corriger on risque de tomber de Charybde en Scylla.

C'est déjà quelque chose que de connaître les causes d'un mal, même s'il n'y a pas de remède. La sagesse nous commande de nous en contenter.

Résumons-nous : la déviation de la direction des roues avant sera d'autant plus faible que les ressorts seront plus longs et plus droits, que la barre d'accouplement sera plus longue.

Enfin, le levier pendant doit être long, le point A doit être placé très bas (pas trop cependant pour ne pas risquer d'accrocher des obstacles) ; de plus, comme nous le verrons plus loin, la longueur et la position des jumelles ne sont pas indifférentes non plus. Les jumelles doivent être longues et la position normale doit être presque verticale.

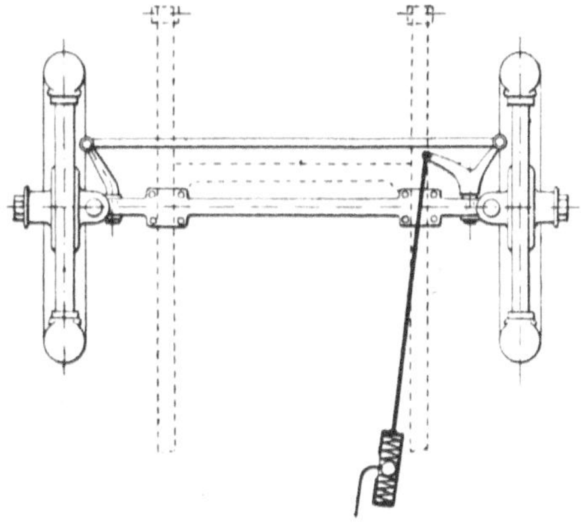

Fig. 8. — Vue en plan d'une commande de direction.
La barre de commande est munie d'un amortisseur à deux ressorts.

II – L'épure de la direction

Pour qu'une voiture ait une stabilité suffisante dans les virages, il faut avant tout que les quatre roues tournent autour d'un même point comme centre, en d'autres termes, il faut que les axes prolongés des quatre fusées passent par un même point. Si deux roues seulement, les deux roues avant par exemple, sont directrices, *il suffit pour que cette condition soit satisfaite, que les axes prolongés des fusées de ces deux roues se rencontrent toujours pendant le virage sur la ligne X O, prolongement de l'essieu arrière* (fig. 9).

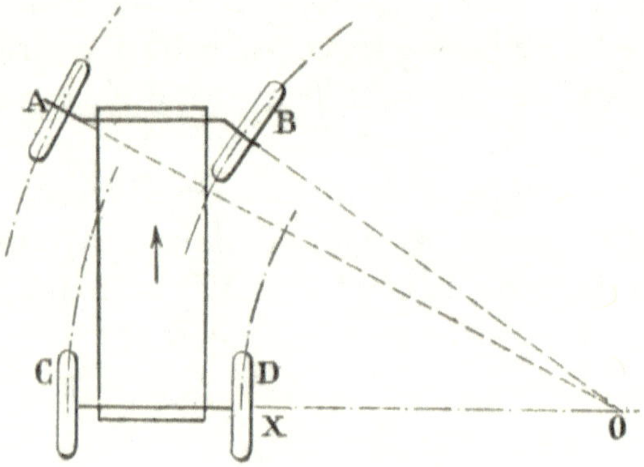

Fig. 9. Dans un virage, les axes des fusées des roues directrices A et B doivent converger et se rencontrer en un point situé sur le prolongement X O de l'axe des roues non directrices CD.

Mais la réalisation pratique de ces conditions conduirait à des solutions beaucoup trop compliquées. Or, la simplicité est une des plus précieuses, sinon la plus importante des qualités d'une direction.

On se contente donc de solutions approchées.

Dans la direction à quadrilatère simple, qui est presque la seule employée aujourd'hui, on satisfait pratiquement à cette condition soit par la disposition Jeantaud, soit par la disposition Panhard-Levassor (fig. 10, schémas I et II).

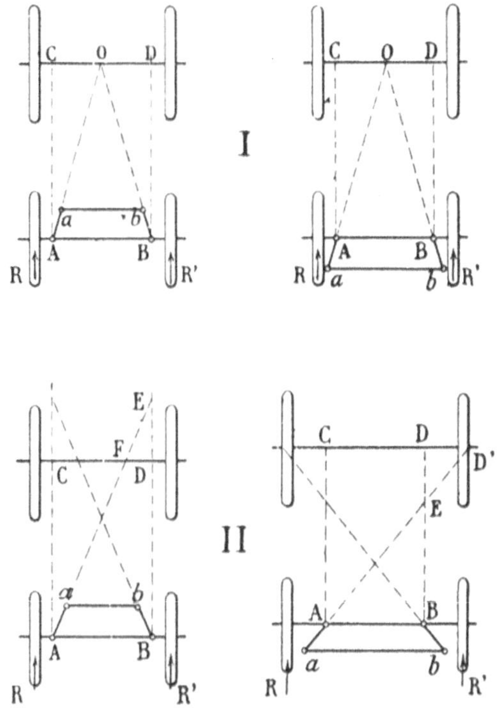

Fig. 10.
Schéma I, à gauche. — Quadrilatère de direction Jeantaud. Les leviers de connexion Aa et Bb doivent se rencontrer au milieu O de l'essieu arrière ; la barre de connexion a b est derrière l'essieu. À droite : épure Panhard-Levassor, avec barre de connexion a b devant l'essieu, les droites a A et b B doivent également converger en O, milieu de l'essieu arrière.
Schéma II. — Épure Carlo Bourlet. Il faut que l'on ait EF = 2 A a pour la barre de connexion placée derrière l'essieu, et de même E D = 2 A a pour la barre de connexion placée devant l'essieu.

Cette liaison a été étudiée pour la première fois en 1818, par Lankensperger de Munich, et mise au point par l'anglais Akermann. En 1878, Jeantaud donna la règle suivante : *les articulations a et b doivent se trouver sur les droites* (ou leur prolongement) *reliant les axes des tourillons A et B au centre O de l'essieu arrière.*

M. Carlo Bourlet de son côté a posé la règle simple suivante (fig. 10, schéma II) : Prolongeant A a jusqu'à sa rencontre E avec la droite B D menée de B parallèlement à l'axe de la voiture, appelant d'autre part F le point d'intersection de la droite A E avec l'essieu arrière C D (ou plus exactement avec l'axe des fusées des roues arrière), il faut que E F = 2 A a.

L'épure C. Bourlet donne une solution meilleure que l'épure Jeantaud. Pourtant, c'est cette dernière qui est plus souvent employée dans les bureaux de dessin.

La disposition Jeantaud comme la disposition C. Bourlet, ne sont satisfaisantes que pour de petits angles de braquage ; à partir de 25° environ l'une et l'autre deviennent imparfaites, et cela à mesure que l'angle de braquage augmente. Mais dans la pratique on peut se contenter de cette approximation, d'autant plus que les grands angles de braquage ne sont employés qu'à allure très réduite et cela pour des raisons que nul chauffeur n'ignore.

Le dispositif Bourlet est surtout avantageux pour les voitures longues et étroites, comme nos torpédos rapides actuelles. Mais des nécessités de construction priment en général toutes autres considérations dans le choix de l'un ou l'autre système. Il faut, en effet, que les leviers A a, B b et la barre de connexion a T ne soient pas gênés et ne gênent pas les ressorts et le carter inférieur du moteur. Comme on cherche à diminuer le plus possible la distance des tourillons A ou B aux moyeux des roues pour diminuer le porte-à-faux des fusées, on est souvent conduit à prendre avec les règles ci-dessus des libertés regrettables. Il s'ensuit une stabilité précaire dans les virages à petit rayon et surtout une usure trop grande des bandages des roues avant.

Si la direction de la voiture est mal établie, il n'y a, je le répète, pas grand-chose à faire. On pourrait évidemment améliorer la direction et se rapprocher des systèmes ci-dessus décrits, en allongeant tel levier, en courbant tel autre. Mais ces modifications présentent toujours un certain danger, tous ces organes étant calculés pour un certain travail à la flexion ; si on modifie leur forme ou leur longueur on risque de diminuer leurs coefficients de sécurité et on s'expose à des ruptures qui peuvent avoir les plus graves conséquences. Soyez d'ailleurs bien persuadé, que si le constructeur a établi une mauvaise direction, c'est qu'il n'a pu faire autrement, les proportions d'ensemble étant mauvaises.

Le problème de la direction a cependant été un des plus travaillés ; innombrables sont les solutions proposées pour l'améliorer. Le défaut de presque toutes est d'être trop compliquées, d'avoir trop d'articulations. La solution de M. Lavenir, parfaite au point de vue de la stabilité, n'a pas été adoptée parce qu'elle comporte deux articulations et deux leviers de plus que le simple quadrilatère. La solution à glissières, à axes, à double quadrilatère ont eu le même sort et pour la même raison. Quelques petites voiturettes sont encore munies de la direction à sonnette ; nous n'en parlons que pour mémoire.

III – Les leviers doivent être simples de forme

Dans une direction bien comprise, il faut que les leviers et bielles soient aussi simples de forme que possible, il faut éviter les coudes et contre-coudes, la bielle de commande A C et la barre de connexion D E en particulier ne doivent pas avoir de coudes. Des nécessités de construction obligent cependant parfois à cintrer légèrement ces organes, il faut alors leur donner une section beaucoup plus forte que celle qui serait nécessaire avec des barres droites. (La barre de connexion travaille très peu en temps normal, mais dans un choc latéral d'une des roues contre un obstacle, c'est elle qui doit résister tout d'abord, sans souffrir d'une déformation permanente. L'usure prématurée des bandages avant a souvent pour cause le non parallélisme des roues, résultat d'une déformation de la barre de connexion.)

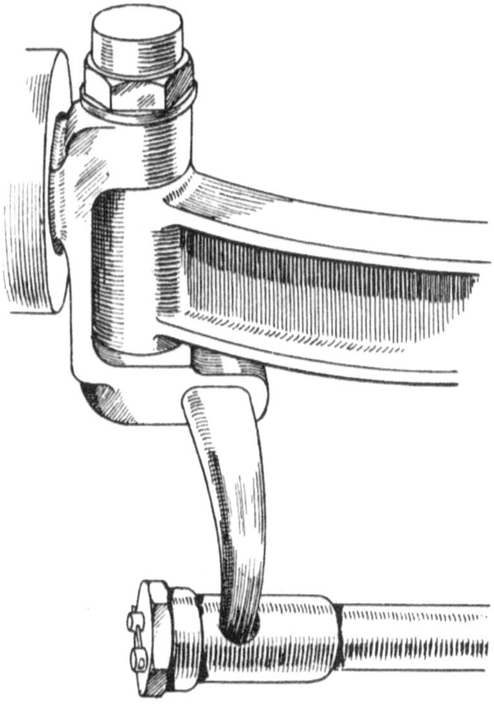
Fig. 11.

Mais les organes qui travaillent le plus, dans une direction, sont le levier pendant A T, ou doigt, et l'équerre C O D, qui est très délicate à établir et casse souvent à la base. Le levier de commande O C est le plus souvent venu de forge avec le bras O D ; il faut alors couder le bras O D pour le renvoyer soit vers le bas, soit vers le haut, suivant que le point d'articulation se trouve au-dessous ou au-dessus de l'essieu.

On peut atténuer ou éviter même le contre-coude de cette pièce en adoptant le genre de montage comme dans les voitures Labor par exemple.

Le bras de connexion O D et le levier O C, formant alors pièces distinctes, clavetées chacune de son côté sur le tourillon. On a construit dans ce but des chapes à deux yeux, comme nous le verrons plus loin (fig. 13).

IV - Les amortisseurs de commande

Une commande de direction doit avoir une certaine irréversibilité. Il ne faut pas que les chocs latéraux contre des obstacles, qui font dévier plus ou moins les roues, se répercutent jusqu'au bras du conducteur. La fatigue imposée à celui-ci serait, avec nos voitures

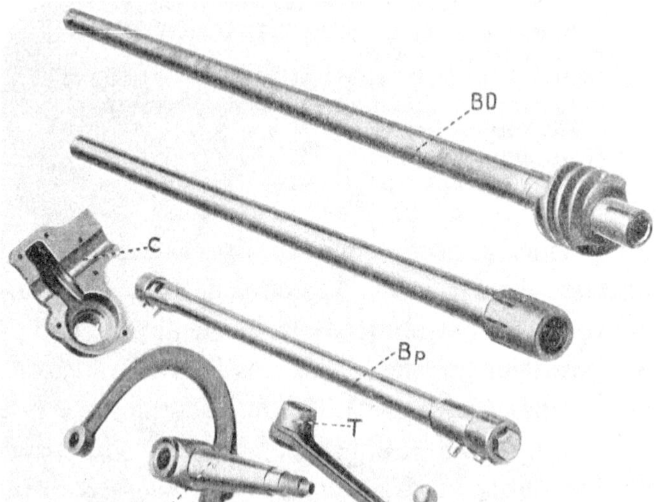

Fig. 12. — Les pièces de la direction S. A. V. A.

B D, barre de direction. — C, carter. — Bp, bielle de commande. — E, équerre. T, levier. — A, doigt. — S, secteur avec son axe.

Il faut remarquer que la vis est d'une seule pièce avec la barre de direction ; de même l'équerre est d'une seule pièce avec la fusée. On obtient ainsi le maximum de solidité.

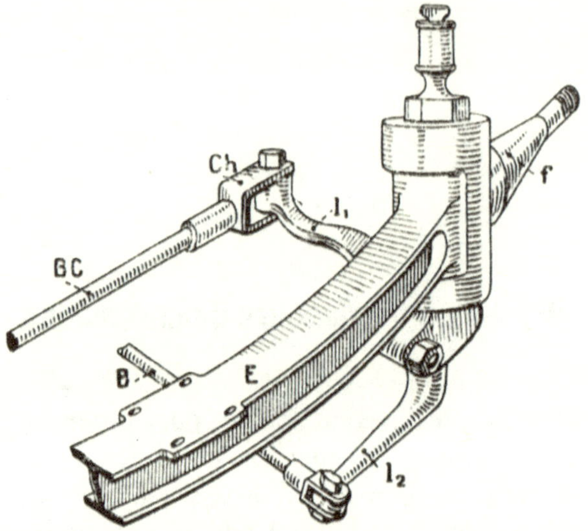

Fig. 13. — Commande par des leviers séparés.

l_1, levier de connexion. — l_2, levier de commande. — B, bielle de commande. — B c, barre de connexion.

Dans cette commande (direction à gauche) le levier 1, et la barre de connexion sont bien protégés derrière l'essieu, mais le levier l_2 est trop exposé aux chocs avec les obstacles de la route.

E, essieu.

F, fusée conique.

rapides, trop grande. Mais cette fatigue que l'on évite ainsi au conducteur, c'est la direction elle-même qui l'éprouverait, si la commande était absolument rigide ; elle n'y résisterait pas longtemps.

Tout en possédant un mécanisme sans jeu, il faut encore que la commande ait une certaine élasticité. On lui assure cette qualité par l'interposition d'amortisseurs. La figure 15 montre un de ces appareils et les pièces qui le constituent. C'est une boîte à rotule, avec deux ressorts amortisseurs. S'il y a deux ressorts, un seul appareil suffit, on le monte soit en A, soit en C ; s'il n'y a qu'un ressort, il faut deux appareils, un en A et un en C (fig. 16). Les ressorts à boudin des amortisseurs ne doivent être ni

Fig. 14.— Montage d'une bielle de commande de direction à deux amortisseurs du même côté.

trop doux ni trop durs. Dans le premier cas ils font flotter les roues directrices (dandinement) ; dans le second cas, ils ne remplissent pas convenablement leur office, n'amortissent pas suffisamment les chocs. Leur course doit être également déterminée avec soin. Enfin, la boîte à rotules doit être bien protégée, et l'ensemble du mécanisme être toujours bien graissé.

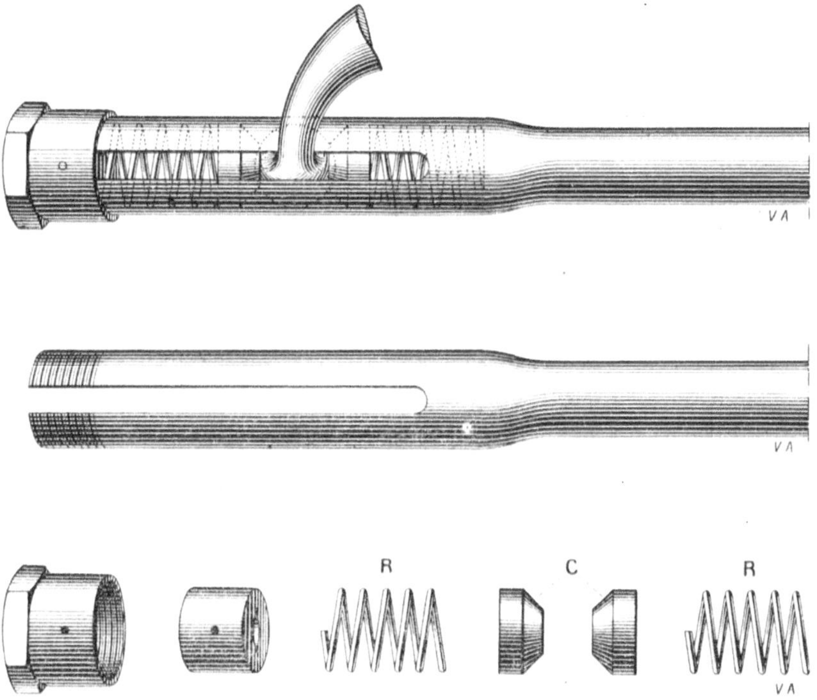

Fig. 15. — Ensemble et détail d'un amortisseur de direction.
C, galets. — R, ressorts à boudin.

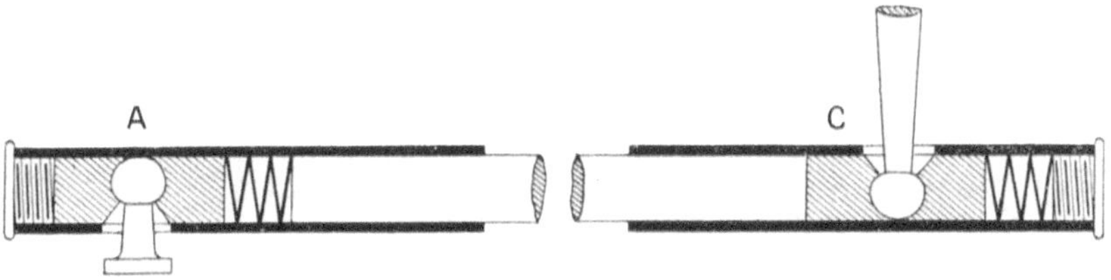

Fig. 16.- Montage avec un amortisseur à chaque bout de la bielle.

La barre de connexion devant toujours avoir une longueur invariable, ne devra jamais porter d'amortisseurs. Mais cette barre de connexion devra être réglable, afin qu'il soit toujours possible de maintenir les deux roues directrices bien parallèles.

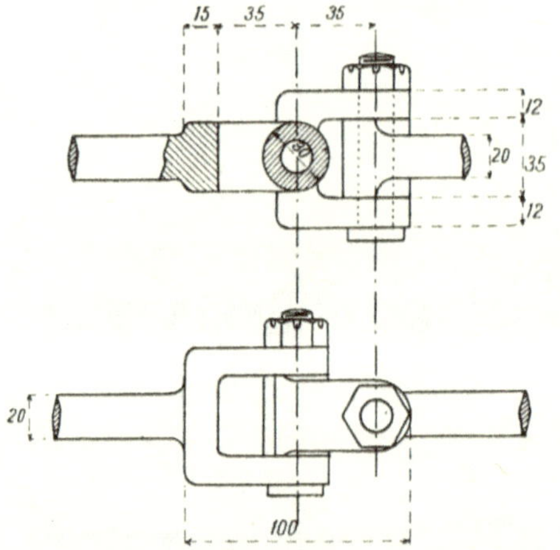

Fig. 17. — Articulation à joint de cardan employée dans les organes de direction de certaines voitures.
Les cotes correspondent à une chape à cardan normale.

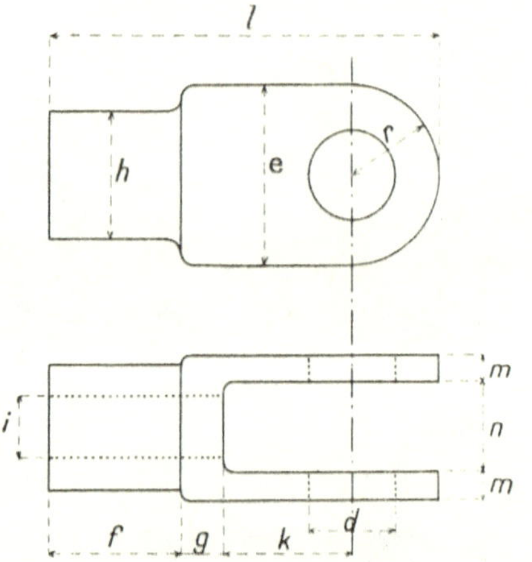

Fig. 18. — Chape normale.
l = 45, e = 20, d = 10, f = 15, k = 15, g = 5, h = 14, n = 10, m = 3, r = 10.

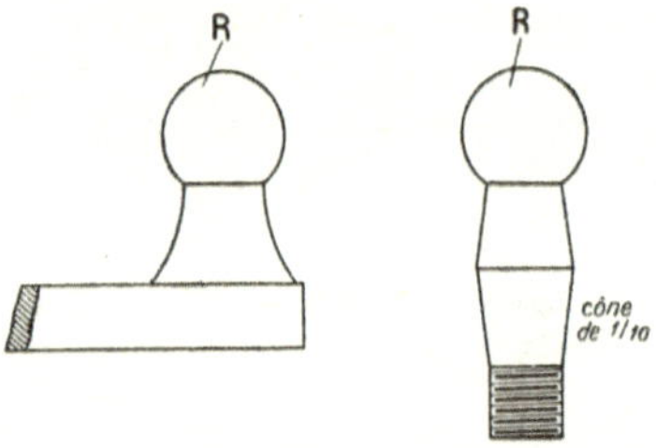

Fig. 19 — Doigt à rotule R.
La rotule peut être d'une pièce avec le levier, ou être montée par cône et écrou.

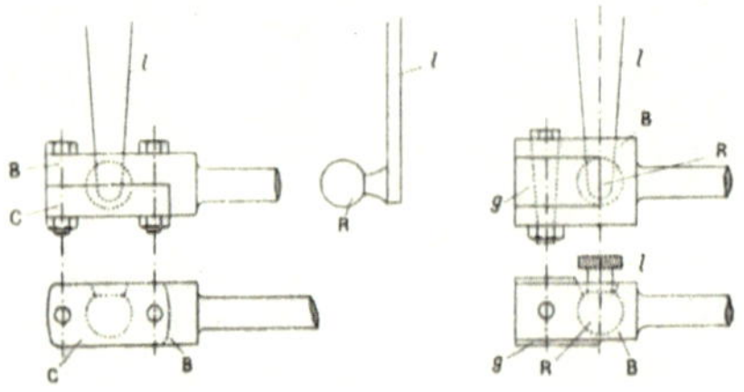

Fig. 20. — Deux différents montages des boîtes à rotules.
l, levier doigt. — R, rotule. — B, boîte. — C, chapeau de la boîte. — g, pièce de fixation de la rotule.

V - Le pincement des roues avant

Il faut que les roues ne soient ni trop serrées par l'avant, ni trop serrées par l'arrière. Quelquefois cependant, on serre les roues légèrement par l'avant, c'est ce que l'on appelle donner du « *pincement* ». Ce pincement ne doit pas dépasser 3 à 4 % de la voie, soit 5 à 6 mm.

Pourquoi donne-t-on du pincement ? J'ai presque envie de le demander moi-même. Deux réponses sont possibles :

1. - Parce que c'est l'habitude ;
2. - Parce qu'il vaut mieux avoir des roues convergentes vers l'avant que divergentes. À cela je riposterai qu'il vaut mieux avoir des roues tout simplement parallèles.

Mais on m'objectera que des roues parallèles ont une fâcheuse tendance à devenir divergentes, c'est-à-dire à s'ouvrir, tandis que les roues convergentes ont une tendance à se fermer, qu'il vaut donc mieux donner d'avance un léger pincement.

Les techniciens nous diront, de leur côté, que des roues légèrement fermées donnent un équilibre stable, tandis que des roues divergentes donnent un équilibre instable. En disant cela, ils pensent à une étude parue dans *La Technique Automobile* sur la stabilité de marche des roues directrices(1). Mais cette étude que nous allons analyser très rapidement, conclut également à l'inutilité du pincement. Au surplus, nous verrons plus loin que l'on obtient d'une manière plus élégante cette stabilité en montant les pivots en avant des fusées, dans un autre plan par conséquent. L'étude citée plus haut avait pour but de rechercher les causes du dandinement ou flottement des roues directrices, que l'on

(1) Dandinement et stabilité de marche des roues directrices, par M. Arnoux, *Technique Automobile* n° 3, mars 1906.

observe dans certaines voitures, aux allures les plus réduites, même sur des chaussées parfaitement unies.

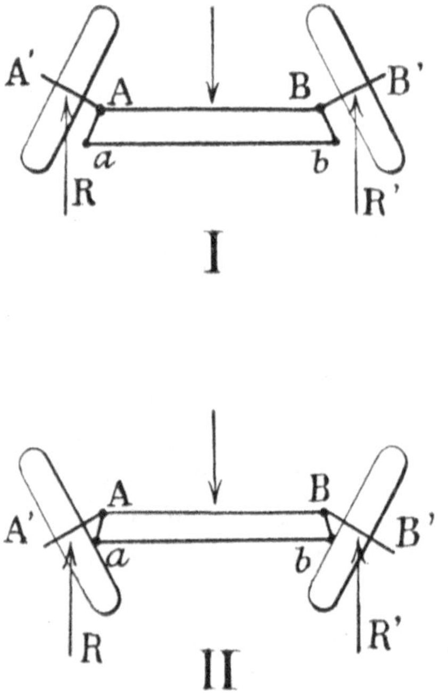

Fig. 21.

Schéma I : roues directrices divergentes. (La flèche du milieu indique le sens de la marche). Si les résistances R et R' sont égales ; il y a équilibre. Mais si la résistance R par exemple devient plus grande que R', la fusée A A' reculera ; la fusée R R' au contraire avancera, puisqu'elle est liée à la fusée AA' par le quadrilatère articulé A a et B b.
Les deux roues tournent donc du même côté : la roue montée sur la fusée B B' qui a déjà en elle-même tendance à se mettre dans la ligne droite (parce qu'elle est montée du dévers), aidera donc l'autre dans son mouvement.

Schéma II : roues directrices convergentes. Si la résistance R est plus grande que la résistance R', la fusée AA' reculera pour se mettre dans le prolongement de l'essieu B A ; mais l'autre roue, loin de favoriser ce mouvement, le contrariera par sa tendance à se redresser également (fusée B B' dans le prolongement de A B).

Ce dandinement est fort disgracieux, il est une des causes de l'usure des pneumatiques ; enfin ce balancement des roues produit un accroissement notable de la résistance au roulement du véhicule. M. Arnoux cite le cas d'une voiture, sur laquelle on constatait le dandinement des roues. Ce dandinement était dû à une divergence de 6°, à peine perceptible par conséquent à l'œil. On avait constaté que la vitesse maximum de cette voiture était fortement réduite depuis que les roues avaient commencé à flotter. Un calcul fort simple montrera en effet que sur les 28 chevaux du moteur, presque dix chevaux étaient absorbés du fait de cette résistance supplémentaire. Ces roues directrices chauffaient d'ailleurs plus que les roues motrices.

Voici à quoi tient ce flottement.

Considérez les figures 21 sch. I et II. La première représente un avant-train à roues divergentes dans le sens de la marche ; la seconde, également un avant-train à roues convergentes dans le même sens.

Dans le premier cas, si les roues sont également inclinées sur l'axe de la voiture, il y aura, en marche normale sur un terrain régulier, équilibre entre les résistances R et R'. Mais au moindre obstacle formant résistance d'un seul côté seulement, en R par exemple, l'équilibre sera rompu et la roue A tournera vers l'extérieur *aidée dans son mouvement par l'autre roue* qui tendra à se mettre droite, c'est-à-dire parallèlement à l'axe de la voiture ; l'équilibre une fois rompu, le système tendra à s'écarter de plus en plus de sa position normale et tout l'ensemble viendra, par la bielle de commande, agir sur le ressort de l'amortisseur jusqu'au moment où la compression de ce ressort équilibrera la résistance R ; l'obstacle ayant disparu, le ressort en se détendant ramènera brusquement le quadrilatère vers la position normale, *mais dépassera la position* en vertu de l'instabilité du système. Ce mouvement de balancement des roues une fois commencé, il n'y a plus aucune raison pour qu'il s'arrête, c'est d'ailleurs ce que l'on observe pratiquement.

Si maintenant nous considérons le cas des roues *convergentes*, nous voyons que si une résistance R est plus grande que l'autre R', la roue A aura une tendance à tourner vers l'extérieur (ou à se redresser), mais la roue B au lieu de suivre le mouvement, le contrariera, en offrant une résistance d'autant plus grande que le mouvement sera plus grand. Le système est donc en équilibre stable. *Mais si les roues sont parallèles, le système est aussi en équilibre stable*, et on n'a pas alors à craindre une usure prématurée des pneus, ni à vaincre une résistance supplémentaire, comme dans les deux autres systèmes.

La conclusion de cela ? *Vérifiez souvent le parallélisme de vos roues*. Ne vous fiez pas à l'excellente construction de votre voiture. Un choc a pu détruire ce parallélisme en faussant les leviers O C et O D qui dans toute bonne voiture sont en fer de Suède, métal très doux qui se plie vingt ou trente fois avant de se rompre. (Dans un accident, il vaut mieux une direction faussée que plus de direction du tout.)

À la cause ci-dessus examinée du flottement, il faut ajouter celle provenant d'un mauvais montage de la bielle de commande. C'est le cas que nous avons examiné longuement dans notre précédent article. Ces deux causes peuvent s'ajouter et rendre la direction tout à fait défectueuse.

VI - Directions stables

Nous avons vu que ni l'épure Jeantaud, ni l'épure C. Bourlet ne donnaient des virages absolument corrects. Le ripement des roues directrices a lieu dans les virages à petit rayon, ceux qui enlèvent déjà de la stabilité à la voiture.

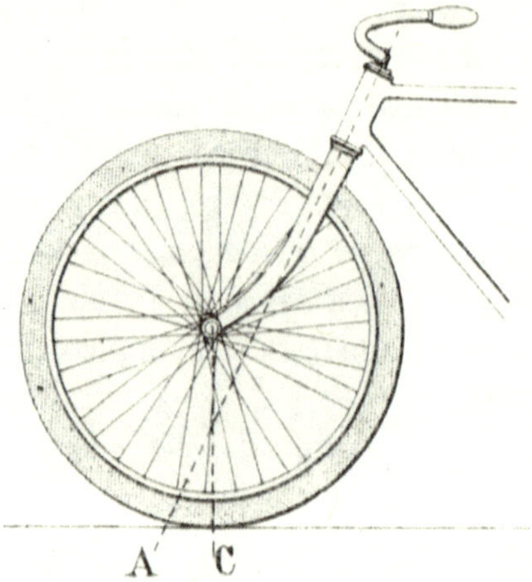

Dans l'épure Marot-Gardon, le plan formé par l'essieu avant, les bielles de connexion, c'est-à-dire le plan A B a b (fig. 10) n'est pas horizontal mais incliné vers l'arrière. Les axes des fusées au lieu d'être verticaux, sont perpendiculaires à ce plan A B a b, par conséquent inclinés vers l'arrière. Étant obliques par rapport au sol, l'axe de la fusée s'abaisse légèrement dans un virage ; de cette inclinaison il résulte

Fig. 22. — Une roue avant de bicyclette montée avec chasse A C positive. Lorsque la bicyclette roule sur le sol, si l'on tourne le guidon en laissant la douille de direction dans le plan vertical, l'axe de la fusée de la roue s'abaissera, et cela d'autant plus que la chasse est plus grande. Le centre de gravité s'abaisse donc pendant le virage, ce qui est excellent.

Mais il y a plus. Une roue directrice montée avec chasse positive se redresse d'elle-même dans un virage dès que l'on lâche le guidon. En effet, lorsqu'une bicyclette est en marche, si on tourne le guidon, il se développe, au point de contact C de la roue et du sol, une réaction horizontale F, dirigée en sens inverse de la marche, et croissant avec la vitesse. Avec une chasse positive, ce point de contact ne reste pas dans le plan de la roue arrière, mais est déporté dans le sens contraire au virage, tel que le montre la projection horizontale dans la fig. 24. La force F tend donc à redresser la roue dans le sens de la marche en ligne droite.

que les roues penchent dans un virage comme les roues d'une bicyclette (fig. 23).

Le ripement a lieu alors dans les virages à grand rayon, ceux que l'on prend en vitesse, et n'a plus lieu dans les virages courts.

Beaucoup de constructeurs, sans adopter toutefois l'épure Marot-Gardon, donnent au quadrilatère de direction une légère pente vers l'arrière ; *ce montage est excellent à tous les*

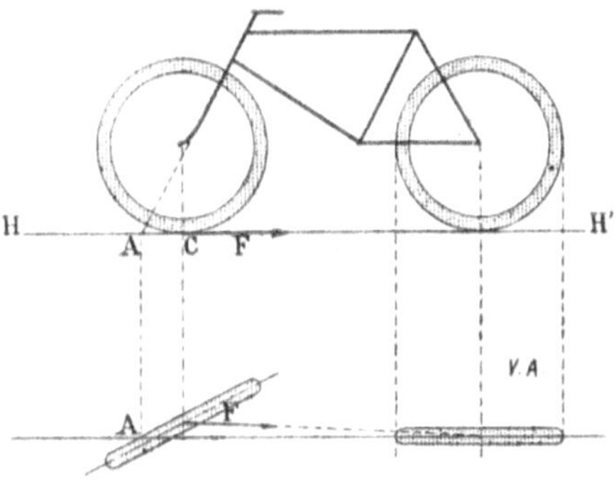

Fig. 23. — Lorsqu'on tourne le guidon, laissant la machine verticale, le point de contact C de la roue et du sol est déporté vers l'extérieur du virage.

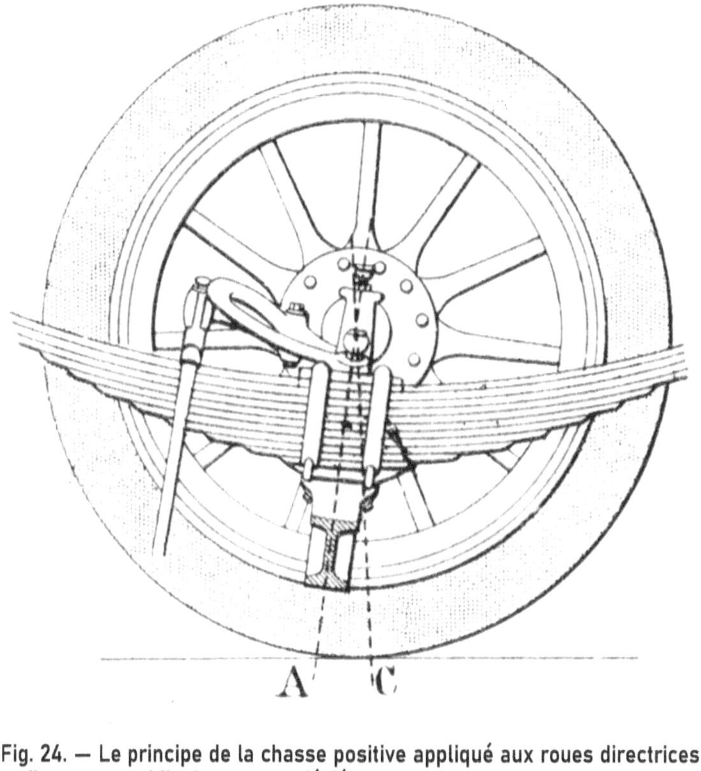

Fig. 24. — Le principe de la chasse positive appliqué aux roues directrices d'une automobile. Les roues, déviées par un obstacle, ont une tendance à se redresser d'elles-mêmes. Dans un virage, les roues penchent vers l'intérieur du virage comme les roues d'une bicyclette ; le centre de gravité est donc légèrement abaissé.

points de vue. Ils montent en somme les roues avec une *chasse positive*, dispositif adopté par tous les fabricants de bicyclettes.

Le même résultat est à peu près obtenu par le montage dans deux plans différents de l'axe du pivot et de l'axe de la fusée (40 chevaux, Lorraine-Diétrich). La direction est alors en équilibre stable comme dans le cas des roues pincées, les roues ont de plus une tendance à reprendre leur position normale d'elles-mêmes.

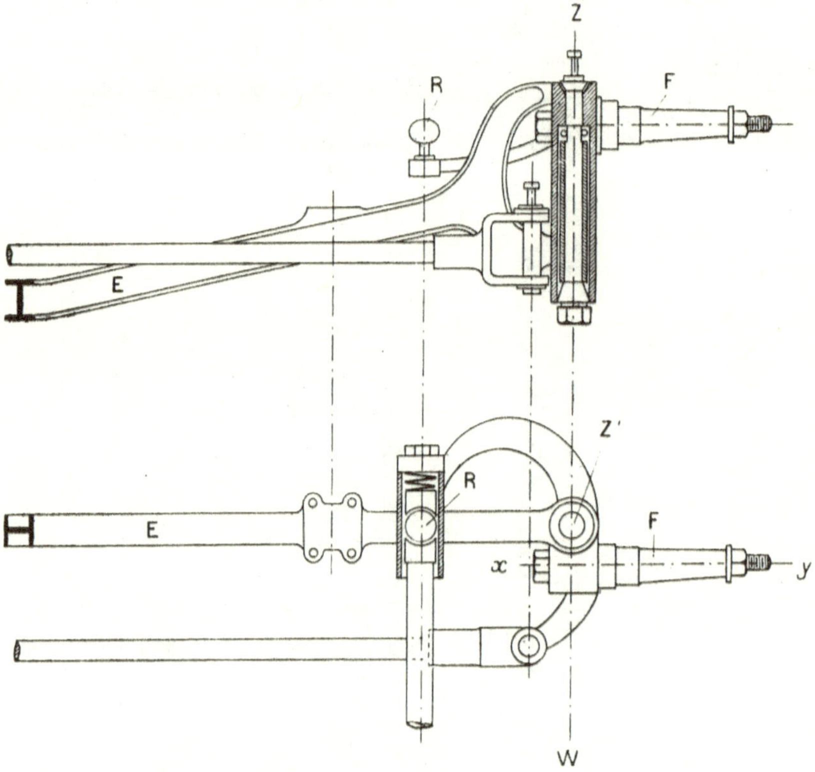

Fig. 25. — Un essieu (Benz) à chasse positive.
E, essieu. — F, fusée. — R, rotule du levier équerre. — x y, axe de la fusée. — Z Z' axe du pivot (La barre de connexion est derrière l'essieu).

J'aurai terminé avec la direction, lorsque j'aurai dit que dans l'établissement de l'épure directrice il faut que le constructeur ait pris soin que le braquage des roues soit le même à gauche qu'à droite pour un même angle de rotation du volant. Pour cela la position de la rotule C (fig. 16), du levier de commande de la direction doit être étudiée avec soin. Beaucoup de voitures pêchent encore à ce point de vue, elles braquent mieux dans un sens que dans l'autre. L'épure a été mal faite, il est difficile d'y remédier.

Fig. 26. — Détails de la direction et de la suspension avant de la 40 HP de Dietrich (chasse positive).

Remarquez que l'axe de la roue et celui du pivot ne sont pas dans un même plan. Ce mode de construction donne une facilité de direction véritablement extraordinaire. — C, montage à chape de la barre d'accouplement. — m, graisseur de l'axe. — a, montage à rotule de la barre de direction. — g, g, g, boulons graisseurs des axes de suspension. — R, montage à rotule du radiateur faisant disparaître les mauvais effets des déformations du châssis.

Mais, remarquons qu'il ne faut pas attacher trop d'importance à l'épure d'une direction, car cette épure n'a pu être établie que pour la marche sur un terrain idéalement uni ; or ce terrain idéalement uni ne se rencontre jamais dans la pratique.

La meilleure route est au moins bombée, et, à moins de rouler juste au milieu de la route, la voiture penchera d'un côté ou de l'autre d'où une différence de charge sur les roues, d'où déjà une déviation inévitable.

***

En somme, ce n'est pas tant au bureau de dessin que sur la route que l'on doit établir une direction, et c'est surtout par la qualité de la direction que l'on reconnaît que l'ingénieur qui l'a établie est un homme de laboratoire ou un pratiquant de la route.

VII - Essieux avant
Fusées et commandes de direction

Les essieux avant des voitures modernes sont presque toujours forgés en fer doux (et non en acier) de qualité supérieure. Les patins (parties plates sur lesquelles reposent les ressorts) sont enlevés dans la masse. Quelquefois les deux têtes sont forgées séparément, puis soudées à l'essieu réglé de longueur ; cet essieu peut alors être un tube.

On a fait jadis et on fait hélas encore, des essieux en acier coulé, qui sont moins coûteux évidemment que les essieux forgés, mais cassent au premier choc. Dans les voitures de course et dans quelques voitures rapides, on fait des essieux en acier doux, à faible teneur en nickel, et des essieux creux en acier nickel et manganèse.

Les fusées sont faites en fer de Suède ou des Landes ; lorsque les fusées sont lisses (sans roulements à billes) elles sont cémentées et trempées, mais la trempe ne doit exister que sur une très faible épaisseur, pour laisser au métal toute sa souplesse. Les moyeux sont en acier doux estampé, quelquefois encore en acier coulé; on les fait aussi en tôle d'acier emboutie et on obtient ainsi des moyeux très légers.

Roues en porte-à-faux – Le couple de réaction Pivots inclinés et pivots verticaux[2]

Du dessin des essieux et des fusées, de l'inclinaison respective des axes des pivots et du plan de la roue dépend en grande partie la facilité

(2) Nous avons parlé de pivots inclinés, mais il ne faut pas confondre les pivots inclinés dans le sens de la direction et les pivots inclinés de telle façon que leur axe prolongé passe par le point de contact du sol et du pneu. Nous avons vu l'utilité du premier dispositif, nous verrons l'utilité du second lorsque nous étudierons les essieux, les fusées et les moyeux.

de direction de la voiture. Dans les premières voitures automobiles, où les roues directrices étaient commandées par des renvois de leviers ou des crémaillères (commandes réversibles), l'organe de direction, guidon ou volant, dansait dès que la vitesse dépassait une certaine limite, une sarabande effrénée entre les mains du conducteur. C'était dangereux et fatigant. On a cherché la cause de cet inconvénient et on a imaginé un remède ou plutôt un palliatif ; on a rendu la direction irréversible par l'adoption de commandes par vis sans fin. De cette façon, le bras du conducteur ne recevait pas les chocs continuels et on a cru de bonne foi que cela suffisait. Mais si on avait supprimé les effets, la cause subsistait et les chocs qui ne parvenaient plus jusqu'au volant, faisaient souffrir les organes de la direction : le secteur et la vis sans fin. Il aurait mieux valu, évidemment, supprimer la cause elle-même, c'eût été d'autant plus naturel qu'on la connaissait très bien cette cause : le montage en porte-à-faux des roues directrices. Lorsqu'en effet une roue directrice d'une voiture rencontre un obstacle, il en résulte un choc, dirigé suivant un rayon de la circonférence de la roue. Ce choc peut être considéré comme la résultante de deux composantes, une horizontale dirigée d'avant en arrière, l'autre verticale dirigée de bas en haut. Le choc de bas en haut est absorbé en partie par les ressorts ; nous ne nous en occupons pas. Le choc horizontal

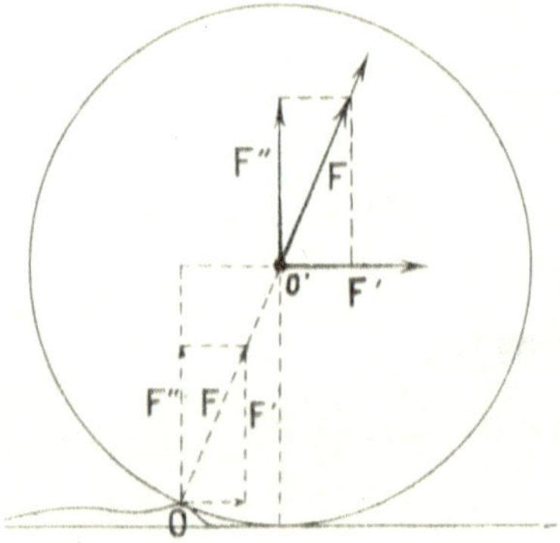

Fig. 27. — Réaction sur la voiture dans le choc de la roue contre un obstacle.
La réaction F, dans le sens du rayon O O', peut se décomposer en une force F' horizontale, et une force F" verticale.
Appliquant la force en O' centre de la roue, on voit que la force F' se transmet au châssis par l'intermédiaire de la fusée. La force F" est absorbée par les ressorts.

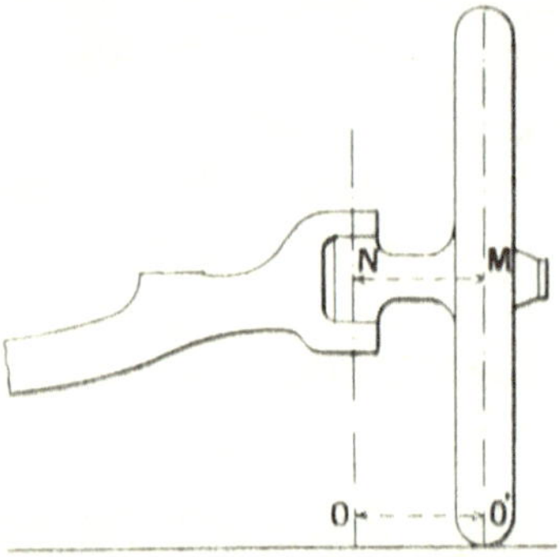

Fig. 28.— O' étant le point où la roue rencontre l'obstacle, O O' est le bras de force qui intervient pour faire dévier la roue. Il faut donc, pour éviter la réaction du choc sur la commande de la direction, réduire O O' à zéro, ou tout au moins diminuer le plus possible la distance NM.

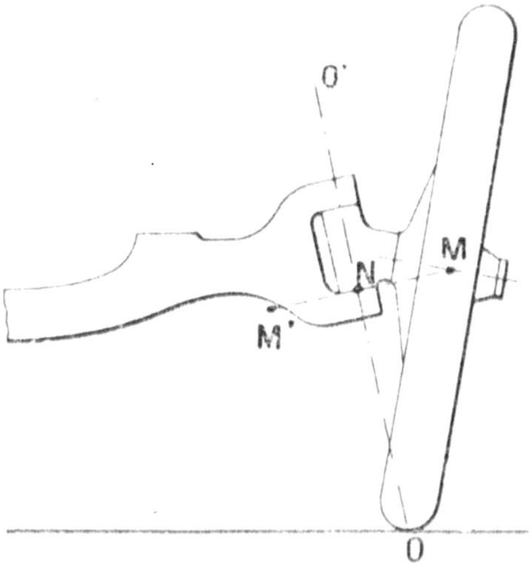

Fig. 29. — Essieu à pivot et fusée inclinés.

On a incliné sur la verticale le pivot et la roue. Lorsqu'on braquera la roue, le point M décrira un cercle autour de N comme centre, et N M comme rayon, le plan de ce cercle étant normal à O O'. D'une façon générale, le plan moyen de la roue restera dans toutes ses positions, tangent à un cône ayant O comme sommet, O O' comme axe et OM comme génératrice.

se transmet au châssis par l'intermédiaire des fusées. Comme la roue est en porte-à-faux (c'est-à-dire, comme l'axe du pivot n'est pas dans le plan de la roue), ce choc donne naissance à un couple qui tend à faire pivoter la fusée dans sa chape (fig. 27 et 28).

Plus l'obstacle est haut par rapport à la roue, plus cette composante horizontale est grande (en général cependant, pour les obstacles ordinaires, la composante verticale est de beaucoup plus grande que la composante horizontale ; les ruptures de ressorts sont donc plus fréquentes que les ruptures de direction, mais ces dernières sont plus graves). On ne peut donc la diminuer qu'en augmentant le diamètre de la roue. Mais dans cette voie, on est limité.

Il vaut d'ailleurs mieux détruire le couple. Un couple étant le produit de deux facteurs, il suffit d'annuler un des deux facteurs; il suffit pour cela de réduire à zéro le bras de force oo' (fig. 28). On y parvient, soit en mettant l'axe du pivot dans l'axe de la roue — solution théoriquement parfaite mais, pratiquement d'une

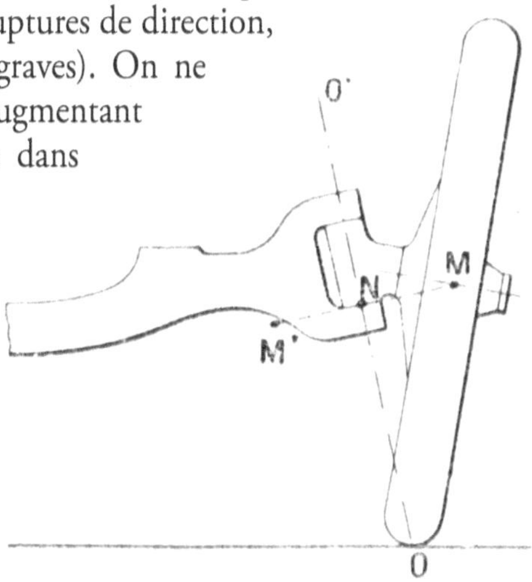

Fig. 29. En braquant la roue de 90° autour de ce pivot très incliné, elle prendra la position indiquée sur la figure. Le point M vient à N, le point O reste fixe ; on voit que la roue tend à s'enfoncer de h dans le sol.

réalisation difficile — ou bien en faisant passer l'axe de pivotement par le point de contact de la roue et du sol. Cette dernière solution, qui n'est qu'une solution approchée, donnerait pratiquement satisfaction car elle ne complique en rien la construction. On peut la réaliser soit en inclinant le pivot seul, soit en inclinant le plan de la roue, soit encore en inclinant les deux à la fois.

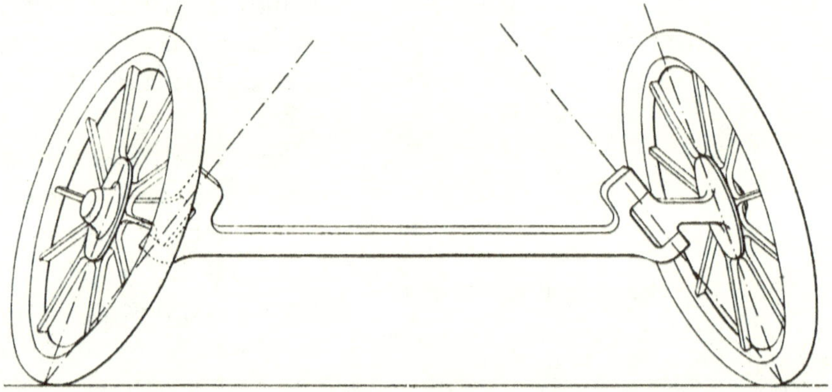

Fig. 31.– Cette figure montre, en l'exagérant, un autre inconvénient du montage avec pivots inclinés dans le plan de l'essieu. Les roues, dans un virage, s'inclinent en sens contraire.

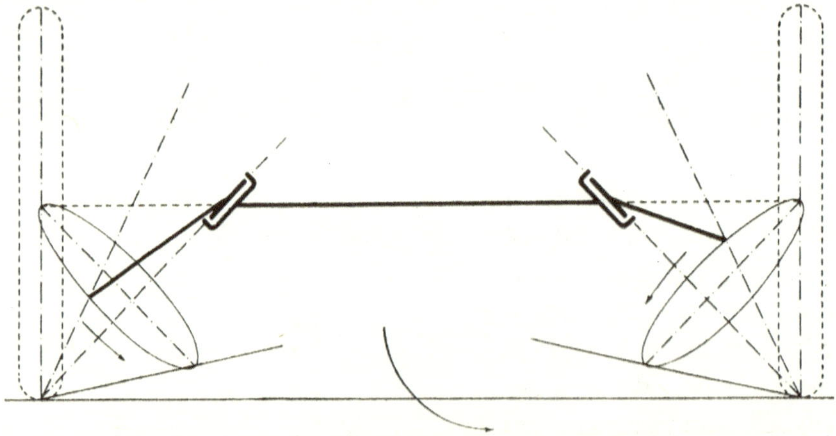

Fig. 32. – Schéma ayant servi à rétablissement de la figure précédente.
Les plans moyens des roues, pendant le virage, restent tangents aux cônes représentés sur la figure. L'essieu et les fusées sont représentés dans leurs positions respectives par des traits forts. La voiture vire dans le sens de la flèche du milieu.

Généralement c'est la dernière solution qui est adoptée. On incline le pivot, on donne un peu de dévers à la roue,— ce qui produit une réaction vers l'intérieur du châssis, c'est-à-dire pousse le moyeu vers le ressort — et on s'efforce néanmoins de diminuer autant que possible la distance N M (fig. 29).

Le dévers de la roue ne doit pas dépasser 1 à 2°, afin que les rayons de la roue, à laquelle on ne donne pas d'écuanteur comme dans les voitures attelées, travaillent toujours bien normalement au sol. On peut au contraire incliner le pivot sans inconvénient. Ce montage présente même, en dehors de l'atténuation des réactions sur la direction, l'avantage de ramener toujours la roue d'elle-même dans la ligne droite.

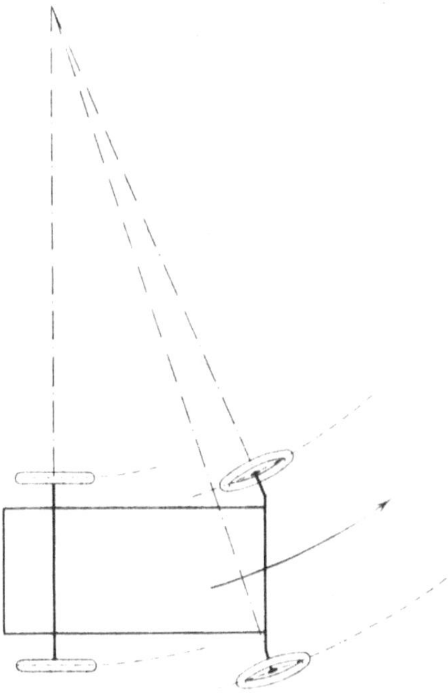

Fig. 33. — Schéma d'un virage correct.
Les deux roues directrices sont inclinées dans le même sens, vers l'intérieur du virage.

En pivotant autour de l'axe oo', le moyeu, ou plutôt un point quelconque du moyeu, le point M par exemple (fig. 29 et 30) décrit un arc de cercle, avec N comme centre et NM comme rayon, dont le plan est perpendiculaire à OO'. Si nous faisons faire à la roue un demi-tour complet, le point M vient en M' (fig. 29). Si nous lui faisons décrire un angle droit, la roue vient dans la position représentée par la figure 30.

Le moyeu tend à descendre plus on tourne la roue et celle-ci tend à s'enfoncer dans le sol. Comme ce n'est pas possible, c'est l'essieu qui se trouve soulevé de la quantité *h*. C'est le bras du conducteur par l'intermédiaire des commandes, qui soulève ainsi la voiture. Cet effort s'ajoute à celui nécessaire pour braquer les roues.

Avec un pivot aussi exagérément incliné que celui de la figure 30, cet effort serait assez considérable pour rendre la direction de la voiture très pénible. En réalité, avec un pivot incliné à 20 ou 30° au plus sur l'axe de la roue, l'essieu n'est soulevé que de quelques millimètres et l'effort est assez faible ; par contre, cet effort est suffisant pour ramener, dès qu'on lâche la direction, les roues dans la ligne droite, avec une direction non irréversible.

Avec les directions irréversibles, il aide au redressement des roues ; il ramènerait aussi les roues en ligne droite si la barre ou un organe quelconque de la direction venait à casser.

Enfin avec le pivot incliné, la roue tourne dans les virages et ne glisse pas. Avec le pivot vertical, le pneumatique glisse sur le sol et naturellement s'use à son contact. Le pivot incliné facilite aussi les braquages des roues à l'arrêt car elles tournent autour de OO' c'est-à-dire sur elles-mêmes.

Avec le pivot vertical elles sont obligées de glisser sur le sol ; pour éviter ce frottement dû au glissement, on est obligé d'exercer sur le volant un effort considérable qui peut amener la rupture d'un organe de direction.

Conclurons-nous de tout cela qu'il faut adopter le pivot incliné ? Ce serait aller un peu vite. Les avantages de ce dispositif sont incontestables, mais il présente un défaut grave : dans un virage les roues montées sur ce pivot s'inclinent, et malheureusement dans le mauvais sens. La figure 31 le montre d'une manière frappante ; les roues prennent un dévers en sens inverse, si j'ose dire. De plus, le centre de gravité au lieu de s'abaisser dans le virage — comme dans une bicyclette — s'élève, ce qui ne peut que diminuer la stabilité de la voiture.

Il faudrait, pour corriger ce défaut, incliner encore le pivot de l'arrière vers l'avant, comme dans l'épure de direction Marot-Gardon ; on peut encore déporter la fusée par rapport au pivot, comme nous l'avons déjà vu. Je ne crois pas que ces dispositifs combinés aient été essayés.

Remarquons cependant que dans ce croquis, nous avons exagéré à plaisir l'inclinaison du pivot ; il en résulte un porte-à-faux énorme. Inversement, avec un porte-à-faux important il faut incliner beaucoup le pivot, sous peine d'avoir un couple trop considérable.

Différentes catégories d'Essieux

Nous distinguerons trois catégories d'essieux (nous ne parlons pas des essieux à chevilles renversées qui ne se font plus).

1. - Essieux à double bain d'huile ;
2. - Essieux à chapes fixes ou ouvertes ;
3. - Essieux à chapes mobiles ou fermées.

Ces essieux peuvent être à fusées lisses ou à roulements annulaires.

La fusée lisse, ou tout au moins ses parties frottantes doivent être cylindriques ; son extrémité extérieure (du côté du chapeau) est filetée, tandis que l'autre extrémité est renforcée, parce que la fusée fatigue surtout au collet. Les essieux à fusées lisses sont encore employés pour les poids lourds ; pour les voitures de tourisme, ils ont été en général remplacés par les essieux à roulements à billes.

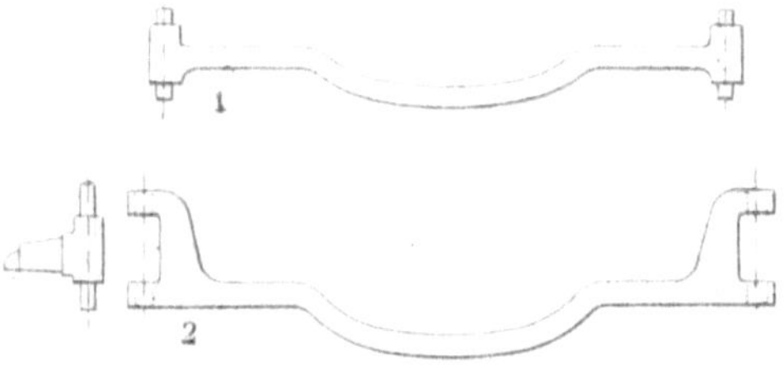

Fig. 34.
1. — Essieu à chapes fermées.
2. — Essieu à chapes ouvertes.

Au début des essieux à billes, les billes étaient placées entre cônes et cuvettes, ainsi que cela se pratique dans les bicyclettes. Mais le réglage fort délicat de ces roulements les a fait abandonner.

Essieux à double bain d'huile

La fig. 35 sch. I représente un essieu à double bain d'huile; dans ce type le porte-à-faux peut être très réduit. Le tourillon G est maintenu par les bagues en bronze dur D, et la charge repose sur la butée B. Ce type d essieux ne se construit plus, tout au moins en France, mais on le trouve encore sur des voitures d'il y a 5 ou 6 ans et sur quelques voitures américaines. Il présente l'avantage de se prêter très bien à la construction des essieux à tube, avec têtes rapportées. Un tel essieu, tout usiné (sans la fusée) peut revenir à une cinquantaine de francs, alors qu'un essieu de fer forgé coûte trois ou quatre fois plus. Avec ce type cependant, les ruptures de pivots sont toujours à craindre.

Essieux à chapes fixes ou ouvertes

Dans ces essieux, la chape fait partie du corps de l'essieu qui est forgé généralement d'une seule pièce ; les chapes sont fraisées en double T.

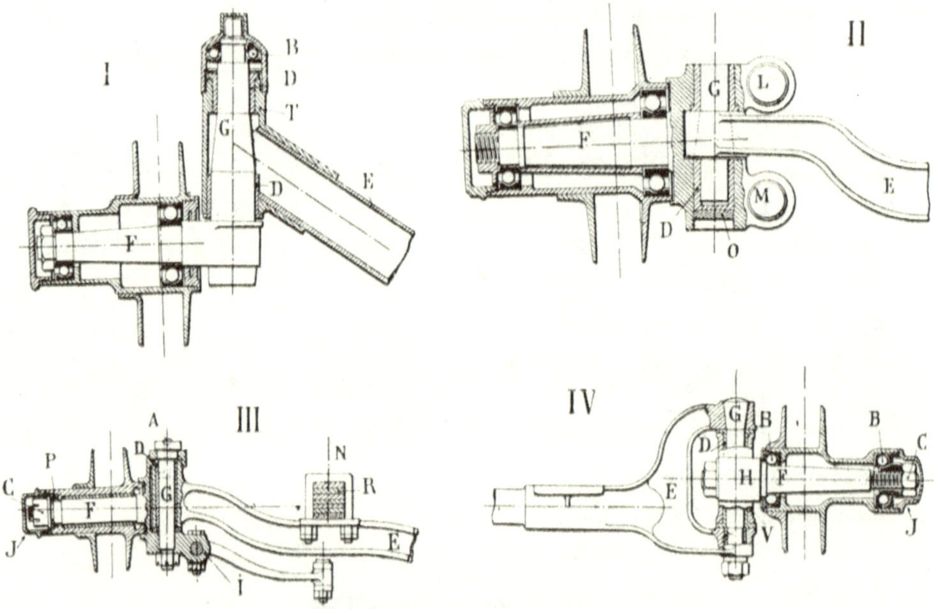

Fig. 35. — Quelques types d'essieux.

I. — Essieu à double bain d'huile. — E, essieu en tube. — F, fusée. — G, tourillon. — T, tête d'essieu. B, butée à billes. — D, bagues en bronze.

II. — Ancien essieu Daimler à chapes mobiles. — F, fusée. — G, tourillon. — D, bague. — O, écrou. — L et M, yeux pour les leviers de commande.

III. — Essieu à chapes mobiles et fermées. — D, bague emmanchée à force dans l'essieu. — G, pivot. — F, fusée. — A, trou de graisseur. — I, œil pour la fixation de l'équerre. — N, étrier de fixation des ressorts. — R, ressorts (en coupe).

IV. — Essieu à chapes fixes ou ouvertes. — E, tête d'essieu. — G, tourillon. — H, bossage dans lequel est emmanchée la fusée F.

La fusée et le pivot peuvent être d'une seule pièce, ce qui est préférable, ou être formés de deux pièces, comme dans la figure 35, sch. IV.

La chape E est traversée par un axe G, servant de pivot à une douille V munie, sur le côté, d'un renflement II où se trouve emmanchée et fortement bloquée la fusée F.

La douille D est garnie intérieurement de deux bagues de bronze D. Sur l'extrémité supérieure du pivot G, est généralement vissé un graisseur Stauffer et la graisse consistante descend par un canal central percé dans l'axe du tourillon et débouche sur les deux bagues qui se trouvent ainsi graissées. La fusée représentée sur cette figure est du type à cône et cuvette, maintenant abandonné.

Dans les quinze chevaux de Dion-Bouton, la fusée est emmanchée à la presse hydraulique dans un pivot à deux tourillons.

Les fusées rapportées sont surtout employées maintenant par le constructeur employant le dispositif connu sous le nom de moyeu déporté dont nous avons déjà parlé (40 chevaux Lorraine-Diétrich). Ce montage permet de diminuer le porte-à-faux, augmente l'angle de braquage et rend la direction très douce.

Essieux à chapes mobiles ou fermées

Les essieux, dont la chape d'articulation fait partie de la fusée, ont l'avantage de permettre des leviers beaucoup plus simples que les essieux à chapes fixes, principalement en ce qui concerne le levier double (équerre) qui doit éviter le bras de la chape dans les essieux à chapes fixes. En outre, dans les premières (chapes mobiles), il est possible de prévoir des joues à la chape et de placer du côté du corps une pièce légère, en laiton ou en cuir, fermant complètement la cage d'articulation, empêchant l'introduction de l'eau, de la boue et de la poussière et permettant un graissage aussi parfait que possible.

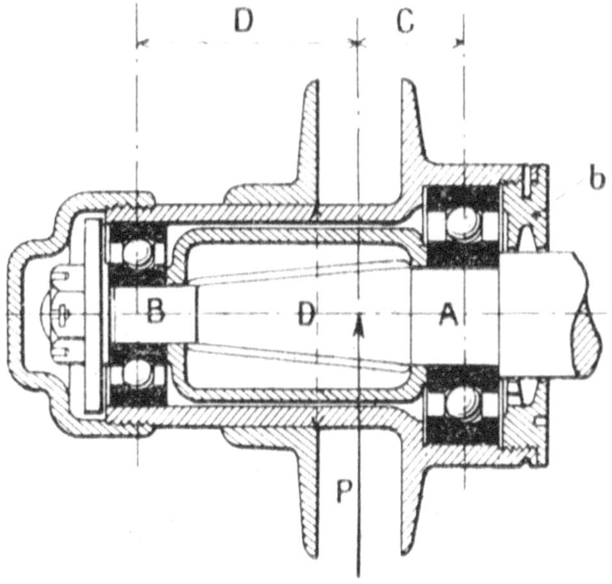

Fig. 36. Suivant la distance D et C des roulements au plan moyen de la roue, on calcule la répartition des charges sur ces roulements, de là découlent toutes les autres dimensions, en particulier les diamètres A et B.

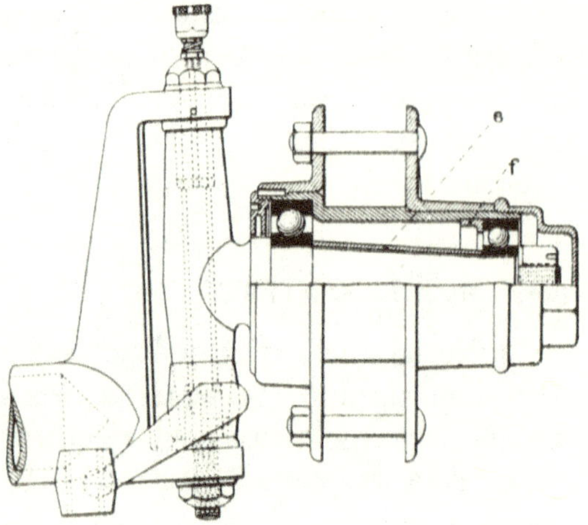

Fig. 37. — Type d'un essieu de construction étrangère.

Relevons les défauts suivants : L'entretoise *e* est trop faible. Absence de l'épaulement du chemin de roulement intérieur du petit roulement. Les chemins de roulement extérieur n'ont pas le jeu indispensable.
Le porte-à-faux est trop grand.

C'est pour cette raison que l'on désigne aussi ces essieux par le nom d'essieux à chapes fermées, par opposition aux essieux à chapes fixes ou ouvertes.

Dans l'essieu représenté fig. 35, sch. II un des anciens modèles Daimler, le pivot G est démontable ; on l'entre par le côté inférieur, on le coince dans l'œil de l'essieu, puis on met en place la bague D et l'écrou O.

Deux trous M et Z sont disposés pour recevoir les leviers. Dans le supérieur est fixé le levier de commande, dans l'inférieur M le levier de connexion.

Le schéma III représente un type d'essieu à chapes mobiles des plus simples et des plus robustes.

Dans la tête de l'essieu est emmanchée à la presse une bague D, en bronze phosphoreux. La fusée et la chape sont en fer des Landes ; la fusée proprement dite, qui est lisse, est cémentée, trempée et rectifiée.

La chape vient s'asseoir sur la tête de l'essieu, elle est maintenue par l'encastrement Z et l'axe de pivotement G en acier doux cémenté et trempé. Une rondelle en bronze

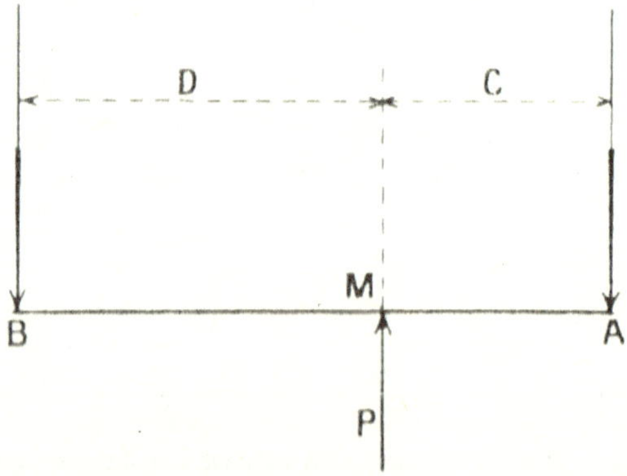

Fig. 38. — Schéma de la répartition des charges dans le moyeu précédent.

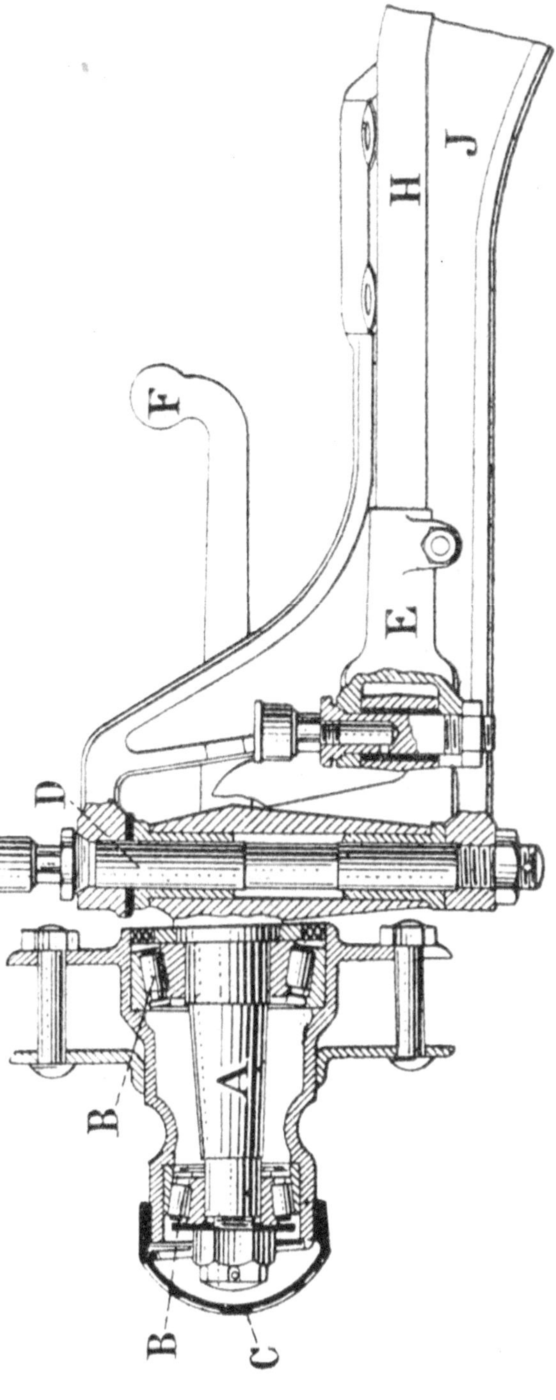

Fig. 39. — Coupe de l'essieu avant de la voilure Reo.
A, fusée. — B, roulements Timken. — C, chapeau de roue. — D, axe de pivotement. — E, chape de la barre d'accouplement. — H, barre d'accouplement. — F, levier d'attaque de direction. — J, essieu avant.

dur sert d'appui à la chape. La contre-plaque en acier estampé, ajustée à frottement doux, mais sans jeu sur le moyeu, fixe les rais de la roue. Le moyeu est maintenu par une rondelle en bronze P.

Fusées et moyeux. – Détails de construction

Les fusées portent généralement deux roulements à billes de diamètres différents, rarement trois. Ces roulements à billes doivent supporter la charge sur la roue. Si cette charge statique est de 200 kilogs, par exemple, chacun des roulements aura une part de ces 200 kilogs à supporter. Cette répartition des charges se fait de la façon suivante : soit P la charge, dans le plan de la roue, C et D les distances respectives des roulements B et A au plan de la roue. La charge en A sera égale à

$$(P \times D) \;/\; (D + C)$$

et la charge en B sera

$$(P \times C) \;/\; (D + C)$$

Par exemple si P = 200 kilogs. C = 20 mm et D = 35 mm, on a comme charge en A = (200 x 35) / (20 + 35) = 127,2 kg et la charge B = (200 x 20) / (20 + 35) = 72,8 kg.

Si on diminue C, la charge en A augmente, pour C = D, elle est égale à P.

Dans ce cas, le deuxième roulement n'aura plus rien à porter.

Plus un roulement doit supporter de charge, plus il faut lui donner du diamètre. C'est ainsi qu'un roulement de 70 mm pourra porter 800 kilogs. Mais dans les moyeux, on est limité par le diamètre des roulements parce que le diamètre du moyeu doit être aussi petit que possible pour des raisons que nous verrons plus loin. Il faut donc placer le roulement en dehors du plan de la roue ; en même temps il faut diminuer le porte-à-faux qui est trop grand dans les fig. 35, sch. II et 38. Chez Sizaire et Naudin (fig. 40), ne pouvant employer un seul grand roulement, on a recours à un roulement double.

Il est à remarquer que les roulements doivent être calculés avec un coefficient de sécurité très grand parce que, en outre des charges statiques normales, ils ont à supporter momentanément des efforts (provenant de chocs) dont la grandeur ne peut être évaluée avec précision.

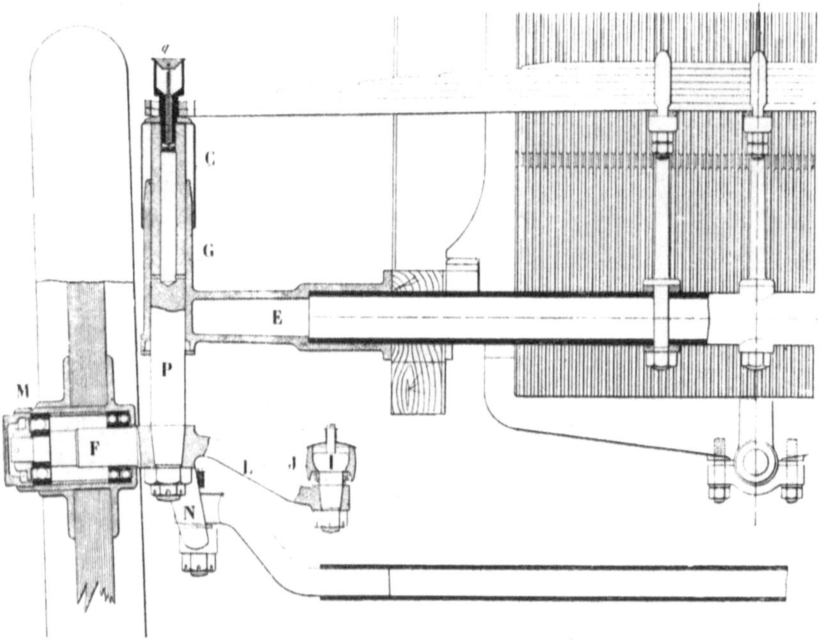

Fig. 40. — Avant-train Sizaire et Naudin.
Le tourillon P peut glisser dans la glissière G.
Dans le moyeu M, le grand roulement est remplacé par un roulement double de même diamètre extérieur que le roulement simple. Le moyeu est donc cylindrique à l'intérieur et le montage comme l'usinage est très facile. — E,essieu-tube.— P, pivot-tourillon.— G, glissière-guide. —C, recouvrement. — g, graisseur. — F, fusée. — N, levier de connexion. — L, levier de commande. — I, rotule. — J, barre d'accouplement.
Cet avant-train permet d'établir une direction exempte des défauts sur lesquels nous avons attiré l'attention dans notre premier article. Le porte-à-faux est très faible. Cependant la barre de connexion est trop éloignée de l'essieu.

Dans le montage des roulements à billes, certaines précautions doivent être prises. Les deux roulements doivent avoir leurs bagues intérieures bloquées sur la fusée.

La bague intérieure du grand roulement est appuyée contre un épaulement de la fusée ; entre les deux roulements est placée une entretoise *e*, enfin la bague intérieure du petit roulement est serrée par une plaque d'épaulement *p* (fig. 41).

La bague extérieure du grand roulement peut être libre ou bloquée, tandis que la bague extérieure du petit roulement doit être complètement libre dans le sens de l'axe de la fusée, ceci pour éviter le coincement dans les roulements, par suite des chocs latéraux occasionnés par la route.

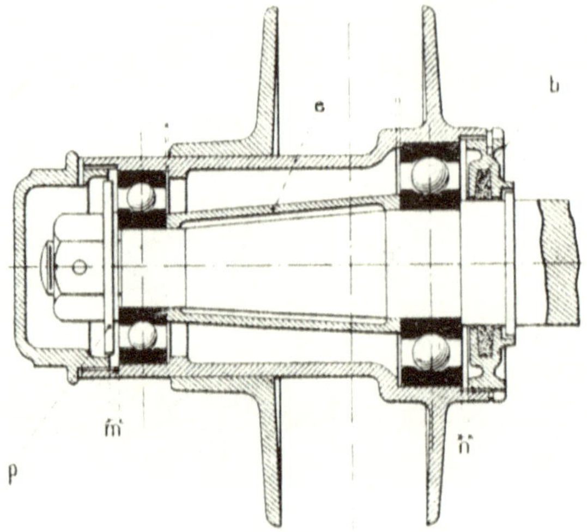

Fig. 41. — Montage correct des roulements dans un moyeu.

Il faut observer, dans le remontage, les jeux m et n qui sont indispensables, p, plaque d'épaulement de bonne dimension. — e, entretoise. — b, boîte à bourrage.

Un perfectionnement consiste dans l'emploi d'une butée à billes (fig. 42) ; dans ce type de moyeux, la bague intérieure du grand roulement peut être simplement épaulée d'un côté (comme chez Cottin-Desgouttes) mais la bague intérieure du petit roulement doit être fixée (fig. 44).

La plaque d'épaulement *p*, qui peut être d'une pièce avec l'écrou, est indispensable pour empêcher la roue de s'échapper si, dans un choc, une ou plusieurs billes venaient à casser ; dans la figure 38 cet épaulement manque ; le dessin de cette articulation d'essieu est d'ailleurs à tous les points de vue mauvais ; le porte-à-faux est trop grand, la bague extérieure du petit roulement est épaulée d'un côté, l'entretoise *e* est trop faible, une des joues du moyeu, qui devait être fixe, est maintenue simplement par le chapeau, etc., etc.

Une excellente forme de la bague entretoise est représentée fig. 36 ; elle empêcherait, si une bille du grand roulement venait à casser, celle-ci de tomber dans le petit roulement et de le détériorer également.

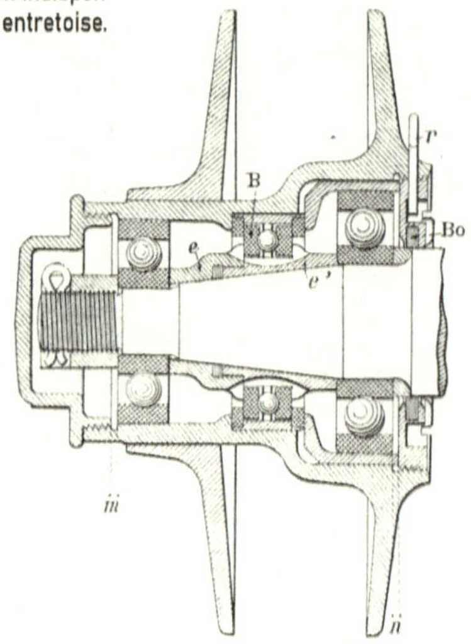

Fig. 42. — Moyeu Panhard-Levassor

Moyeu parfait à tous les points de vue. Le porte-à-faux est réduit au minimum. e et e' entretoises de la butée. — B o, boîte à bourrage. — n et m, jeu nécessaire. — B, butée à billes. — B, ressorts (anneau) de sécurité.

Ce moyeu, très robuste, est d'un démontage très aisé. Il suffit de dévisser le chapeau, d'enlever l'anneau de sécurité et l'écrou de la fusée. On peut alors enlever le moyeu et sortir un à un les roulements.

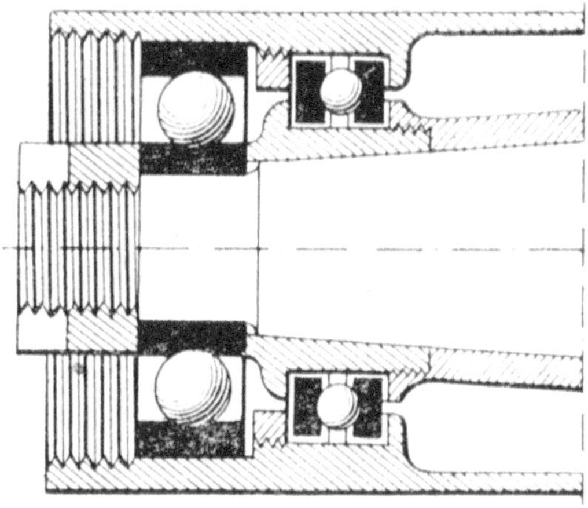

Fig. 43. — Montage avec butée à billes.

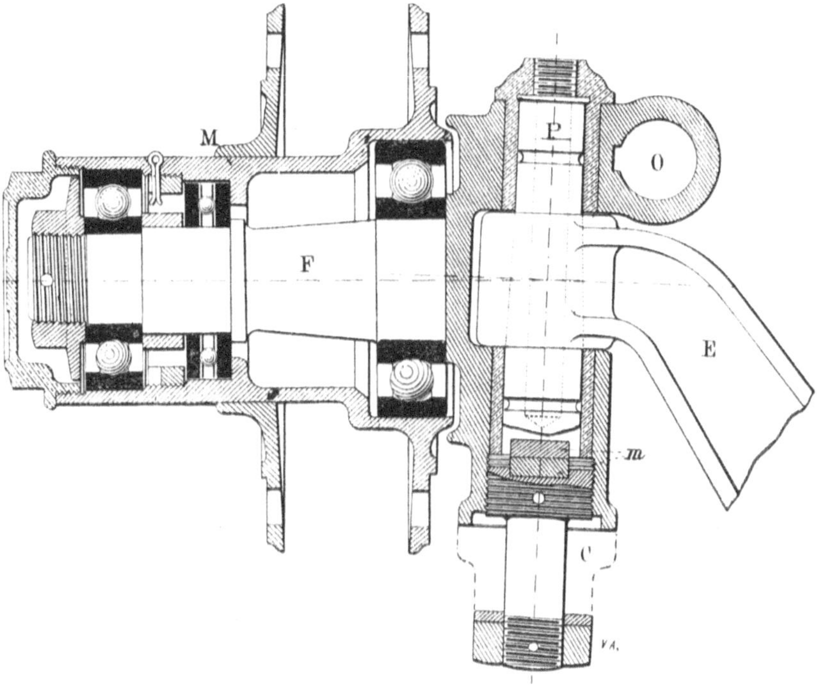

Fig. 44. . — Essieu Cottin-Desgouttes à chapes fixes.

E, essieu. — P, tourillon. — O, œil de fixation des commandes. — m, galets de butée. — F, fusée. — M, moyeu.
L'entretoise est remplacée par une butée à billes. Remarquez les dimensions excellentes de l'épaulement qui est d'une pièce avec l'écrou.

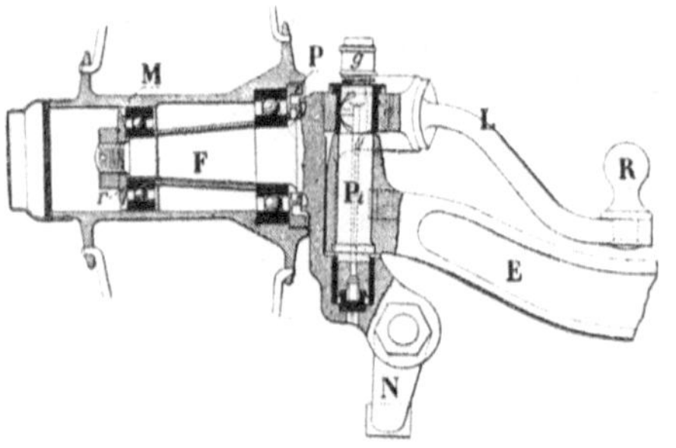

Fig. 45. — Essieu Charron (moyeu pour roues métalliques).

La fusée F est très petite et le diamètre du moyeu est très réduit.
r, épaulement. — P, boîte à bourrage (chicanes). — g, graisseur. — L, levier de commande. — R, rotule du levier de commande. — N, levier de connexion.

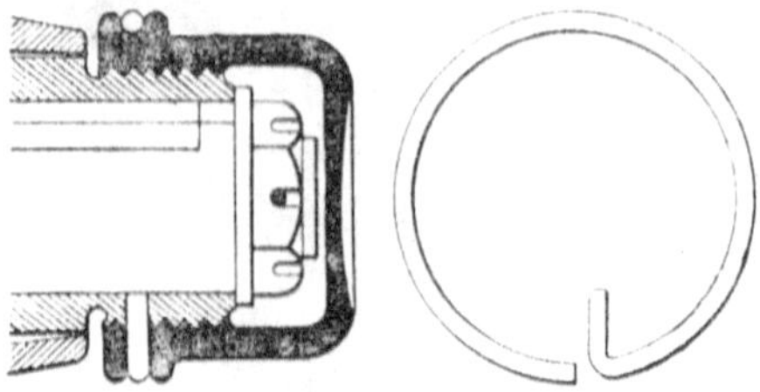

Fig. 46. — Anneau de sécurité pour la fixation du chapeau de moyeu.

Dans cet essieu, le chapeau est seul à retenir le moyeu ; il importe donc d'assurer la fixation de celui-ci.
La fixation par anneau de sécurité est très simple et très efficace.

Graissage des moyeux

Les moyeux lisses doivent être graissés à l'huile fluide ; les moyeux à roulement se contentent de graisse consistante, ils doivent en être bourrés abondamment. Pour éviter que la graisse ne s'échappe du côté du pivot, on emploie des boîtes à bourrage *b* représentées sur la figure 41 ; l'évidement circulaire en forme de V est rempli de feutre trempé préalablement dans la paraffine chaude. Ce feutre frotte sur la fusée et empêche l'huile ou la graisse de s'échapper.

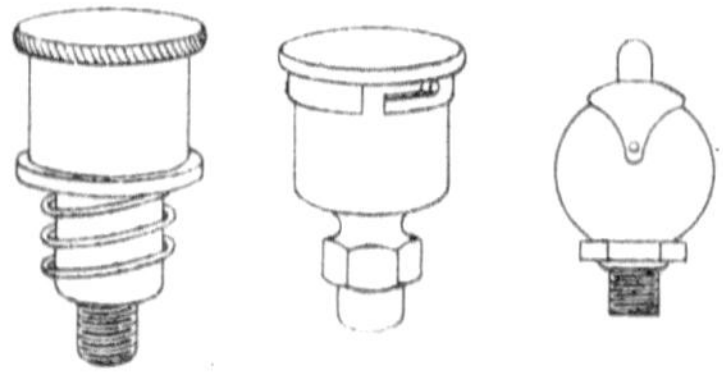

Fig. 47.

***

Voici quelques conseils, peu nombreux d'ailleurs, concernant tous les genres de moyeux : les maintenir toujours bien bourrés de graisse. Tous les ans, laver le moyeu à l'essence, puis rincer, pour enlever les parcelles solides (poussières, parcelles métalliques) qui pourraient s'y accumuler et rayer les roulements.

Ne jamais oublier de goupiller l'écrou de blocage.

VIII - Les organes de commande de la direction

Sous ce titre, nous comprenons : le démultiplicateur (crémaillère, engrenage ou vis sans fin) généralement enfermé dans un carter, et les divers leviers (levier pendant, barre d'accouplement, levier de commande et de connexion, barre de connexion).

Les commandes par attaque directe, les directions à sonnettes, sont aujourd'hui abandonnées pour les voitures, sauf quelques rares exceptions.

Nous ne nous occuperons donc que des commandes par démultiplication.

Nous avons déjà eu l'occasion de parler, dans les chapitres précédents, des principaux leviers. Nous avons vu que la barre d'accouplement devait être autant que possible droite et munie, soit d'un amortisseur à deux ressorts, soit, de préférence, d'un amortisseur à chaque extrémité.

Les leviers de commande et de connexion peuvent être séparés ou d'une seule pièce (équerre) ; ils doivent être aussi droits que possible, sans coudes brusques.

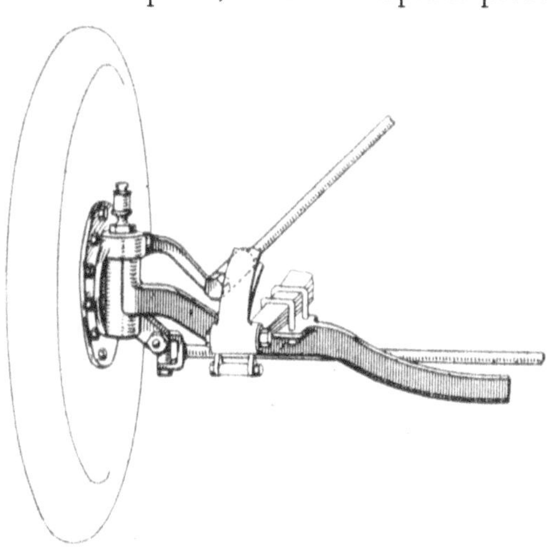

Fig. 48. - Dispositif Ariès. Essieu à chapes fermées.
La barre de connexion est bien à la hauteur des patins de ressorts et les deux leviers sont bien protégés.

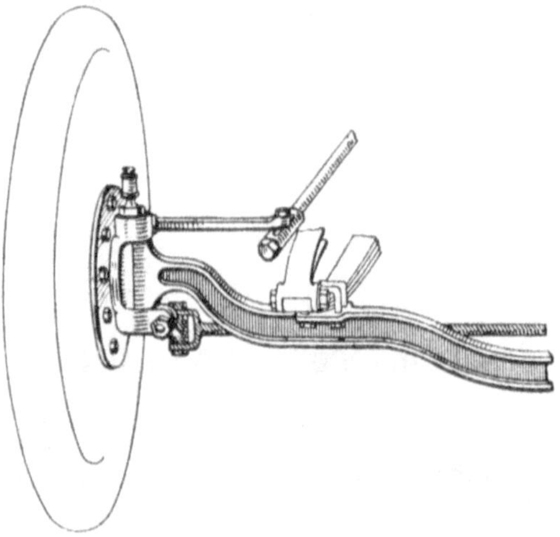

Fig. 49. Dispositif Le Gui. Essieu à chapes mobiles.

Même remarque que pour la figure 46. Les leviers sont bien droits et simples, et l'ensemble est bien protégé.

Le levier de commande porte généralement une rotule, emmanchée dans une des boîtes à rotule de la barre d'accouplement. Le levier de connexion, au contraire, est le plus souvent lié à la barre de connexion par une chape.

La barre de connexion doit également être droite, de préférence, et placée à la hauteur des patins, pour rendre les fléchissements accidentels de l'essieu moins sensibles sur le parallélisme des roues, comme l'a montré M. Ravigneaux. Enfin, cette barre de connexion doit être facilement réglable pour rendre le maintien du parallélisme des roues toujours possible.

On dit généralement que la barre de direction derrière l'essieu travaille à la compression et devant l'essieu à la traction. D'où l'on conclut qu'il faut la faire un peu plus forte dans la première position que dans la seconde. Ceci est vrai avec des roues pincées, et en général dans un virage où les roues s'ouvrent. Mais avec des roues parallèles, il n'y a en marche nor-

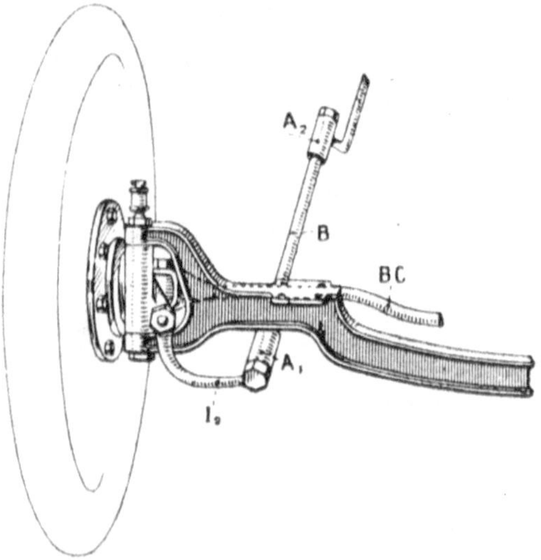

Fig. 50. – Commande de la 14 chevaux De Dion-Bouton 1911. Essieu à chapes fixes ou ouvertes.

B, barre d'accouplement. – B C, barre de connexion légèrement incurvée. – l_2 levier de commande. – A_1 et A_2 amortisseurs de direction.

male aucune différence. D'ailleurs, il faut toujours tenir compte des chocs latéraux sur les roues qui peuvent faire travailler la barre placée à l'avant, momentanément au moins, à la compression.

Toutes les articulations — boîtes à rotules, chapes — doivent être munies de petits graisseurs et de housses ou gaines en cuir les protégeant de la boue et de la poussière.

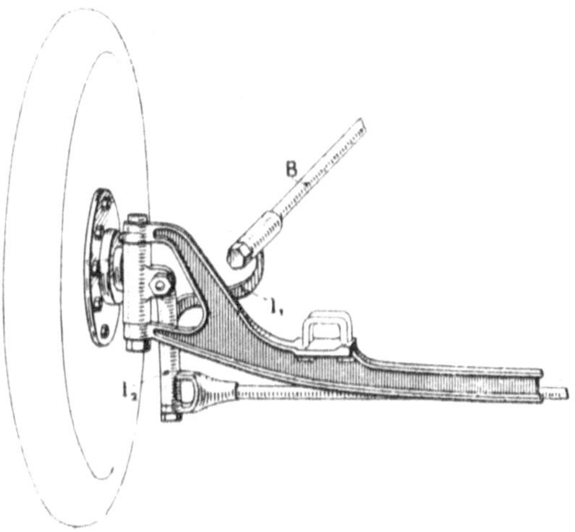

Fig. 51. — Commande de la monocylindre 8 chevaux Corre La Licorne.
Les leviers l_1, l_2 d'une seule pièce, ont une forme particulière. Patins fortement surbaissés.

Tous les leviers doivent, autant que possible, être protégés par l'essieu contre les chocs que celui-ci peut avoir à supporter. Le choc contre un chien de moyenne taille, ramassé à 70 ou 80 à l'heure, peut suffire pour fausser la barre de connexion ou le levier de commande et faire dévier la voiture ; tandis que l'essieu est toujours assez résistant pour ne subir aucun dommage dans une rencontre.

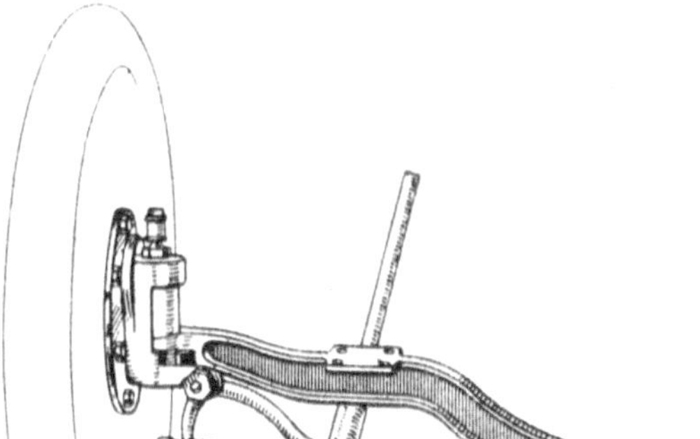

Fig. 52. — Direction de la 20 chevaux Labor.
Essieu à chapes fermées. Chape à un seul œil déporté, fusée surélevée ; arrêts pour le braquage.

Il faut aussi que ces leviers soient placés de telle façon qu'ils ne puissent gêner en aucune façon les ressorts pendant les virages.

Il est assez difficile de satisfaire à toutes ces conditions, en même temps qu'à celles indiquées par l'épure de direction et à la nécessité

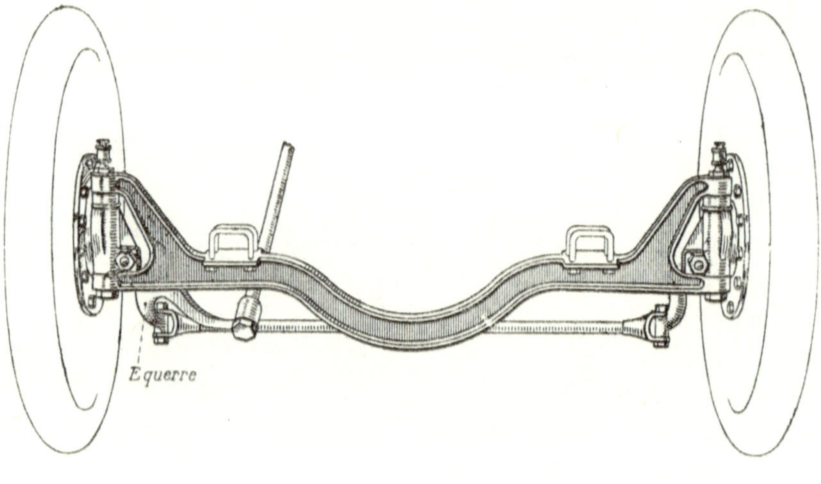

Fig. 53. — Essieu à chapes fixes.

Patin à hauteur de l'œil de fixation de l'équerre, surbaissé par rapport à l'axe de la fusée. Essieu particulièrement robuste.

de diminuer le porte-à-faux des roues. Il reste bien peu de place entre la roue et le plan des ressorts, pour donner aux leviers le jeu suffisant.

Les croquis des figures 44 à 58, montrent les divers arrangements adoptés par les constructeurs.

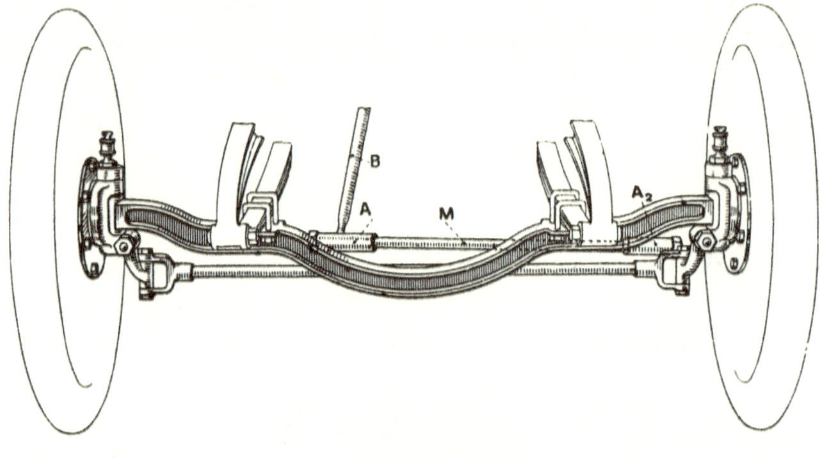

Fig. 54. — Commande Delahaye.

Le levier pendant B, au lieu d'avoir son mouvement parallèlement à l'axe du châssis, peut se mouvoir dans un plan parallèle aux essieux. La barre M devient alors barre d'accouplement ; elle est munie comme d'habitude de deux amortisseurs A, et A_2. Avec la direction à droite, c'est la roue gauche qui est attaquée ; avec la direction gauche ce serait la roue droite. Le dispositif est excellent, et si l'épure est bien faite, il est possible d'éviter complètement les déviations des roues directrices par suite des flexions des ressorts. La barre M doit être aussi longue que possible.

La grande diversité des dispositifs prouve que la solution parfaite n'est pas encore trouvée.

La perfection, surtout en matière de construction automobile, n'existe d'ailleurs pas; nous pouvons cependant encore escompter des progrès.

Regardons seulement à cinq ou six années en arrière, et l'espoir que je viens d'exprimer se trouvera singulièrement fortifié. L'essieu à chapes fixes et l'essieu à chapes fermées constituent un progrès incontestable sur l'essieu à double bain d'huile ou sur l'essieu à chapes renversées, comme les fusées à roulement à billes constituent un progrès sur les fusées lisses.

Demain, l'essieu à fusée déporté, ou quelque nouveau dispositif constituera un nouveau progrès.

Enfin, la métallurgie nous donnera des matériaux toujours plus résistants, permettant de faire plus léger et plus simple.

IX - Le Démultiplicateur

Les dispositifs actuellement employés sur les voitures rapides et sur les camions sont :

1. - La démultiplication par crémaillère ;
2. - La démultiplication par engrenages ;
3. - La démultiplication par vis sans fin avec engrenages hélicoïdaux ;
4. - La démultiplication par vis et écrou.

Les deux premiers dispositifs ne sont pas irréversibles, mais peuvent être progressifs. Les deux derniers sont irréversibles, mais ne sont pas progressifs.

Dans les directions de voitures lourdes et lentes, comme les camions et les autobus, l'irréversibilité absolue n'est pas indispensable ; par contre, la progressivité constitue une qualité précieuse.

Démultiplication progressive à crémaillère ou à engrenages

Voici le dispositif adopté dans les autobus Brillé (fig. 55 et 56).

La barre de direction attaque la crémaillère C au moyen d'un pignon E, claveté sur une partie excentrée comme on le voit sur la coupe (fig. 56).

Lorsque le pignon est dans la position I de la figure, position qui correspond à la marche en ligne droite du véhicule, l'axe OO' de la barre de direction est le plus près de la crémaillère et l'effort sur le volant de direction est transmis à la crémaillère par un bras de levier égal à la distance entre OO' et yy', l'axe primitif de la crémaillère. Si nous donnons au volant un demi-tour à droite ou à gauche, cette distance va augmenter

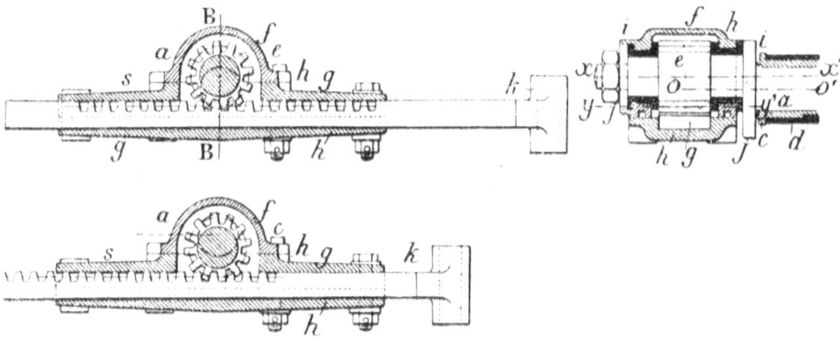

Fig. 55. – Démultiplicateur par crémaillère de la direction Brillé.

En haut, à gauche : position pour la marche en ligne droite.

g, crémaillère. – K, chape solidaire de la crémaillère.— h, carter de la crémaillère.

En haut, à droite : coupe par B B.

e, pignon excentré par rapport à l'axe O O' de la barre de direction a. – g, dents de la crémaillère. – i, i, coussinets du pignon e. – f, carter supérieur du pignon e.

En bas, à gauche : position dans un virage.

L'axe O O' de la barre de direction s'est éloigné de la crémaillère ; le bras de levier, formé parla distance de cet axe à l'axe primitif des dents de la crémaillère y y', est augmenté. Plus le rayon du virage diminue, plus l'effort à exercer sur le volant est donc grand ; par contre, alors que la direction est très démultipliée pour les petits braquages, la démultiplication s'approche de 1 lorsque le braquage augmente.

jusqu'à devenir double de l'excentrage et l'effort sera transmis du volant à la crémaillère par un bras de levier double. Le pignon de commande e ayant douze dents, on voit que pour le premier quart de tour la crémaillère sera déplacée d'un peu plus de deux dents, alors qu'elle se déplacera pour le second quart de tour de près de quatre dents. Donc, la démultiplication qui est très grande pour les petits angles, décroît progressivement, plus on s'écarte de la ligne droite. De cette façon la manœuvre du volant n'est pas fatigante en ligne droite

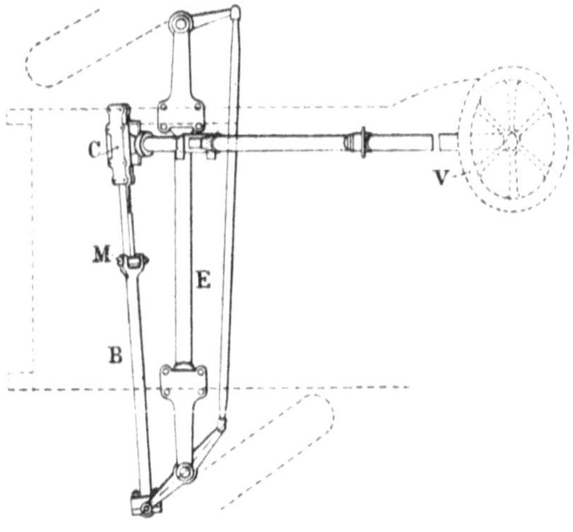

Fig. 56. – Direction (à droite) des autobus Brillé à démultiplication progressive par crémaillère.

V, volant de direction. – C, carter de la crémaillère. – E, essieu. – B, bielle de commande. – M, chape (correspondant à la chape K de la figure 46.)

(bien que la direction ne soit pas irréversible) et les virages se font facilement.

La fig. 58 montre la direction progressive par engrenages de la Briscoe Mfg. Co. et la fig. 57 une direction progressive à secteur parabolique. Tous ces systèmes demandent de grands mouvements angulaires pour de petits angles de braquage, ou pour les corrections de direction en ligne droite, et permettent une commande rapide pour les virages à petits rayons.

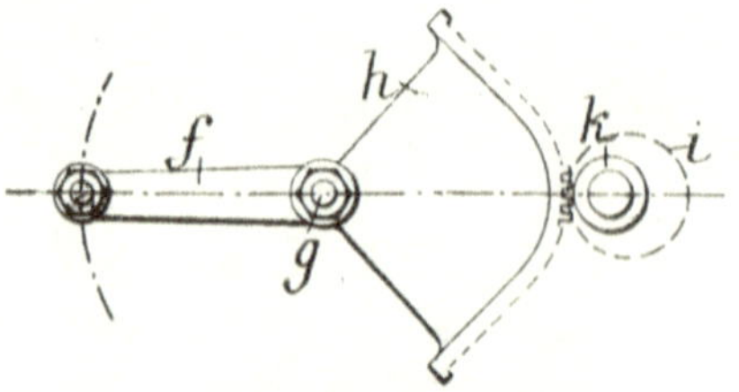

Fig. 57. – Démultiplication progressive par secteur parabolique.

K, pignon excentré par rapport à la barre de direction i. –h, secteur parabolique engrenant avec le pignon K. – f, levier de commande. – g, axe de rotation du secteur h.
Comme dans les directions précédentes, ce dispositif nécessite de grands angles de rotation du volant pour de petits braquages, et permet une commande rapide pour des virages de petit rayon.
Les constructeurs de certains autobus londoniens ont adopté ce dispositif qui rend la direction dans les rues encombrées très facile.

Elles sont, quoique réversibles, à peu près insensibles aux réactions, grâce à la forte démultiplication en ligne droite.

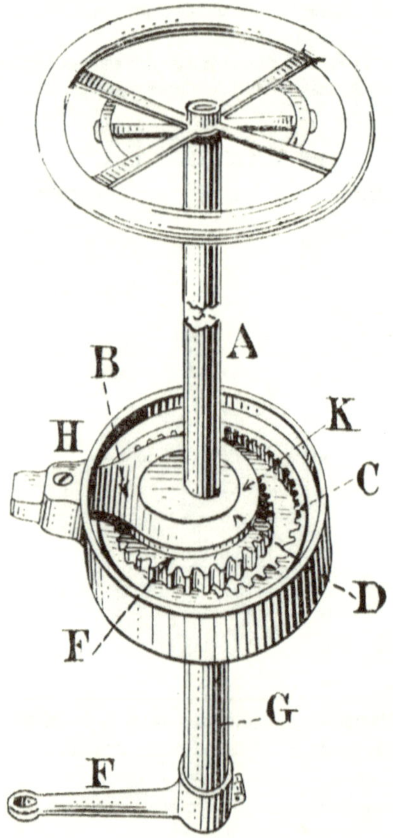

Fig. 58. – Dispositif de démultiplication de la Briscoe Mfg. Co.

A, barre de direction portant à sa partie inférieure un excentrique K tournant dans un collier D. Ce collier oscille lorsque l'excentrique tourne, mais ne peut être entraîné par lui, sa queue B coulissant dans un logement H qui l'empêche de tourner.
Le collier D est solidaire d'un pignon F engrenant avec un pignon C à denture intérieure. Ce pignon C porte la douille G (enveloppant la barre de direction) sur laquelle est fixé le levier de direction F.
Lorsqu'on tourne le volant, l'excentrique est entraîné et pousse le pignon soit à droite, soit à gauche, et les dents du pignon D roulent sur celles du pignon C, donnant à la douille G un mouvement de rotation d'amplitude d'autant plus grande que l'on tourne davantage le volant.

Démultiplication par vis sans fin ou engrenages hélicoïdaux

Les directions par vis sans fin et secteur sont les plus communément employées. Une vis V, à trois ou quatre filets, solidaire de la barre de direction, commande un secteur S, solidaire du levier pendant L (fig. 59). Le rapport de la course angulaire de la vis à celle du secteur est un cinquième à un huitième.

Lorsqu'on fait tourner la vis, soit à droite, soit à gauche, l'effort exercé sur le levier L et sur la roue par l'intermédiaire du secteur produit une réaction qui sert à faire monter ou descendre la vis sans fin. Pour enrayer tout mouvement dans le sens de l'axe de la barre de direction, on maintient la vis entre deux butées, qui peuvent être lisses toutes deux, ou l'une à billes et l'autre lisse, ou encore, plus rarement, toutes les deux à billes.

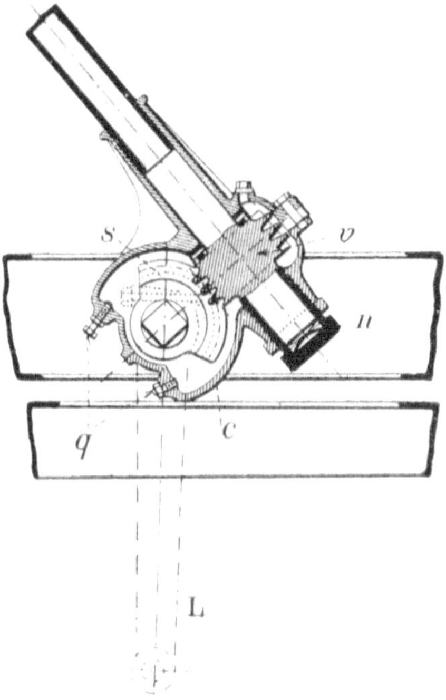

Fig. 59. – Direction Corre La Licorne. Démultiplication par secteur et vis sans fin.
v, vis à trois filets. – s, secteur denté commandant le levier L. – c, carter de direction. – n, écrou de réglage de la butée inférieure. – q, vis d'arrêt limitant la course du secteur.

Dans la direction Corre la Licorne, représentée figure 59, la butée supérieure est à billes, la butée inférieure est lisse et réglable pour permettre de rattraper le jeu. C'est tout simplement un écrou *n* vissé dans le carter de direction et maintenu par un contre-écrou.

La figure 60 montre une coupe de la direction de Dion-Bouton. La vis G, d'un grand diamètre et plus étroite que dans l'appareil précédent, est devenue un véritable engrenage hélicoïdal ; les butées supérieures et inférieures sont remplacées par un palier à cannelure en métal antifriction dans lesquelles viennent s'ajuster très exactement les quatre cordons de la vis.

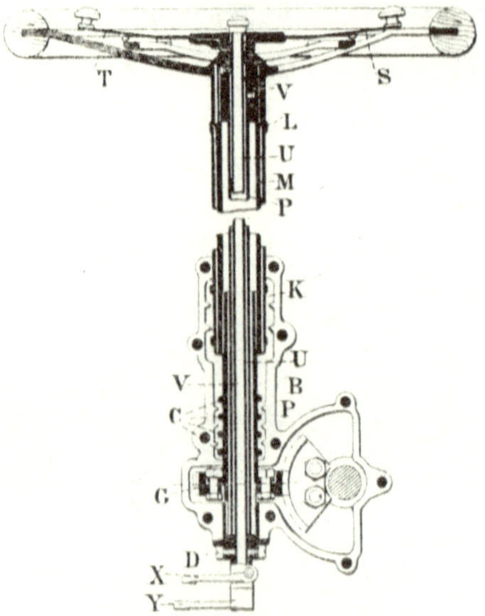

Fig. 60. — Barre de direction et démultiplicateur de Dion-Bouton.

G, vis sans fin ou engrenage hélicoïdal. — C, cannelures servant de butée pour les réactions verticales. (Cette figure nous servira plus tard pour l'étude des commandes du moteur.)

Les surfaces de frottement sont ainsi augmentées dans une grande mesure et l'usure est pratiquement nulle.

C'est une direction simple, peu coûteuse et néanmoins robuste (l'engrenage hélicoïdal faisant office de vis sans fin est rapporté sur la barre et non pas d'une seule pièce avec elle, comme dans l'exemple précédent).

La figure 61 représente la direction des voitures américaines Chalmers. Elle est extrêmement soignée au point de vue de la facilité de rattrapage de jeu.

Le jeu, dans le sens de la barre de direction, peut être rattrapé par la bague P vissée

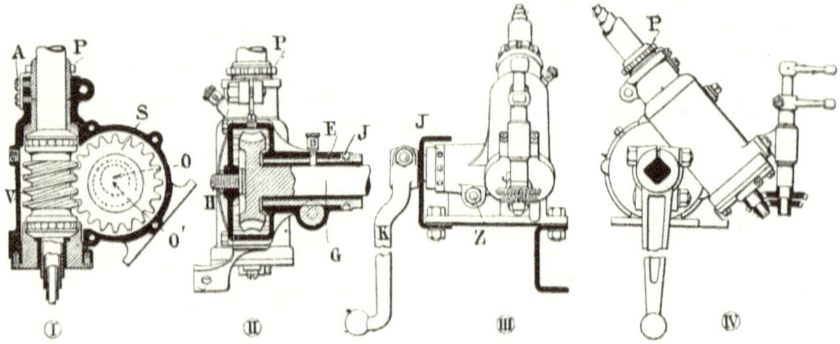

Fig. 61. — Démultiplication Chalmers.

I. — V, vis sans fin engrenant avec le pignon S. — P, écrou de rattrapage de jeu dans le sens de l'axe de la direction.

L'arbre portant le pignon S est monté dans une douille excentrée.

O, axe de l'arbre porte-pignon. — O', axe du carter E (fig. II.)

II. — E, carter. — J, écrou de rattrapage de jeu sur la douille excentrée, permettant de rattraper le jeu suivant l'axe de l'arbre G. — H, vis de rattrapage de jeu dans le sens inverse du précédent.

III. — Z, collier de fixation de la douille excentrée. — K, levier pendant.

IV. — L'ensemble démultiplicateur avec les commandes du moteur.

dans le carter ; cette bague est arrêtée dans la position voulue par le doigt A.

Le secteur, qui est représenté ici par une roue complète, est monté dans une douille E à alésage excentré. En tournant cette douille dans son logement, on rapproche ou éloigne la roue de la vis et on rattrape ainsi le jeu produit par l'usure des dents. On peut aussi, si les dents du secteur sont usées, mettre une nouvelle fraction de la circonférence en prise avec la vis.

Enfin, la butée H permet de rattraper un jeu transversal qui pourrait se produire.

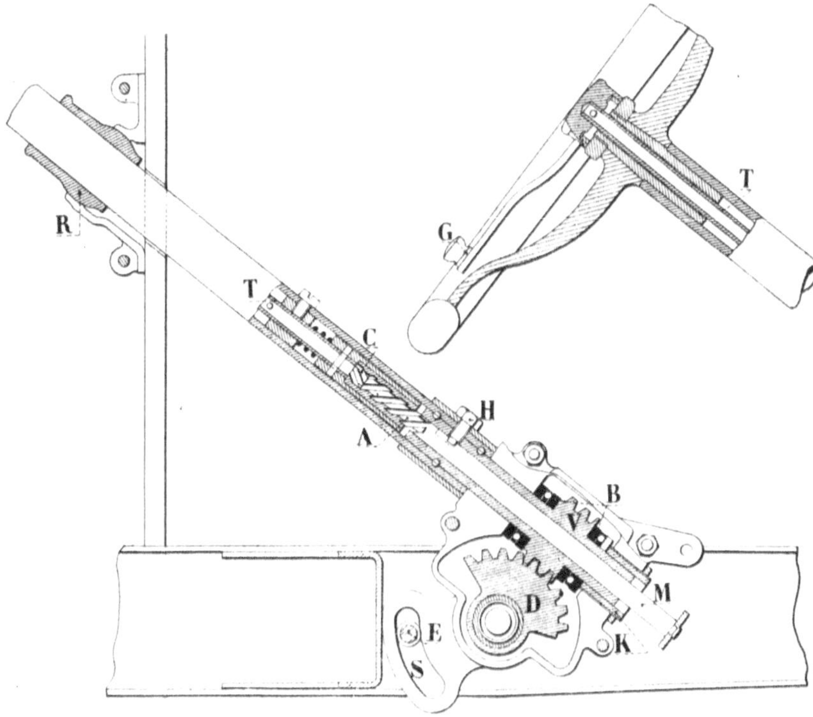

Fig. 62. — Coupe de la direction Phénix.

G, manette des gaz. — T, tube portant l'écrou. — C, C, écrou actionné par la manette. — A, filetage de la tige M.— H, vis empêchant la rotation de la tige M. — M, tige actionnant le levier du papillon. — V, vis de direction. — D, secteur denté. — B, butées à billes. — K, réglage des butées. — S, secteur de blocage. — E, boulon de blocage. — R, emplanture à rotule.

La direction est à vis et secteur avec butée réglable. Son inclinaison est facultative. A cet effet, le boîtier de direction porte un secteur S dans lequel passe un boulon de blocage. Il suffit donc de desserrer l'écrou et, après avoir donné à la colonne de direction l'inclinaison désirée, de le rebloquer. Pour permettre à l'emplanture fixée sur la planche-tablier une position correcte quelle que soit l'inclinaison obtenue, la colonne se fixe dans cette emplanture au moyen d'une rotule R.

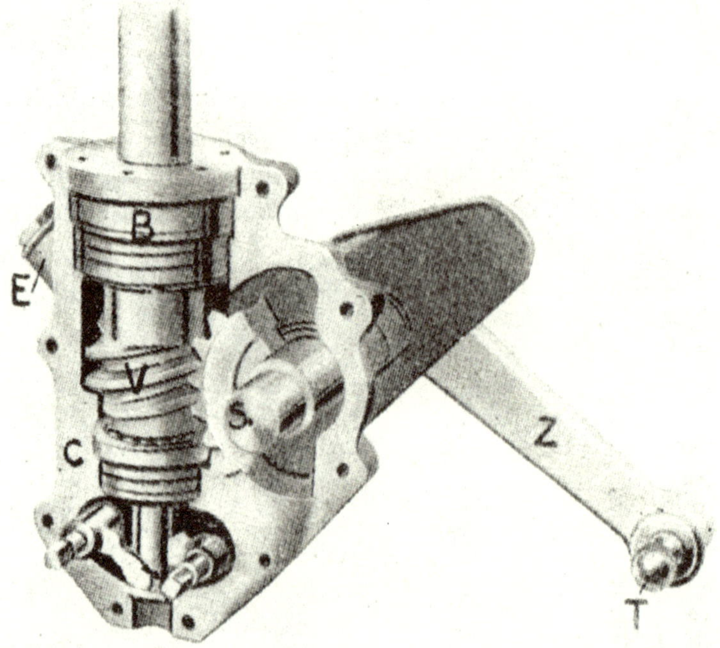

Fig. 63. — Le carter de direction et la vis des voitures de Dietrich.

C, carter en aluminium. — V, vis sans fin. — B, butée. — E, orifice de graissage. — S, axe du secteur. -- Z, levier — T, rotule.

La douille excentrée E est maintenue dans le carter par le collier de serrage Z.

Les graisseurs sont montés sur la douille de la barre de direction et sur l'arbre G.

Pour que la manœuvre de la direction ne soit pas trop fatigante, il ne faut pas que le rapport entre la course angulaire du volant et celle des roues descende en dessous de 6 et dépasse 8. Dans les directions progressives ce rapport va en diminuant de 12 environ jusqu'à l'unité.

Les vis sont généralement à trois filets.

Dans une vis à un filet (que l'on n'emploie jamais) on a, en appelant P le pas de la vis et *p* le pas de la roue, P = P

Dans une vis à deux filets : P = 2 *p*.

Dans une vis à trois filets : P 3 *p*, etc.

Le nombre de dents de la roue dépend de la démultiplication à obtenir. Pour un tour de la vis (360°), la roue tourne de $S = D_1 \pi / n$, D_1 étant le diamètre primitif de la roue (fig. 65) et n la démultiplication voulue.

Appelant Z le nombre de dents de la roue, on a aussi $S = Zp / n$ ou $Z = n (S / p)$.

Démultiplication par vis et écrou

Les directions par vis sans fin et secteur ont l'avantage d'être assez simples et peu coûteuses de construction. Mais elles prennent facilement du jeu et ne présentent pas, au point de vue de la robustesse, toutes les garanties que l'on est en droit d'exiger d'un organe aussi important.

Que la dent en prise du secteur casse et l'accident est presque inévitable.

C'est évidemment très rare, mais cela est arrivé, notamment à une grande maison belge, qui, un jour de course, a eu deux voitures culbutées dans les fossés à la suite de la rupture des secteurs de direction.

On a, il est vrai, remédié à cette fragilité de cet organe en employant les vis à trois filets qui permettent de mettre trois dents du secteur en prise.

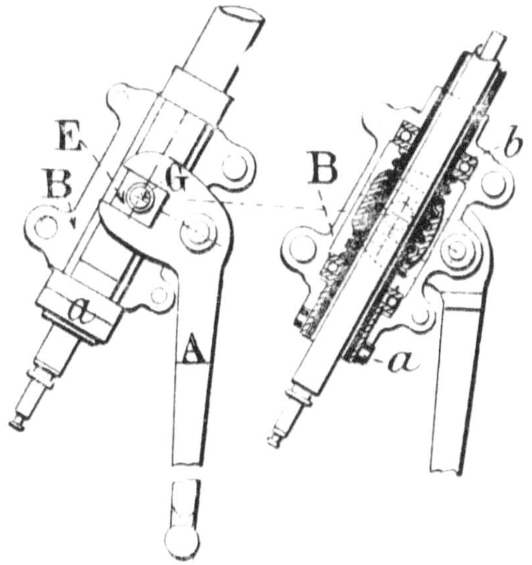

Fig. 64. — Démultiplicateur par vis sans fin et écrou mobile.

B, carter de direction. — E, écrou mobile. — G, tourillons. — A, levier pendant. — T, butées de réaction. — a, dispositif de réglage de la butée.

Reste l'usure qui se produit trop rapidement avec ce dispositif, la surface de frottement transmettant l'effort étant trop petite.

Dans les directions à vis et écrou ces surfaces de frottement peuvent être dix fois plus grandes ; l'usure sera réduite d'autant, c'est-à-dire deviendra pratiquement nulle.

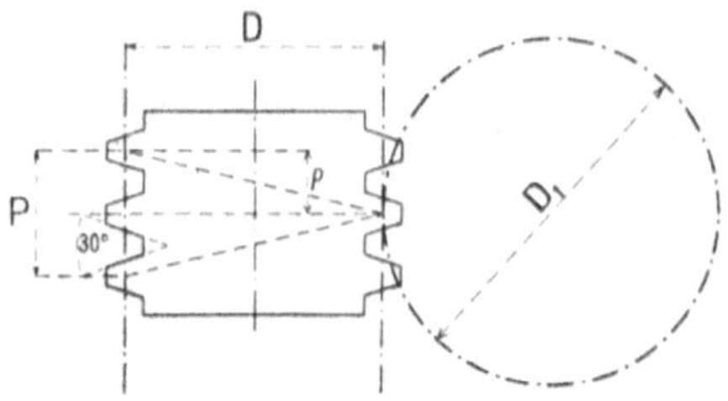

Fig. 65. – Schéma d'un entraînement par vis sans fin.

Ces démultiplicateurs se composent en général d'une vis à plusieurs filets, solidaire de la barre de direction et d'un écrou portant deux tourillons, qui se déplace le long de la vis sans pouvoir tourner. Les tourillons portent un osselet coulissant dans une fourchette appartenant au levier de commande. L'écrou est guidé dans deux coussinets en bronze phosphoreux du carter de direction. On peut donner à l'écrou telle dimension que l'on veut, et il est possible ainsi de réduire l'usure à peu de chose.

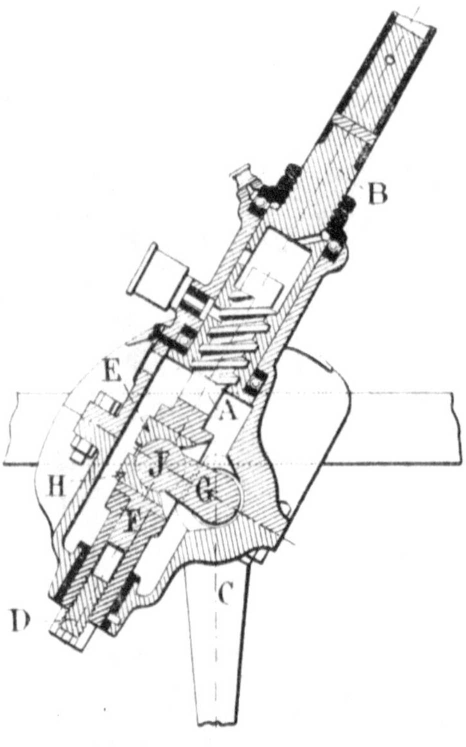

Fig. 66.– Démultiplication par vis mobile et écrou fixe.

B, barre de direction portant l'écrou.– A, vis sans fin mobile. – E et H, demi-coussinets enserrant la rotule. – G, axe de rotation du levier C. – F, joue réglable. – D, écrou de réglage de la joue F.

Cette direction est facilement réglable et suffisamment robuste. Elle donne de bons résultats.

Quelques fois la vis, au lieu d'être solidaire de la barre de direction, est mobile dans le sens vertical et c'est l'écrou qui est fixe (fig. 66); quelques fois encore on emploie une combinaison de la direction par vis et écrou avec la direction à secteur comme dans la fig. 67.

Nous allons étudier rapidement quelques-uns de ces démultiplicateurs.

La fig. 64 représente le type le plus commun. L'écrou, guidé dans le carter de direction, porte de chaque côté un tourillon G sur lequel se monte une pièce de section rectangulaire E, qui coulisse dans la fourchette de commande. Deux butées reçoivent la réaction verticale. Un écrou a permet de rattraper le jeu, mais c'est une précaution excessive.

Le seul inconvénient de ce dispositif, c'est que les deux tourillons par lesquels passe l'effort, travaillent beaucoup et s'usent par conséquent, sans qu'il soit possible de rattraper facilement ce jeu. Aussi a-t-on adopté depuis quelque temps un dispositif perfectionné, que nous trouvons chez Argyll, Daimler, Pipe et quelques autres maisons américaines. L'écrou porte alors deux alvéoles au lieu de deux tourillons, dans lesquelles oscillent les rotules en acier trempé. Les rotules portent, du côté extérieur, une rainure dans laquelle coulisse l'extrémité du levier, solidaire du levier de commande.

Ce démultiplicateur, presque parfait, n'a que le tort d'être fort coûteux à établir.

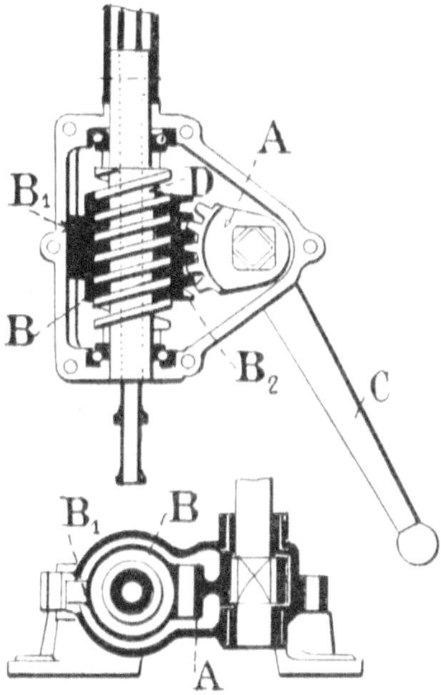

Fig. 67. — Démultiplication par vis sans fin, écrou mobile et secteur denté.
D, vis sans fin fixe. — B, écrou mobile. — B_1, partie de l'écrou coulissant dans une rainure du carter pour empêcher l'écrou de tourner. — B_2, partie dentée de l'écrou formant crémaillère. — A, secteur denté. — C, levier de commande.

La fig. 66 montre une direction à vis mobile, l'écrou étant solidaire de la barre de direction.

La partie inférieure de la vis A porte un cadre dans lequel peuvent coulisser les deux demi-coussinets H et E enserrant la rotule C qui fait corps avec le levier de commande C. Lorsqu'on tourne le volant, la vis monte ou descend, entraînant le cadre, dans lequel coulissent les coussinets E et H, et par conséquent faisant monter ou descendre la rotule C. La partie F du cadre est réglable par la vis D, ce qui permet de rattraper les jeux de la rotule et des deux coussinets dans le cadre. Le graissage de cette direction est bien soigné, mais l'ensemble est malheureusement un peu compliqué.

La fig. 67 montre une direction à vis, écrou et secteur. Son fonctionnement est facile à comprendre à la seule inspection de la figure.

On peut se demander quel intérêt peut avoir cette combinaison des deux dispositifs qui seuls suffisent.

Pourquoi ne pas faire engrener directement le secteur avec la vis? C'est que, sur la direction par vis et écrou, elle a l'avantage de supprimer les rotules, glissières et articulations ; comme direction à secteur, elle permet de faire engrener un très grand nombre de dents et sur une grande largeur ; la partie dentée de l'écrou forme en effet une véritable crémaillère qui engrène avec les dents du secteur sur toute leur largeur.

Il existe encore un grand nombre de dispositifs plus ou moins bons : direction à double vis, direction avec écrou à double filetage, direction

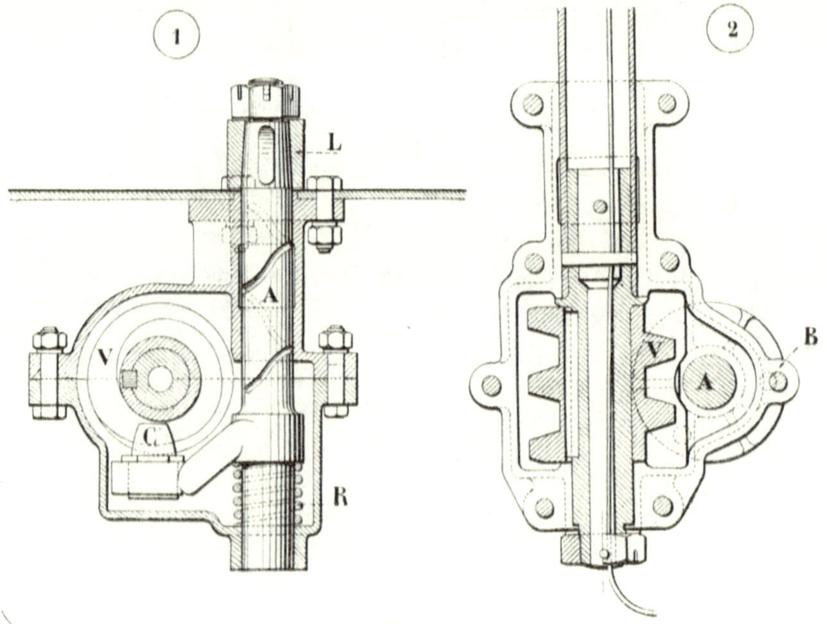

Fig. 68. – La direction Sizaire et Naudin.

V, vis sans fin. – A, axe du levier d'attaque. – B, boîtier de direction. – C, doigt conique. – R, ressort. – L, levier d'attaque.

Toutes les articulations sont à rattrapage de jeu automatique, de sorte que, même après un long usage, elle est aussi précise qu'au premier jour.

Ceci a été obtenu d'une manière aussi simple qu'élégante. Prenons le boîtier de direction ; nous y trouvons, calée sur l'axe du volant, une vis sans fin à très gros filet. Ce filet n'engrène ni avec un écrou, ni avec un secteur, mais dans le creux du filet entre un doigt C, de forme conique, porté par l'axe A sur lequel est monté le levier d'attaque L. On conçoit que la rotation de la vis fera monter ou descendre le doigt C, et par conséquent osciller le levier L.

L'axe A est constamment poussé par le ressort R, de manière que le doigt C tende toujours à pénétrer dans le filetage de la vis, et ne soit arrêté que par l'appui qu'il prend sur les filets. De la sorte, lorsqu'un peu d'usure vient à se manifester sur le doigt ou les filets, le ressort enfonce le doigt davantage et le jeu est repris automatiquement.

avec plateau à spirales. Mais les dispositifs que nous venons de passer en revue sont le plus souvent appliqués ; tous les autres en dérivent d'ailleurs.

Je mentionnerai seulement pour finir la direction Sizaire et Naudin qui se distingue avant tout par une extrême simplicité.

***

Pour terminer ce chapitre sur la direction, résumons nos conseils sur l'entretien et le graissage des essieux avant, des leviers de commande et du carter de direction.

Les essieux proprement dits ne demandent aucun soin, il suffit de passer de temps en temps, tous les ans, par exemple, une couche de vernis sur la peinture, pour empêcher la rouille de l'attaquer.

Les essieux et les fusées sont les organes du châssis qui fatiguent le plus. Les essieux en acier, et même les essieux en fer subissent à la longue un changement dans le grain du métal, qui devient cassant (il cristallise); on s'aperçoit alors un jour qu'une petite crique s'est formée. Il ne faut pas hésiter alors, à rebuter la pièce, qui se romprait à la première occasion. Nous avons vu au Grand Prix de 1911 des voitures de course datant de quelques années déjà, très robustes encore en apparence, avoir leurs essieux brisés au moindre petit choc.

C'est un point sur lequel j'attire aussi l'attention des acquéreurs de voitures d'occasion. Je crois que lorsqu'un essieu a fait 100.000 kilomètres sur une voiture puissante, il est prudent de le changer, même s'il ne présente aucun signe de faiblesse.

Si l'essieu a reçu un choc, vérifier immédiatement si le parallélisme des roues subsiste ; vérifier aussi si les roues ont leur dévers normal (1 à 3°); leur non parallélisme, ou un dévers exagéré entraîne une usure rapide du bandage en caoutchouc. Le parallélisme peut se rétablir lorsque la barre de connexion est réglable. Si le dévers est exagéré, c'est que l'essieu a plié, il faut alors le faire redresser à l'usine. C'est d'ailleurs assez rare, les essieux en fer des Landes, ayant une grande élasticité, supportent de grandes flexions sans déformation permanente. C'est la barre de connexion qui subit généralement le contrecoup. Elle peut même casser, et si elle casse, c'est toujours au filetage. Vérifiez donc si le filetage ne se mate pas.

Vérifiez aussi si les leviers de connexion n'ont pas de jeu dans leurs « œils » ; il suffit pour cela de les secouer à la main. Faire la même vérification pour toutes les articulations, — les chapes — et pour le levier pendant de la direction, qui ne doit pas avoir de jeu.

Nous avons montré comment on pouvait rattraper le jeu dans le carter de direction.

Les moyeux à roulement à billes devant être bourrés de graisse consistante, les moyeux lisses doivent être graissés avec de la très bonne huile, de l'huile de pied de bœuf de préférence.

Le carter de direction recevra un mélange d'huile et de graisse consistante; la graisse seule ne suffit pas, elle ne pénètre pas partout, l'huile seule s'échapperait trop vite.

– II –

LES ROUES

Considérations générales, importance du poids, rigidité, carrossage, écuanteur. Roues en bois, roues métalliques. Comparaison. Différents genres de roues métalliques. Les moyeux pour roues métalliques. Roues amovibles, jantes amovibles. Les roues élastiques.

La roue est l'organe qui influe peut-être le plus sur la tenue de la route d'une automobile. C'est à ce titre que nous l'étudions à cette place. Née de l'empirisme, la roue a été perfectionnée par le simple bon sens des charrons de village et nous l'employons en somme telle que l'ont connue nos pères pour leurs véhicules hippomobiles.

Les premières roues n'étaient que des troncs d'arbres, débités en disques. Elles étaient pleines. On voit encore en Auvergne des chariots à roues pleines qui ne diffèrent sans doute que par quelques détails de ceux dont se servaient nos Rois fainéants au IVe et Ve siècles.

M. Forestier, qui a fait une étude très intéressante de l'histoire de la roue, pense que l'origine du remplacement des roues pleines par des roues à rais est sans doute dans la difficulté qu'éprouvèrent nos ancêtres à augmenter la vitesse de leurs véhicules avec des roues pleines.

> « L'effort moteur, remarque de son côté M. Lessard, leur était en effet compté assez parcimonieusement ; ils avaient remarqué que la résistance au roulement diminue quand le diamètre des roues augmente. Mais en augmentant le diamètre de leurs roues pleines ils augmentaient considérablement leur masse. Il fallait les alléger. On les évida et on en vint peu à peu aux roues à rais permettant de plus grandes vitesses ».

Aujourd'hui on revient au contraire aux roues pleines pour les voitures très rapides, mais ces roues pleines sont plus légères que les roues à rais et produisent une moindre résistance à l'avancement.

Nos charrons de village ont doté cette roue à rais de deux perfectionnements importants : le *carrossage* et l'*écuanteur*.

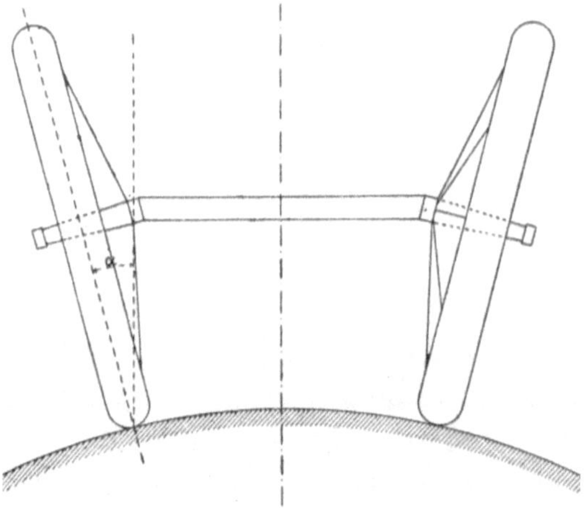

Fig. 69. — Le carrossage nécessité par le bombage des routes.

Le carrossage consiste à incliner les roues par rapport à l'axe de l'essieu. Il donne un meilleur roulement. Les routes étant bombées pour l'écoulement des eaux de pluie, lorsque les roues sont perpendiculaires à l'essieu, elles font avec le sol à leur point de contact un angle d'autant plus grand que la voie de la voiture est plus grande. On a alors, sous l'action de la charge, une décomposition de forces qui chasse les roues en dehors. Les roues tendent à s'écarter par le bas et à se rapprocher par le haut ce qui entraîne un frottement énorme et inégal au moyeu. De plus, chaque rai a fléchi successivement, ce qui correspond encore à un certain travail absorbé.

Si, au contraire, on donne du carrossage aux roues (en théorie la droite d'intersection des plans des roues devrait passer par le centre de courbure de la courbe de la route vue en coupe), la roue est à peu près normale à la route, le roulement est meilleur.

Cependant, le carrossage qui était une nécessité pour les roues des anciens carrosses, qui avaient parfois plus de deux mètres de diamètre, et une grande voie, me semble d'une utilité très contestable pour les roues d'automobiles, d'un diamètre toujours inférieur à un mètre, et d'une faible voie.

Il en est tout autre pour l'écuanteur. L'écuanteur consiste à distribuer les rais sur une nappe conique ayant pour axe l'essieu de la roue, c'est-à-dire l'axe du moyeu. L'écuanteur permet de charger normalement les roues malgré le carrossage : elle est donc indispensable pour les roues carrossées. M. Lefer a montré, de plus, que l'écuanteur donnait aux roues une résistance plus grande dans les virages, surtout un peu courts, où la force centrifuge fait déraper les roues. L'écuanteur permet alors aux rais de travailler à la compression, c'est-à-dire dans les meilleures conditions. Sans écuanteur ils travailleraient à la flexion et risqueraient de se briser.

« Si le véhicule fait un virage, dont l'action centrifuge a pour effet de le ramener au milieu de la route, et que le milieu de celle-ci, par suite de la courbure, soit plus élevé que les côtés, le poids total du véhicule reporté en grande partie sur les roues externes à la courbe décrite concourt à la maintenir dans la direction voulue en augmentant la composante verticale qui agit sur ces roues, et la résultante des deux forces centrifuge et verticale a une direction telle qu'elle se rapproche du centre de courbure du profil transversal de la route. Il n'y a donc pas de danger, à la condition d'avoir des roues solides et bien construites.

« Si, au contraire, le véhicule fait un virage, dont l'action centrifuge a pour effet de l'éloigner du milieu de la route, cette action, combinée avec celle de la pesanteur, donne une résultante dont la direction s'éloigne du centre de courbure de la route, et le véhicule, sous l'action de cette force résultante, est précipité dans le fossé qui la borde.

« Les roues supportent à ce moment des efforts qui échappent à toute mesure, mais on conçoit que, si elles ne sont pas établies de façon à résister à des efforts beaucoup plus considérables que ceux qu'on peut prévoir, on est exposé à des accidents très graves[3]. »

Une roue doit naturellement être aussi robuste que possible ; c'est elle qui supporte toute la charge, c'est elle qui reçoit la première les chocs que lui infligent les obstacles de la route. Elle doit résister à la force centrifuge dans les virages.

Plus son diamètre sera grand, plus facilement franchira-t-elle les obstacles, mais elle devient alors très lourde. Nous avons vu que nos ancêtres l'avaient allégée en l'évidant. Devons-nous continuer dans cette voie et diminuer encore son poids par tous les moyens possibles ou bien une autre considération doit-elle nous limiter dans la recherche de la légèreté ? En un mot, une roue d'automobile doit-elle être légère ou lourde ?

Grave problème. La théorie, prétendent les uns, dit légère; la pratique, affirment les autres, dit lourde.

N'opposons pas la théorie à la pratique ; creusons plutôt un peu plus le problème.

Supposons une roue de locomotive rencontrant une dénivellation de hauteur donnée, à une certaine vitesse connue.

Connaissant la charge sur la roue et le poids avec les organes non suspendus qui en font partie, on peut calculer avec précision la trajectoire

(3) Communication de M. Lefer à l'Automobile Club de France.

de la roue. La roue sautera par-dessus l'obstacle qui lui sert de tremplin, quittera le contact avec le rail et retombera brutalement plus loin.

Le calcul montre que la roue sautera d'autant plus haut et plus loin que son poids est plus grand, toutes choses égales d'ailleurs. Si, par exemple, une roue supportant une charge de 4.000 kilos et pesant (avec la moitié de l'essieu) 1.000 kilos, atteint une hauteur *h* au-dessus du rail, une roue de même diamètre, supportant la même charge, mais pesant 2.000 kilos, sautera par-dessus le même obstacle, atteindra la hauteur 1 ⅔ *h*, soit tout près du double. (Fig. 70.)

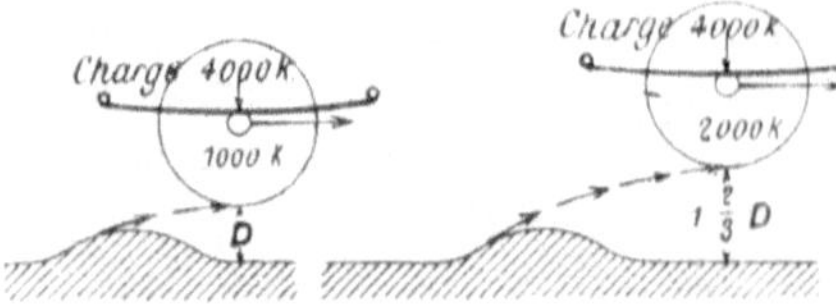

Fig. 70. Schéma montrant comment se comportent les roues suivant leur poids propre et la charge qu'elles supportent.

Si la charge est égale sur les deux roues, c'est la plus lourde qui rebondira de plus haut; si le rapport de la charge au poids est le même, les roues se comporteront de la même façon.

Ce n'est donc pas le poids propre de la partie non suspendue qu'il faut envisager quand on veut se rendre compte de la tenue sur route d'un châssis, mais le rapport de la charge à ce poids.

D'autre part, les coureurs cyclistes ont constaté qu'ils obtenaient des vitesses plus grandes avec des roues plus légères ; ils préfèrent gagner quelques centaines de grammes sur le poids des roues que quelques kilos sur le poids total de la machine.

Donc, accord parfait, semble-t-il, entre la pratique et la théorie.

Pourtant, M. Lefer a fait des expériences avec des roues en bois très légères et des roues en tubes d'acier relativement lourdes, munies des mêmes pneumatiques, gonflés à la même pression. Voici ce qu'il a constaté :

Avec les roues légères,

> « celles-ci rebondissaient facilement quand, après un choc qui les avait appliquées sur le sol, le véhicule se relevait sous l'action des ressorts, et les roues, n'ayant pas assez de masse et renvoyées par l'action du pneumatique, quittaient le contact avec le sol, sur lequel elles retombaient ensuite en fatiguant le pneumatique par une série de compressions et de dépressions successives ».

Au contraire, avec les roues lourdes, ce phénomène ne se produisait pas et le pneumatique, ne perdant jamais contact avec le sol, se fatiguait moins. Faut-il conclure de cela, qu'une fois de plus, il faut nous résigner à choisir un moyen terme, c'est-à-dire une roue ni trop lourde, ni trop légère ?

Une telle conclusion ne satisfera pas tout le monde.

Remarquons tout d'abord que les roues d'une automobile sont liées aux essieux et qu'il faut par conséquent se préoccuper non seulement du poids de la roue, mais surtout du poids de l'ensemble des organes non suspendus.

Les expériences de M. Lefer ont sans doute été faites avec une voiture à chaînes, dans laquelle le poids de l'essieu et de la chaîne était négligeable vis-à-vis de celui des roues. En tout cas, pour tenir compte de ses conclusions, il aurait fallu nous donner ces renseignements et nous dire si elles s'appliquent aux roues avant ou aux roues arrière, ou aux unes et aux autres.

Il est tout à fait improbable qu'un allègement de quelques kilos de la roue puisse avoir une influence quelconque sur l'usure du pneumatique, puisque ce gain est tout à fait négligeable vis-à-vis du poids de l'ensemble des organes non suspendus — 80 à 100 kilos pour l'avant, 160 à 250 kilos pour l'arrière.

La différence constatée par M. Lefer provient plutôt d'un meilleur refroidissement de la roue à rayons métalliques. Je reviendrai sur cette question.

Que le poids plus ou moins grand des organes non suspendus a une influence sur la tenue sur route, sur l'usure des pneumatiques, cela est incontestable.

Il est donc utile de diminuer le poids des roues autant que possible, afin de diminuer le poids des organes non suspendus. Nous verrons plus loin que cette diminution du poids non suspendu est d'autant plus importante, que l'ensemble du châssis est plus léger et qu'il doit aller plus vite.

Notre conclusion est la suivante : ***il faut alléger les roues autant que possible, sans cependant escompter de cet allègement un avantage autre que celui que l'on obtient en allégeant un organe quelconque de la partie non suspendue.***

On peut se demander aussi si la manière dont le poids est réparti dans une roue a une importance. Dans une roue métallique, le moyeu est très lourd ; avec les jantes amovibles, le poids est surtout réparti à la périphérie. Les roues à jantes lourdes constituent des volants ou gyroscopes puissants ; de telles roues directrices peuvent rendre la direction difficile et fatigante.

II - Les roues en bois

La roue en bois a subi depuis l'avènement de l'automobile quelques perfectionnements, mais en somme, dans ses grandes lignes elle n'a pas subi de modifications importantes.

Jadis on employait pour sa fabrication le bois de frêne ou de chêne vert, aujourd'hui on préfère à ces essences l'acacia ou le bois d'hickory. Les rais ou rayons sont au nombre de 10, 12, 14 ou 16 ; il n'y a aucune unité à ce point de vue entre les fabricants.

Les deux extrémités du rai s'appellent l'une la *patte*, l'autre la *broche*. Les pattes sont assemblées sur le moyeu, les broches dans la jante. Les rais sont montés à la main et avec l'aide de la *machine à monter les roues.*

Les jantes en bois étaient jadis constituées de plusieurs secteurs raccordés grossièrement. Aujourd'hui la jante est faite en deux morceaux seulement, en bois cintré, afin de conserver à la pièce son fil.

Les trous des rais dans la jante sont faits par une machine à mortaiser.

L'assemblage des deux demi-jantes sur les rais se fait au moyen d'une presse de menuisier et d'un maillet.

Il s'agit ensuite de placer autour de la jante en bois la jante en acier. Cette opération s'appelle

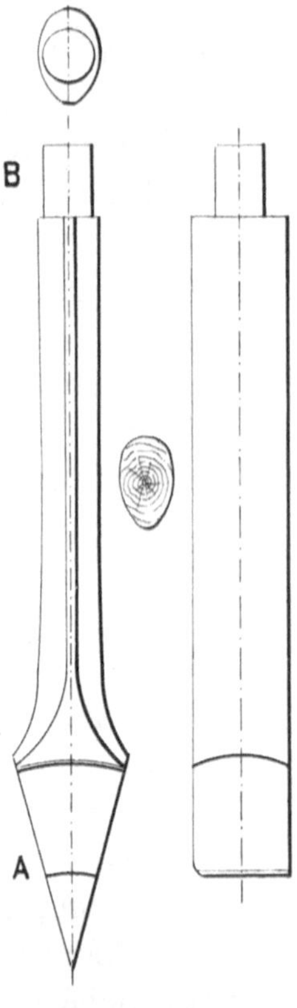

Fig. 71. — Un rayon des roues avant.
A, est la patte, B la broche.

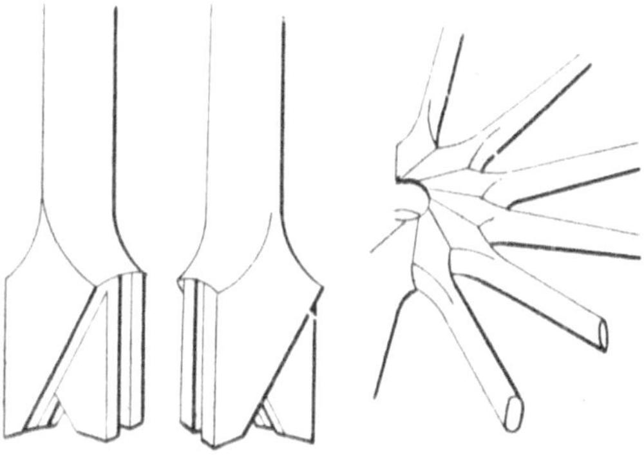

Fig. 72. En Angleterre et aux États-Unis, quelques fabricants montent les rayons par des assemblages à tenon et queue-d'aronde. La roue Schwartz, représentée ici, en est un exemple.
Ces assemblages sont excellents, mais difficiles à bien établir.

l'*embattage*. L'embattage se fait à froid ou à chaud.

L'embattage à chaud est, en somme, le vieux procédé des charrons perfectionné.

L'embattage à froid, qui nous vient d'Amérique, exige un outillage spécial, mais l'opération est très rapide.

Les roues ainsi terminées sont peintes à plusieurs couches avant le montage.

Les roues en bois remplissent très bien leur rôle, qui est un des plus chargés dans une automobile.

Une roue en bois de bonne fabrication dure très longtemps, aussi longtemps que le reste du châssis — cela tout au moins dans nos climats tempérés.

Dans les pays tropicaux, où les variations de température sont très rapides, la roue en bois résiste moins bien.

Sous l'influence alternante de l'humidité et de la sécheresse, les rais et la jante se désassemblent, l'ensemble prend du jeu, et c'est la fin rapide de la roue.

Aussi les Anglais ont-ils substitué depuis longtemps les roues à rayons métalliques aux roues en bois dans leurs voitures destinées aux colonies.

Mais en Europe, la bonne vieille roue en bois vivra sans doute encore longtemps, partageant son empire avec sa jeune concurrente, la roue métallique.

III - La roue métallique

Je viens de traiter la roue métallique de jeune concurrente. La roue à rayons en acier nous vient cependant de la bicyclette, qui l'a empruntée elle-même au vieux bicycle.

C'est vers 1878, après bien des essais infructueux tentés pour substituer aux roues en bois du bicycle des roues métalliques, que le français Renard inventa les roues à rayons tangentes, c'est-à-dire le principe sur lequel repose encore aujourd'hui la construction de la roue métallique.

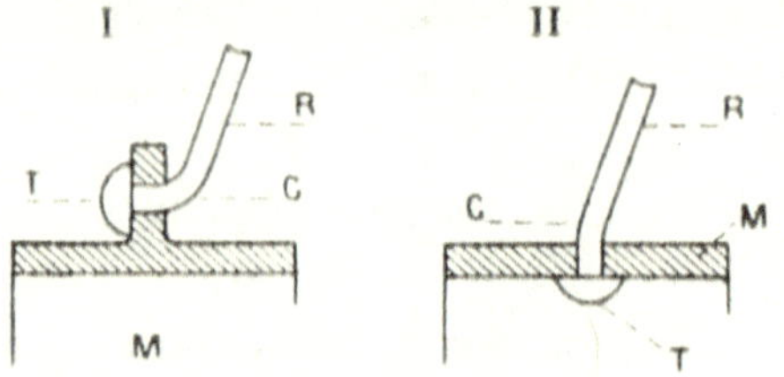

Fig. 73. — Montage des rayons métalliques sur le moyeu.

I. Moyeu à rayons tangents.
M, moyeu à joues. — R, rayons métalliques. — T, tète des rayons. — C, point faible.
II. Moyeu sans joues tel qu'il est construit actuellement. La courbure en C est moins prononcée et le rayon travaille plus normalement.

Les roues métalliques ont tout naturellement été les premières employées pour les automobiles ; puis elles furent abandonnées, un peu à la légère, pour la roue en bois. Aujourd'hui, elles nous reviennent, modifiées, perfectionnées, et bien au point.

Les anciennes roues à rayons tangents ont subi de profondes modifications.

La figure 74 représente un moyeu à rayons tangents et un moyeu sans joues.

Le moyeu sans joue peut être embouti d'une seule pièce, par conséquent plus léger que le moyen à joue et d'un accrochage plus facile pour le rayon.

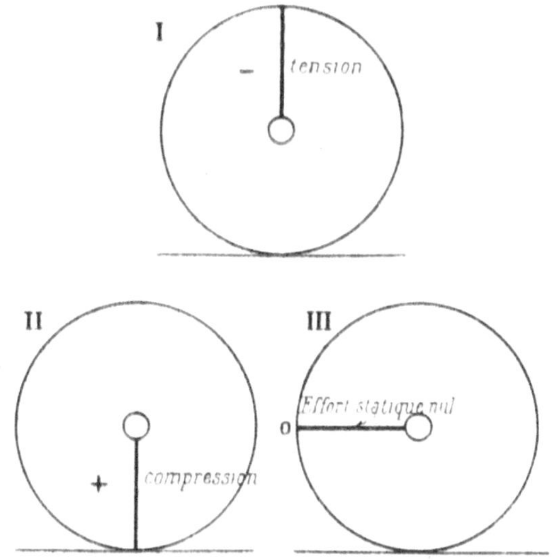

Fig. 74. Un rayon monté sans tension ni compression initiale, passe, lorsque la roue tourne, successivement par trois états : *Tension*, lorsqu'il est au-dessus du diamètre horizontal ; *Compression*, lorsqu'il est au-dessous de ce diamètre, et effort statique nul lorsque le rayon est horizontal.
Le maximum de tension et de compression a lieu lorsque le rayon est vertical.

Le rayon d'une roue métallique subit, lorsque la roue tourne, successivement des efforts de tension et de compression, fig. 75.

Lorsque le moyeu est horizontal, il ne supporte aucun effort statique.

Dans les premières roues métalliques les rayons étaient très peu tendus.

Pendant la compression, l'écrou était sollicité à sortir de son logement et à appuyer sur le pneu. Il en résultait des frottements continuels et une usure rapide de la jante.

Aujourd'hui, on monte les rayons avec une tension initiale considérable — plus de 50 kilos par rayon dans les roues R. W. — donc toujours certainement supérieure au maximum de l'effort de compression. La tension, pendant la période où le rayon se trouve au-dessus du moyeu se trouve accrue d'autant, mais le rayon ne peut plus bouger et tout frottement est supprimé.

C'est là un perfectionnement important qui donne à la roue métallique une rigidité considérable. Remarquons que la résistance à la traction d'un rayon métallique est énorme, incomparablement supérieure à sa résistance à la compression, laquelle est d'ailleurs toujours accompagnée d'un effort de fléchissement ou flamboiement.

Dans les anciennes roues métalliques, le rayonnage adopté était celui des bicyclettes. On reconnut vite qu'une telle roue ne résistait qu'imparfaitement aux divers efforts auxquels doit résister une roue d'auto, en particulier aux efforts latéraux dans les virages et pendant les dérapages.

Une roue, en effet, résiste toujours facilement aux efforts statiques — la charge ou les chocs verticaux qui viennent simplement s'ajouter à la charge. Il suffirait pour cela de disposer les rayons métalliques verticalement — comme dans les roues en bois — et en nombre suffisant.

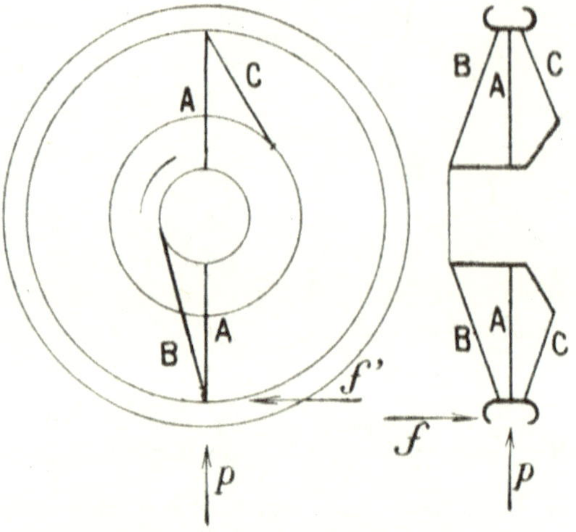

Fig. 75. - Le triple rayonnage théorique.

Les rayons radiaux A doivent résister à la réaction r du sol à la charge statique (pesanteur) ; les rayons H résistent à la réaction f' du sol (propulsion) ; les rayons C résistent à la réaction f du sol dans les virages (force centrifuge).

Pratiquement on supprime, comme nous l'avons dit, les rayons A, les rayons B et C.

Mais elle doit aussi résister à la traction et au freinage : les rayons doivent alors *être tangents au moyeu*, à la pointe d'attache.

Enfin, elle doit résister, aussi bien que possible, aux efforts latéraux — qui sont les plus importants dans une automobile. Le dérapage est la règle, dans un virage.

Ce sont les roues extérieures au virage qui supportent presque tout l'effort, parce que la résultante de la force centrifuge et de la pesanteur est une force dirigée vers l'extérieur.

Pour qu'une roue puisse résister aux deux efforts énumérés, il faut qu'elle ait à la fois des rayons radiaux A, des rayons tangents au moyeu B et des rayons C inclinés comme dans la figure 76.

Une voiture qui vire, dérape toujours et les roues dérapent aussi longtemps que la voiture vire.

Les rayons A résisteront à la charge statique — ou d'après le principe de l'égalité de l'action et de la réaction — à la réaction du sol ; les rayons B devront résister à la réaction du sol, à l'effort moteur transmis au moyeu ; enfin, les rayons C résisteront à l'effort transversal extérieur.

Dans la pratique, les rayons B et C suffiront également pour supporter la charge ; on supprimera donc le rayon A.

Cependant dans certains cas, avec les rayons C très inclinés, le porte-à-faux — distance du plan de la roue à l'axe du pivot — devient trop grand ; on remplace alors les rayons C par les rayons D et E, fig. 131.

Généralement on monte les rayons C ou D et E également, mais très légèrement tangents au moyeu. La roue n'en résistera que mieux à la réaction du sol lors des démarrages. Mais comme la roue doit également résister aux efforts de freinage, on double chaque rayon d'un autre par rapport au diamètre correspondant de la roue. Enfin, pour n'avoir pas des rayons trop longs et trop inclinés, au lieu de les faire tangents au moyeu, on les fait tangents à un cercle imaginaire plus petit.

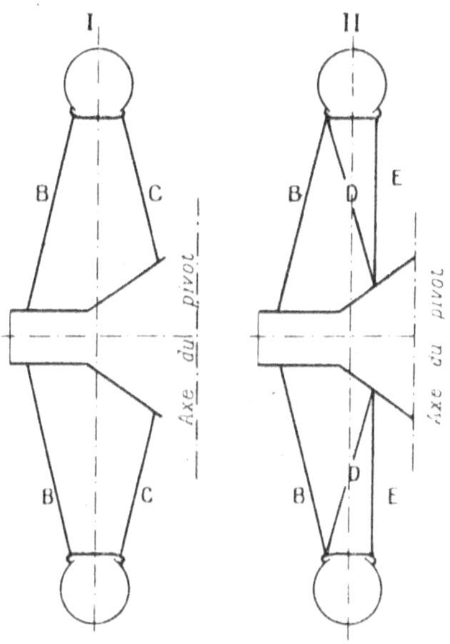

Fig. 76.

Pour qu'une roue puisse résister aux divers efforts qu'elle supporte, il faut qu'elle ait des rayons radiaux (rayons disposés dans le plan de roulement de la roue et disposés comme les rayons d'une roue en bois), des rayons H tangents au moyeu et des rayons inclinés comme les rayons C. On incline en général les rayons B et C, qui permettent de remplacer les rayons radiaux devenus inutiles.

Une roue se présente donc avec deux sortes de rayons D et C, comme dans la figure I.

Dans certains cas, avec les rayons C très inclinés, le porte-à-faux devient trop grand ; on remplace alors les rayons C très inclinés, par les rayons D et E, les rayons D très inclinés, les rayons E presque verticaux. Cela permet de rapprocher l'axe du pivot du plan de roulement de la roue.

IV - Roues métalliques et roues en bois

Les roues en bois, tout comme les roues métalliques, avons-nous dit, remplissent parfaitement leur principale fonction que je n'ai pas besoin de définir. Cependant les unes et les autres ont des partisans convaincus et des détracteurs farouches.

« Les roues métalliques, disent les uns, procurent une notable économie des pneus ; avec des roues métalliques vous usez de 20 à 40 % moins de précieux para qu'avec les roues en bois. »

« Pure illusion, répondent les autres ; à quoi d'ailleurs, pourrait-on attribuer cette économie ; et au surplus, faites la preuve de ce que vous avancez. »

Il est difficile de faire une preuve de ce genre qui puisse convaincre tout le monde, parce que, même en faisant l'expérience avec deux voitures identiques, aux mêmes heures, sur le même parcours, trop de facteurs interviennent encore qui influent sur l'usure des pneus, ne serait-ce que le facteur conducteur.

Aussi est-il à prévoir que la controverse se prolongera encore quelque temps jusqu'à ce que la mode, cette autorité devant laquelle nous nous inclinons toujours, ait dit son dernier mot.

Voyons cependant quels sont les arguments qu'invoquent les partisans des roues métalliques en faveur de ces dernières.

1. – *Premier argument.* **Les roues métalliques sont plus légères que les roues en bois.** Nous avons vu plus haut ce qu'il fallait penser de l'influence du poids des roues sur la suspension et par conséquent sur l'usure du pneumatique. Comme l'a fort bien montré un des adversaires des roues métalliques, M. Grandjean, l'influence du poids des roues disparaît devant l'influence du poids de l'ensemble des organes non suspendus. Que peuvent faire quelques kilos gagnés sur les roues si

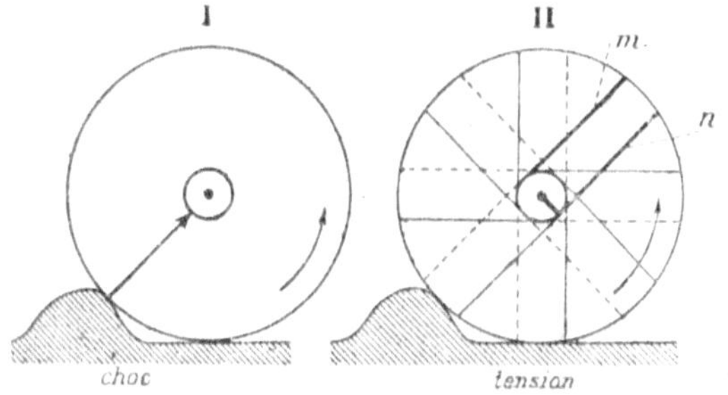

Fig. 77.

Lorsqu'une roue en bois (fig. I) remonte un obstacle, le choc est transmis suivant un rayon, directement au moyeu. Le moyeu ressent le choc atténué seulement par le bandage.

Dans la roue métallique (fig. II), le choc se transmet le long de la jante, qui l'amortit déjà dans une certaine mesure et ce sont les rayons m et n qui les supportent.

le pont arrière continue à peser de 100 à 150 kilos à lui seul ? Voici d'ailleurs quelques données exactes : Une roue arrière métallique Gallia, de 820 mm, pèse, avec son moyeu mais sans enveloppe, 12 kgs. Une roue arrière en bois, dans les mêmes conditions, pèse 24 kgs. En ajoutant aux deux roues le tambour de frein, on trouve une différence de 5 ou 6 kgs en faveur de la roue métallique. Cette différence peut constituer un avantage pour des roues détachables parce que la roue de rechange à emporter est moins lourde, mais elle ne peut influencer que de très peu le poids total non suspendu.

M. Engelhardt nous a donnés dans le N° 527 de *La Vie Automobile* des chiffres précis concernant le poids des différentes roues. Ces chiffres concordent avec les miens.

Poids d'une roue AV en bois avec moyeu et jante de 880/120 .... 19,5kg
Poids d'une roue AV métallique Dunlop avec faux-moyeu .... 19 k.
Poids d'une roue AR en bois, avec moyeu, jante de 880/120 et tambour de frein .... 27 k.
Poids d'une roue AR métallique avec faux moyeu, tambour de frein et jante de 880/120 .... 28 k.
Poids d'une roue A Ven bois avec jante amovible de 880/120 .... 25 k.
Poids d'une roue AK en bois avec jante amovible de 880/120 .... 33 k.

Ainsi un train de quatre roues ordinaires en bois pèse 89 kilos, et les quatre roues métalliques 94 kilos ; les quatre roues à jantes amovibles pèsent 116 kilos.

Les différences sont insignifiantes.

Il est vrai, que si nous comparions des roues en bois et des roues métalliques à résistance égale, nous trouverions un notable avantage en faveur des roues métalliques.

Mais puisque les roues métalliques sont plus résistantes que les roues en bois, il est plus sage de profiter de cet avantage et de renoncer à une légère diminution de poids qui entraînerait une diminution de la solidité des roues.

Nous reviendrons d'ailleurs plus loin sur cette question de la résistance des roues.

Retenons seulement pour le moment qu'entre roues métalliques et roues en bois, la différence est insignifiante.

Le premier argument n'a donc, de toute façon aucune valeur.

2. – *Deuxième argument* : **La roue métallique se refroidit plus facilement que la roue en bois.**

Dans une roue en bois, la jante de fer qui recueille par conductibilité une grande partie de la chaleur développée dans le bandage, repose sur une jante en bois qui forme isolant. La jante n'est en contact avec l'air que par une surface relativement petite, et la convection s'en trouve fortement diminuée (On sait que c'est par convection, et non par conductibilité ni radiation que la chaleur est transmise à l'air).

Dans une roue métallique, les rayons forment radiateur, ou mieux, convecteur ; ils reçoivent par conductibilité la chaleur de la jante, et la dispersent dans l'atmosphère par convection.

Nier cette influence des rayons métalliques, c'est nier le refroidissement des moteurs par ailettes ou même par radiateur.

M. P. Engelhardt, cite ce fait :

> « Lors des grandes manœuvres de Bordeaux, il y avait dans un même convoi, des camions identiques avec roues en bois et roues en acier coulé.
>
> Après quelques heures de marche en plein soleil, j'ai constaté que les bandages des camions munis de roues métalliques étaient sensiblement moins chauds que ceux des roues en bois ».

À cela on a cependant opposé la constatation suivante : Après un long trajet sur mauvaise route, les pneus sont très chauds, à 700 par exemple, mais la jante est presque froide, à 25° environ.

Pour céder efficacement de la chaleur, elle devrait être chaude elle-même, car le refroidissement est entre autre proportionnel à la différence de température entre la jante et les rayons d'une part, l'air environnant d'autre part. Si cette différence est nulle, il n'y a pas convection, par conséquent pas de refroidissement.

En somme, si la jante ne s'échauffe pas, c'est « parce qu'elle n'emprunte aucune chaleur au pneu à travers les talons, et n'en transmet aucune à l'air ».

Admettons qu'elle n'en transmet pas beaucoup, mais soyons certains qu'elle transmet un peu, et si peu que ce soit c'est mieux que rien, c'est-à-dire mieux que font les rayons en bois et la jante en bois.

En somme, cet argument me paraît incontestable, mais bien insuffisant pour expliquer à lui seul la diminution dans l'usure des pneumatiques que l'on constate par l'emploi des roues métalliques.

3. – *Troisième argument.* **La roue métallique est plus rigide et plus souple en même temps que la roue en bois.**

Rigidité et souplesse, ce sont deux qualités qui semblent devoir s'exclure. Nous allons montrer cependant que cette incompatibilité n'est qu'apparente.

Considérons d'abord la roue de face (fig. 77) rencontrant un obstacle. Dans la roue en bois, le choc se transmet au moyeu par un rayon, c'est-à-dire suivant une direction passant par le centre du moyeu. La fusée reçoit le choc à peine amorti par le bandage.

Dans la roue métallique, dont le moyeu est — ne l'oublions pas — suspendu, le choc se transmet le long de la jante et les rayons m n, qui travaillent exclusivement à la traction le transmettent, déjà fort amorti, au moyeu. Alors que dans la roue en bois deux ou trois rayons au plus transmettent en réalité le choc, dans la roue métallique, tous les rayons d'une moitié de la roue interviennent plus ou moins, c'est-à-dire de 25 à 35 rayons.

La roue métallique se comporte donc un peu comme une roue métallique à rayonnage élastique, une roue qui serait quand même munie de bandages.

La rigidité se manifeste dans le sens transversal. Regardez le profil d'une roue métallique et d'une roue en bois (fig. 78). Les rayons de la roue en bois peuvent fléchir — rien ne les en empêche. S'ils fléchissent, ils vibrent ensuite. Les rayons tendus d'une roue métallique ne peuvent pas fléchir.

Dans un choc transversal, tous les rayons de la roue métallique travaillent en même temps, mais aucun à la compression, tous à la traction.

Dans une roue en bois, certains rayons travaillent à la compression (montage), d'autres ne travaillent pas, les autres enfin travaillent à la tension. Voici d'ailleurs ce que montre l'expérience, citée par M. Faroux (*La Vie Automobile* n° 530) :

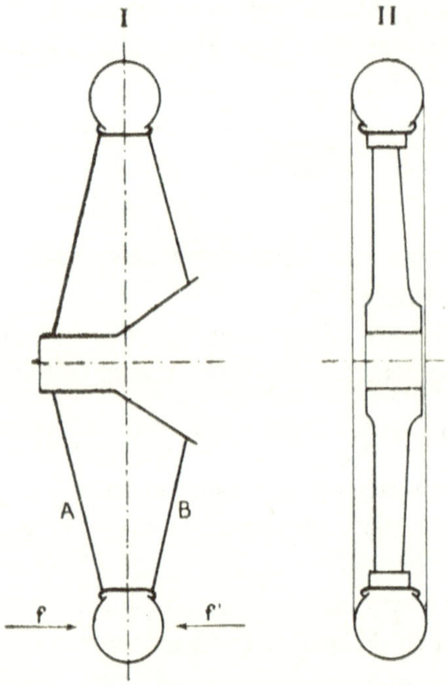

Fig. 78. — Comparaison entre une roue en bois et une roue métallique.

La force extérieure f est de beaucoup supérieure à la force intérieure f'.

Les rayons métalliques B (fig. I) résistent à la réaction f, d'autant mieux qu'ils sont plus inclinés et plus courts.

Dans la roue en bois (fig. II), la résistance est obtenue par l'écuanteur donnée à la roue.

Les essais montrent que la roue métallique a la même résistance intérieure que la roue en bois, m

« Une voiture de course Hispano-Suiza fut munie successivement de bonnes roues en bois et de roues métalliques R. W.

Dans le premier cas, les roues en bois laissaient six millimètres d'intervalle entre eux et la collerette du moyeu ; dans le second cas, les fils d'acier de la roue métallique passaient à deux millimètres seulement de la collerette.

Après avoir roulé à grande allure, les rais bois étaient entamés par le rebord de la collerette, cependant que les rayons métalliques n'avaient pas leur émail altéré.»

Ainsi, les rais d'une roue en bois vibrent énormément ; dans l'exemple ci-dessus, l'amplitude de leurs vibrations dépassait douze millimètres, tandis que l'amplitude de vibration pour les rayons d'acier était certainement inférieure à quatre millimètres.

C'est cette qualité sur laquelle M. Faroux a été le premier à attirer l'attention, qui fait selon nous la supériorité incontestable de la roue métallique sur la roue en bois.

Si les rayons vibrent (sans avoir du jeu dans leur logement), il est probable que le moyeu vibre ; à plus forte raison la jante et le bandage vibreront.

Si l'oscillation a une amplitude de 12 millimètres à hauteur de la collerette, c'est-à-dire à demi-longueur du rayon, elle sera au moins double à la jante. Finalement, le tout se traduira par un frottement du pneu sur le sol et une usure rapide du bandage.

4. – *Quatrième et dernier argument.* **La résistance supérieure de la roue métallique.**

Des expériences qui ont été faites, il résulte qu'une roue métallique a une résistance de beaucoup supérieure à une roue en bois.

Les diagrammes résumant des expériences effectuées à ce sujet par la Rudge-Whitworth C°, et publiés dans le n° 492 de *La Vie Automobile* sont à ce point de vue fort intéressants.

Ces expériences nous apprennent qu'en chargeant du côté extérieur une roue en bois de bonne construction ordinaire et une roue métallique de mêmes dimensions construite en série (roue R. W. dans l'expérience) la roue en bois subit sous une charge de 2.000 kilos une déformation permanente de dix millimètres environ et la roue métallique une déformation de moins de deux millimètres sous la même charge. Au-dessus de cette charge, la roue en bois subit des déformations permanentes énormes, alors que la roue métallique, sous une charge de 3.500 kilos ne subit qu'une déformation permanente de 10 mm.

Quant aux fléchissements, la roue métallique se comporte sous une charge de 3.500 kilos comme la roue en bois sous la charge de 1.200 kilos.

Sous une charge de 1.700 kilos, la roue métallique ne fléchit que de 6 millimètres environ et la roue en bois de quarante-cinq millimètres.

Ceci explique ce que nous avons dit plus haut des vibrations comparées des roues en bois et des roues métalliques.

Si nous envisageons la résistance des roues aux variations de température, d'humidité et de sécheresse, aucune comparaison n'est possible.

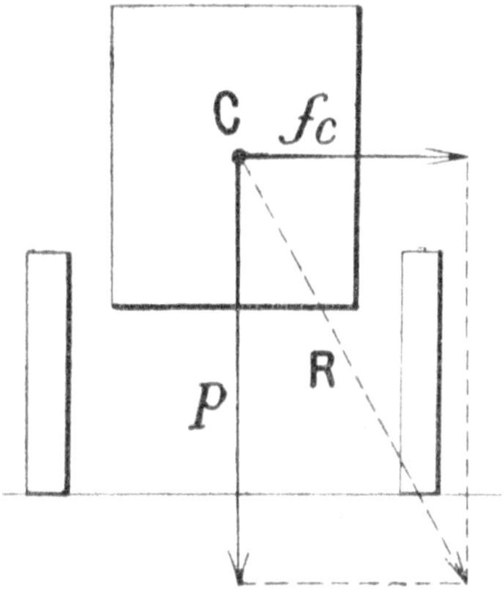

Fig. 79.

Dans un virage, la résultante R de la force centrifuge fc et de la pesanteur p est une force dirigée dans le sens extérieur au virage. Cette résultante est d'autant plus grande que le rayon du virage est plus petit et la vitesse de la voiture plus grande.

La résultante R se décompose encore au point de contact de la roue et du sol en une force horizontale – la force f de la fig. 78 – et une force verticale qui s'ajoute à la réaction verticale du sol.

Les Anglais ont depuis longtemps renoncé aux roues en bois pour les pays tropicaux, où seules les roues métalliques résistent.

***

J'ai souligné plus haut les deux mots « *du côté extérieur* » en parlant de l'expérience de la Compagnie Rudge-Whitworth. C'est qu'en effet, une roue métallique n'a pas la même résistance des deux côtés. Elle est beaucoup plus résistante contre les chocs venant du dehors que contre les chocs venant de l'intérieur, ce qui est logique, puisque les forces extérieures f (réaction du sol dans les virages) sont de beaucoup supérieures aux forces intérieures f'.

Une roue en bois a la même résistance à peu près des deux côtés si elle n'a pas d'écuateur.

***

Je ne pousserais pas plus loin la comparaison entre les roues en bois et les roues métalliques.

J'aurais pu encore invoquer en faveur des roues métalliques leur amovibilité. Cependant ce n'est pas un avantage reconnu par tout le monde. Les roues amovibles et détachables ont des inconvénients qui ne sont pas négligeables. Nous y reviendrons en parlant des moyeux pour roues détachables.

En somme, les roues en bois comme les roues métalliques sont bonnes et ne donnent pas d'ennuis. La roue métallique cependant est incontestablement supérieure à la roue en bois, pour la raison invoquée plus haut.

Toute voiture rapide et lourde, devrait être montée sur roues métalliques.

Entretien et Réparations

Une roue doit naturellement être entretenue et soignée, tout comme n'importe quel organe de la voiture.

Dans une roue en bois les rayons peuvent prendre du jeu. On entend alors un craquement lorsque la roue tourne. La roue alors *casse des noix* Cela arrive généralement en été, par les fortes chaleurs. Si on n'y prend garde le jeu augmente vite et la roue devient fragile.

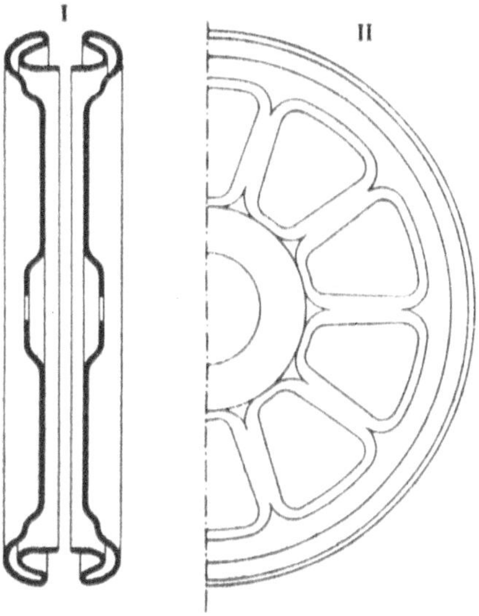

Fig. 80. – La roue métallique emboutie Sankey.
Elle est faite de deux tôles d'acier embouties et réunies à la soudure autogène.

Si vous êtes en voyage, arrosez la roue abondamment d'eau, et maintenez le bois autant que possible humide. Une fois à l'étape, faites *rechâtrer* votre roue.

Le *rechâtrage* consiste à augmenter l'épaisseur de la jante en bois de la roue en laissant à la jante en fer le même diamètre. Les rayons sont alors repoussés vers le moyeu et le jeu disparaît. Quelquefois on intercale simplement entre la jante en fer et la jante en bois un cercle de fer.

Le rechâtrage doit être fait par un spécialiste. Une roue bien rechâtrée est comme neuve.

Vérifiez aussi de temps en temps si la jante ou les rayons ne sont pas fendus. Un rayon fendu doit être ligaturé avec de la ficelle mouillée ou du fil de fer. Si la jante est fendue sur une longueur qui ne dépasse pas la distance entre deux rayons, on la répare soit par un boulon traversant la jante soit simplement par une vis traversant la fente. Si un ou plusieurs rayons sont cassés, on peut les faire remplacer sans grande difficulté.

Les roues doivent toujours être bien peintes afin d'éviter l'infiltration de l'humidité et l'attaque des insectes. Pour les roues métalliques, la craquelure de l'émail est un indice certain d'une déformation.

L'accident le plus fréquent à la suite d'un choc latéral très brutal, est le voilage de la jante. On y remédie en tendant ou détendant convenablement les rayons, comme pour une roue de bicyclette. Les autres réparations ne peuvent être effectuées que par un spécialiste convenablement outillé.

V - Construction des roues métalliques

La roue Rudge-Whitworth

Pour permettre le montage et le démontage facile d'une roue amovible, celle-ci porte un moyeu extérieur qui peut s'emmancher à frottement doux sur un moyeu fixe porté à demeure par la fusée. Le moyeu extérieur, une fois mis en place, doit être solidarisé avec le moyeu fixe dans tous les sens afin de recevoir de celui-ci l'effort moteur et l'effort de freinage, et de ne pouvoir prendre par rapport à lui aucun jeu qui détruirait rapidement la solidité de l'assemblage. Enfin, question de la plus haute importance au point de vue de la sécurité, il faut que les deux moyeux une fois assemblés ne puissent se séparer autrement que par la volonté du conducteur, et que ni les chocs, ni les trépidations de la route, n'aient d'influence sur eux. Il faut enfin que le démontage et le remontage soient aisés, et que le système de verrouillage rende ces manœuvres faciles.

On sait comment ces différentes conditions étaient réalisées sur la roue Rudge-Whitworth. L'entraînement du moyeu de roue par le moyeu fixe se fait au moyen de fines cannelures taillées à la fraise sur la surface externe du moyeu fixe, et sur lesquelles s'engagent des cannelures analogues portées par la surface interne du moyeu de roue. Le centrage des deux moyeux l'un sur l'autre se faisant au moyen d'une portée conique, inclinée à 30° sur l'axe, sur laquelle vient s'appuyer le moyeu de roue muni d'une portée analogue.

Le moyeu de roue une fois mis en place sur le moyeu fixe, y est, dans tous les systèmes de roues amovibles, maintenu par un écrou qui l'applique fortement sur la partie conique et le maintient ainsi exactement centré.

Le problème posé par la roue détachable consiste simplement à empêcher cet écrou de se desserrer autrement que lorsqu'on fait effort sur lui au moyen d'une clé spéciale. Rappelons que dans l'ancienne roue Rudge Whitworth, ce blocage de l'écrou était obtenu au moyen d'un double verrouillage.

Un verrouillage automatique, consistant en un crochet qu'un ressort poussait constamment dans une denture portée par le moyeu fixe et inclinée dans le sens du vissage de manière à permettre le serrage et à s'opposer au desserrage ; et un verrouillage de sûreté, manœuvré à la main, et qui ne pouvait fonctionner que lorsque le précédent rochet était bien en place. Il faut reconnaître que ce système offrait une parfaite sécurité au prix d'une complication bien faible, et que, si des roues R. W. se sont détachées, cela n'a pu se produire que par suite d'une négligence inconcevable et presque criminelle de la part de celui qui s'en servait.

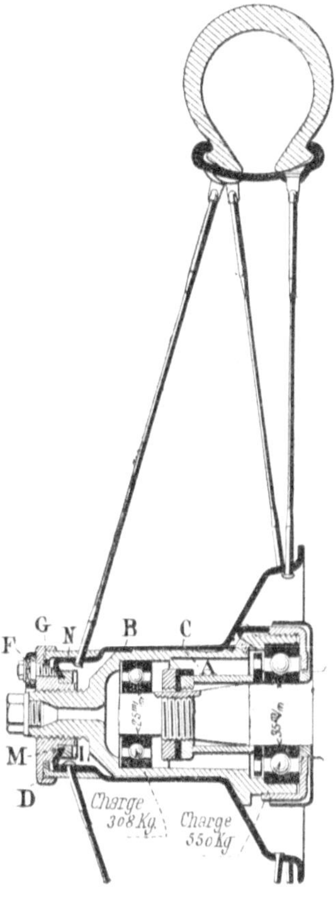

Fig. 81. – Coupe d'une ancienne roue Whitworlh.

A, moyeu fixe. – B, moyeu embouti de la roue démontable. – C, cannelure d'entraînement. – D, chapeau de la roue. – M, collerette remontée au moyeu. – L, bague de retenue.– F et G, système de verrouillage.

Or, voici que la Société Rudge-Whitworth présente aujourd'hui un nouveau montage du moyeu de roue sur le moyeu fixe, que représentent nos figures, et qui non seulement présente une sécurité absolue contre le desserrage, mais encore *se serre en marche de lui-même* s'il a été insuffisamment serré au montage. Les figures montrent comment est constitué le nouveau système de serrage. La roue porte un moyeu de roue M (fig. 82) qui se monte sur le moyeu fixe N où des cannelures D servent à son entraînement. Une butée conique C sert au centrage des deux moyeux l'un sur l'autre et un anneau A, fileté intérieurement, se visse sur un filetage F porté par le moyeu fixe et prend appui sur le moyeu de roue par une portée

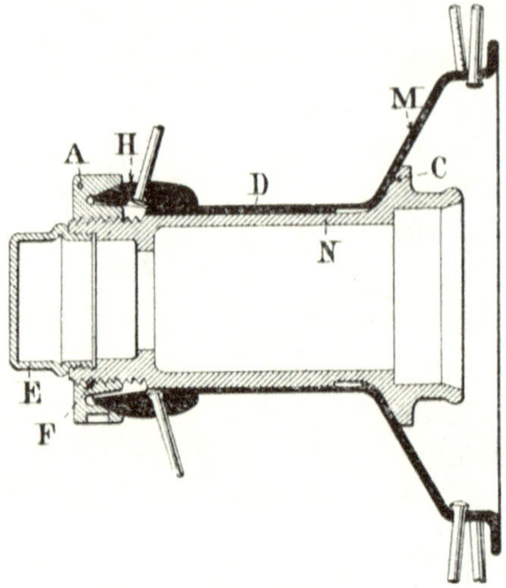

Fig. 82. — Coupe du nouveau moyeu détachable R.-W.

M, moyeu de la roue. — N, moyeu fixe. — C, portée conique de centrage. — D, cannelures d'entraînement. — A, anneau de blocage. — H, butée conique de centrage de l'anneau. — F, filetage. — E, chapeau de roue.

conique H, maintenant ainsi énergiquement ce dernier centre entre les deux portées H et C.

Le verrouillage est obtenu par un moyen fort simple.

Considérons le schéma de figure 84 représentant un anneau A reposant sous l'action de son poids sur un arbre B, et ayant un diamètre plus grand que lui. Faisons tourner l'arbre B dans le sens inverse de celui des aiguilles d'une montre, par exemple, et admettons que la surface de B et celle de A soient assez rugueuses pour que l'entraînement ait lieu. Que va-t-il se produire ?

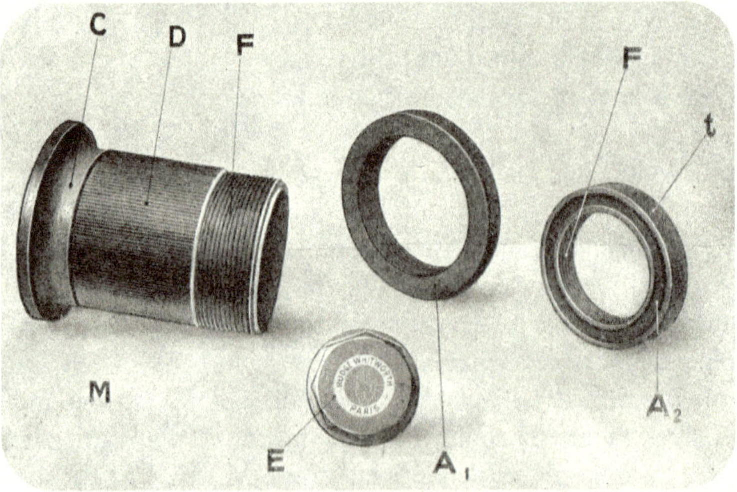

Fig. 83. — Les différentes pièces constitutives du moyeu R. W.

M, moyeu fixe. — F, filetage. — D, cannelures d'entraînement. — C, portée conique de centrage. — A,, anneau de blocage, vu de face. — A2, anneau de blocage, vu d'arrière. — F, filetage. — t, trou recevant l'ergot de la clé de démontage. — E, chapeau de roue.

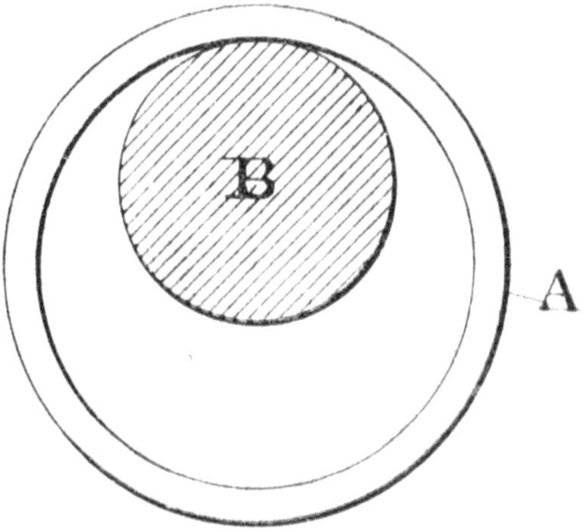

Fig. 84. — Schéma montrant le principe de blocage du moyeu R. W.

A, anneau. — B, arbre tournant.

L'arbre A, dans son mouvement, va entraîner l'anneau B. Si le diamètre de B est, pour fixer les idées, les ⅔ de celui de A, quand B aura fait un tour, A n'aura fait que ⅔ de tour. Après une révolution, l'anneau A sera donc en retard de ⅓ de tour sur l'arbre B, et tout se sera passé comme si nous avions fait tourner A de ⅓ de tour par rapport à B supposé fixe, en sens inverse du mouvement, c'est-à-dire dans le sens des aiguilles d'une montre.

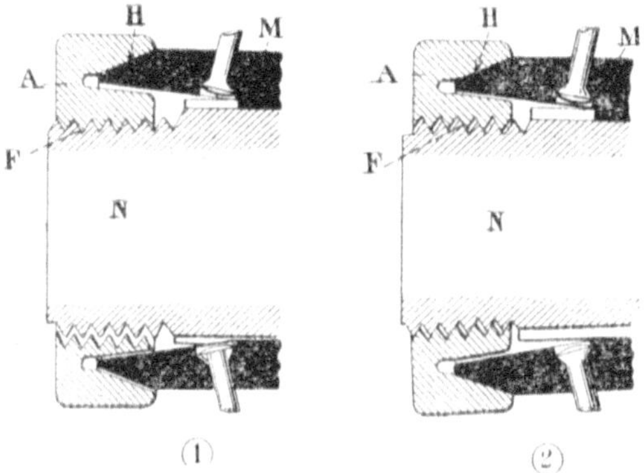

Fig. 85. — Les deux positions de l'anneau : 1, avant blocage ; 2, après blocage.

M, moyeu de roue. — N, moyeu fixe. — A, anneau de blocage. — F, filetage. H, portée conique de centrage.

Dans 1, le filet est serré par le haut et desserré par le bas.

Si nous supposons maintenant que A et B sont munis d'un filetage à droite, on voit que A se sera vissé de ⅓ du pas sur l'arbre B.

Nous avons ainsi réalisé le dispositif de fixage de notre moyeu. Reportons-nous à la fig. 85 et examinons la figurine de droite. Quand l'anneau A n'est pas vissé à fond, il repose sur la partie supérieure du filetage F du moyeu N, et laisse un certain jeu entre lui et la partie inférieure de ce filetage. Il est donc excentré par rapport à ce moyeu, et, si nous mettons en marche, le phénomène que nous venons de décrire va se produire. À chaque tour, A se vissera sur F d'une fraction de pas représentée par la différence des

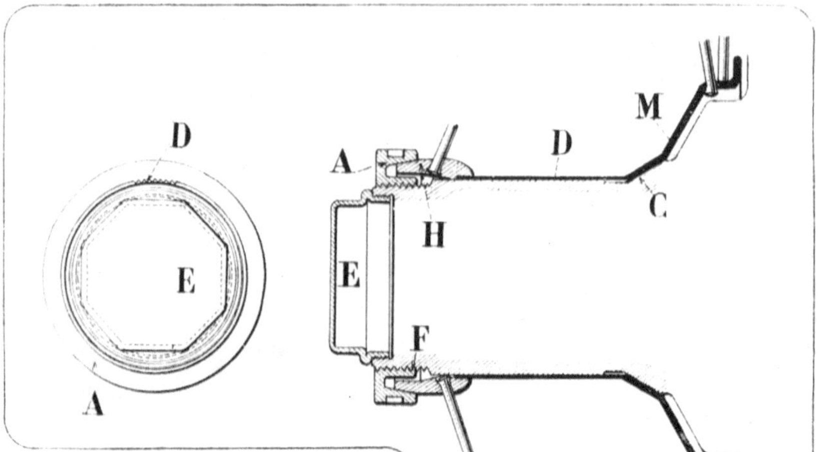

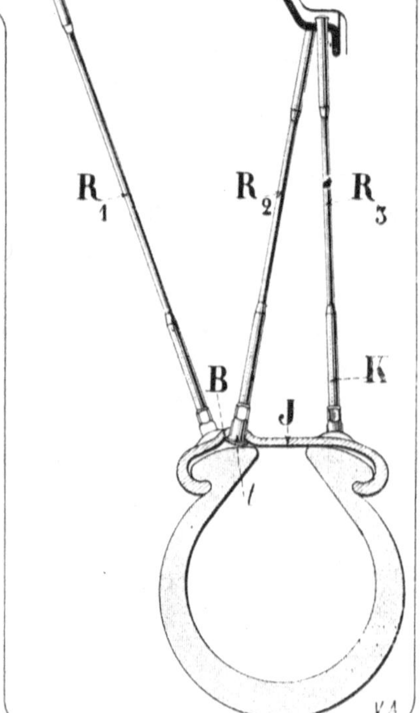

Fig. 86. — Coupe de la roue R. W.

M, moyeu de la roue. — N, moyeu fixe. C, portée conique de centrage. — D, cannelure d'entraînement. — K, anneau de blocage. — E, chapeau de la roue. — H, portée de centrage de l'anneau. — F, filetage. — E, encoches de l'ergot de la clé de manœuvre. — R_1 rayon extérieur. — R_2 rayon interne. — R_3 rayon intérieur. — J, jante. — K, - extrémité renfoncée des rayons. — B, bossage. — t, écrou du rayon.

diamètres et, après un certain nombre de tours, le blocage se produira. À ce moment, l'anneau sera centré par rapport au moyeu, à cause de la portée conique H du moyeu de roue sur lequel il vient s'appuyer. Sa position est représentée par la figurine de droite de la fig. 86 et le jeu des filets se produit entre la face intérieure du filet de l'anneau et la face extérieure du filet du moyeu.

Bien entendu, le sens du filetage doit être tel que la marche de la voiture produise le serrage. Comme ce dernier a lieu par suite du retard de l'anneau sur la rotation du moyeu, le filet devra donc tourner en sens contraire de la rotation des roues. Le pas sera à gauche pour les roues droites, à droite pour les roues gauches. Pour dévisser l'anneau, on se rappellera que la clé doit tourner dans le même sens que les roues pour la marche en avant.

Si l'anneau est bloqué, aucun desserrage ne se produira en marche arrière, son desserrage sera très lent. Il faut marcher pendant au moins un mille, pour que l'anneau se dévisse d'un seul tour.

N'oublions pas, d'ailleurs, que lorsque l'on reprend la marche avant, le serrage se produit de lui-même : et que, une fois obtenu, la marche arrière ne l'affecte en aucune façon.

Comme mode opératoire, la simplicité même. On dévisse l'anneau en tournant dans le sens de rotation de la roue en marche avant, on retire la roue, on met sa remplaçante sur le moyeu fixe, on bloque. Plus de verrouillage à surveiller au remontage, plus de loquets à lever au démontage.

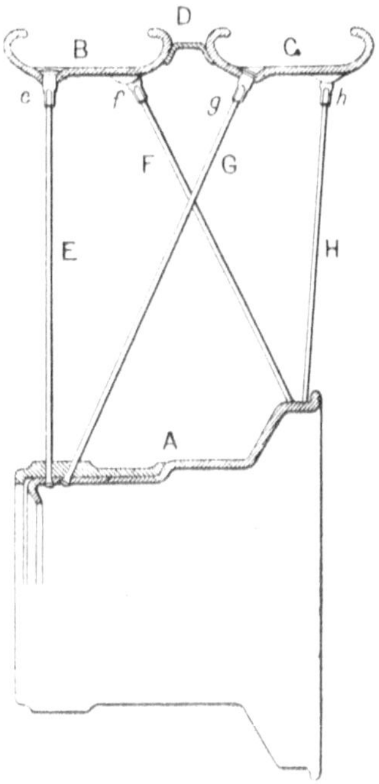

Fig. 87. — Roue métallique jumelée. A, moyeu. — E, H, S, F, quatre séries de rayonnages. — B et C, les deux jantes, — D, entretoise.

Le moyeu fixe est beaucoup plus simple de forme que l'ancien. Son montage sur les divers types de fusées d'essieux directeurs ou moteurs n'offre plus aucune difficulté en raison de sa forme cylindrique. Les cannelures sont beaucoup plus longues, assurant une meilleure liaison des deux moyeux l'un sur l'autre.

On fait des roues métalliques jumelées à triple et quadruple rayonnage (R. A. F.), et des roues jumelées en bois à simple et à double rayonnage. Les roues jumelées métalliques sont beaucoup plus légères que les roues jumelées en bois.

Fig. 88. - La roue R. A. F. avec son moyeu.

Fig. 89. — Roue jumelée Michelin.

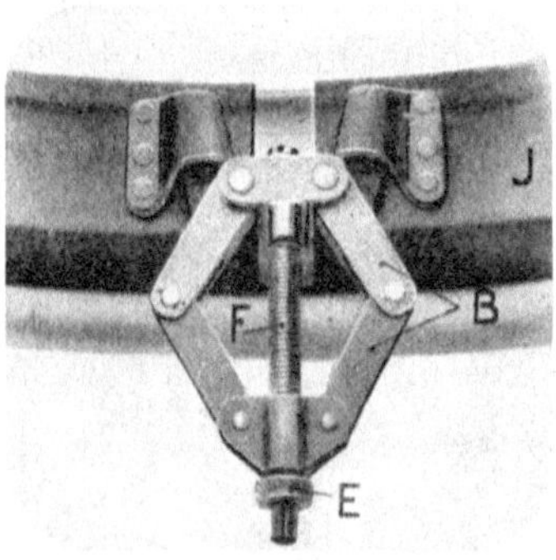

Fig. 90. — Système de serrage de la jante Michelin.

J, jante extensible. — B, leviers. — F, vis. — E, écrou.

Ce système de verrouillage est fort robuste et très simple.

VI - Les roues élastiques

Je dois, pour être complet, dire quelques mots des roues élastiques. C'est un chapitre délicat à traiter, parce que tout ce que l'on peut dire de la roue métallique doit naturellement faire de la peine à nombre de braves gens qui ont consacré plusieurs années de leur vie et une bonne partie de leur fortune à la réalisation de cet organe idéal, qui avait toutes les qualités de la roue munie du pneu, sans en avoir les inconvénients.

Cependant, je crois que c'est rendre service aux inventeurs qui auraient l'intention de s'engager dans cette voie semée d'embûches que de leur exposer en toute sincérité les très grandes difficultés du problème.

Le défaut du pneumatique qui a le plus frappé les inventeurs — lesquels, hélas ! n'étaient jamais des pratiquants de l'automobile, mais plutôt des automobilistes en chambre — c'est sa vulnérabilité, son peu de résistance contre les silex, clous, tessons de bouteille.

Le « pneumatique peut éclater », voilà, aux yeux de beaucoup de personnes, son point faible.

L'éclatement des pneus est — bien à tort — la terreur du débutant. Les journaux nous ont tant raconté d'histoires de voitures ayant fait panache, parce qu'un pneu a éclaté, que le pneu s'attire des malédictions sans nombre.

C'est lui le « pelé, le galeux, dont vient tout le mal ».

Supprimons le pneu, pensèrent immédiatement bon nombre de braves gens, et nous aurons rendu à l'industrie automobile un véritable service.

Les projets innombrables qui ont été conçus et même ceux, très nombreux encore, qui ont été réalisés, montrent à quelques rares

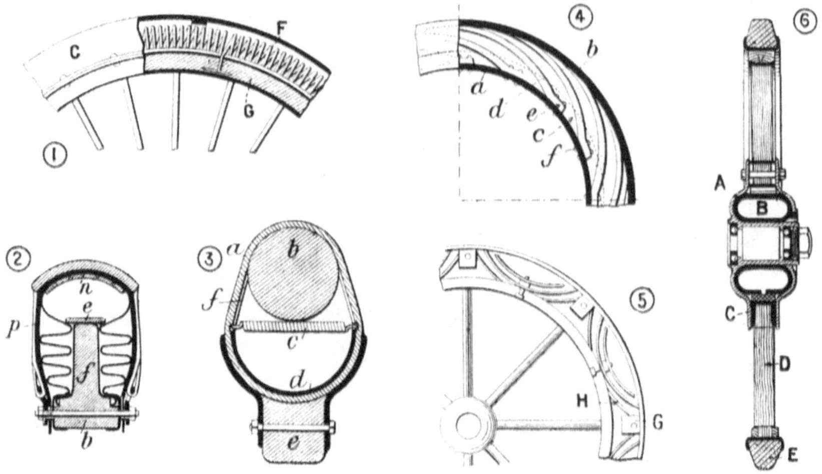

Fig. 91.
1, bandage Curtis. – 2, bandage Boirault. – 3, bandage Pease. – 4, bandage flexible Ofelt. – 5, bandage Ramsom-Rathboum. – 6, Moyeu Simplex.

exceptions près, une incompréhension totale des données principales du problème et une ignorance déplorable des conditions dans lesquelles travaillent les roues d'une automobile et des efforts auxquels elles doivent résister.

Pour s'en convaincre, il suffit de jeter un coup d'œil sur quelques brevets de roues métalliques[4] et de songer en même temps qu'une pareille roue, pour justifier la prétention de ses auteurs, doit pouvoir remplacer en tout point un pneu qui assure en se jouant la translation, non seulement en ligne droite, mais aussi dans les courbes, d'engins pesant de 1.000 à 3.000 kilos, à des vitesses de 20 à 50 mètres à la seconde.

La figure 91 montre quelques-unes des roues élastiques les plus typiques à ce point de vue.

Les plus simplistes sont ceux dans lesquels l'inventeur s'est efforcé de remplacer la bande d'acier de nos pneumatiques par des ressorts métalliques. Ce sont des roues à jantes élastiques. Ils procèdent très nettement de la hantise du « pneu qui éclate ». Un simple examen de ces figures montre que ces bandages ne peuvent résister aux efforts

(4) M. Rutishauser a publié dans *La Technique Automobile*, 1906, 1907, 1908, 1909, une monographie des principales roues élastiques ; nous ferons à cet article, très documenté, de larges emprunts.

transversaux sans éprouver de grandes fatigues. D'ailleurs, la plupart de ces bandages ont recours à des enveloppes en caoutchouc, au moins aussi coûteuses et aussi fragiles que les enveloppes pour pneumatiques.

De plus la masse de la partie déformable doit être faible, pour amortir aussi les très petits chocs ; enfin, elle devra être continue, semblable en tout point à elle-même, pour être toujours prête à agir, quel que soit le point par lequel elle absorbe l'obstacle.

À ces deux points de vue, remarquons-le en passant, le bandage pneumatique assure incontestablement, et de loin, la meilleure solution.

À la question : Pourquoi n'est-on pas encore parvenu à construire une roue élastique entièrement métallique, dont les ressorts ne cassent pas, l'auteur cité plus haut répond :

> « parce que le métal, dans les conditions où il se trouve placé, travaille de mauvaise façon, sa constitution moléculaire ne tarde pas à se modifier, ce qui entraîne le bris du ressort.
>
> Pour se faire une idée approximative du travail demandé à ces ressorts, prenons un exemple: supposons une voiture faisant du 60 à l'heure avec des roues d'environ 900 de diamètre ; ces roues tournent vers 350 tours à la minute ; si l'élasticité de la roue est demandée à vingt ressorts uniformément répartis et venant travailler les uns après les autres, il faudra que chaque ressort fournisse son travail en moins d'un centième de seconde, et cela, de sixième en sixième de seconde; si la roue est établie de telle façon que les vingt ressorts agissent ensemble, le travail du métal n'est pas le même, à chaque moment, pour tous les éléments ; il faudra donc que chaque ressort agisse différemment tous les centièmes de seconde ! Les roues métalliques ont aussi le défaut d'entrer en vibration, vibration qu'elles communiquent au châssis. De plus, les ressorts métalliques prennent un mouvement oscillatoire après le choc (ils vibrent) et, si au moment où le ressort est comprimé dans la période d'oscillation, un deuxième choc se produit, le ressort casse. Toutes les roues montées avec ressorts métalliques sont donc sujettes à avoir des ruptures de ressorts nécessitant quelquefois des réparations délicates ; il faudrait trouver un acier spécial ou un traitement spécial (trempé et recuit) des aciers destinés à la fabrication de ces ressorts. »

Un peu mieux raisonnées étaient les roues à jante rigide et rayons élastiques. Malheureusement, leur réalisation offre des difficultés énormes. Une telle roue est généralement très lourde, peu résistante transversalement (l'importance des efforts transversaux, de la force centrifuge en particulier, semble insoupçonnée des inventeurs de roues élastiques), ferraille rapidement.

Enfin les roues à moyeux élastiques qui donnaient plus d'espoirs que les autres, n'ont pas connu une fortune plus brillante.

Je ne veux pas faire ici une nouvelle monographie de roues élastiques actuellement existantes.

Aucune n'a donné des résultats véritablement encourageants, sauf peut-être la roue Lynton qui a en Angleterre et aux États-Unis un succès très vif.

Mieux vaut nous rendre compte des causes qui ont fait échouer jusqu'à présent tant de bonnes volontés.

Pour cela, il nous faut exposer rapidement les données du problème, et préciser d'abord les qualités que devra posséder la roue élastique que l'on veut substituer au pneu.

Une bonne roue élastique doit, comme un pneu, absorber les petites inégalités de la route ;

> « elle doit être capable d'une déformation momentanée pour l'absorption des petites dénivellations, sans que cette déformation influe sur son roulement ; elle ne doit pas entrer en vibration ; elle doit transmettre élastiquement l'effort moteur (en cas de roue motrice) ; elle ne doit pas être trop lourde, car le poids des parties non suspendues doit être réduit au minimum (malgré tous les efforts des constructeurs, son poids est généralement d'au moins une fois et demie à deux fois le poids d'une roue semblable montée avec pneumatique); elle doit être solide dans tous les sens, surtout dans le sens latéral, pour résister au dérapage, aux virages, et pour ne pas affecter la direction en donnant un mouvement de balancement au véhicule, ce qui augmente la résistance au roulement; la résistance verticale doit être suffisante, non seulement pour porter le poids du véhicule, mais aussi pour résister aux chocs verticaux et aux réactions des ressorts ; sa solidité à la torsion doit être suffisante pour résister aux efforts d'entraînement et de freinage, en cas de roues motrices. (Certaines roues élastiques ne répondent qu'à une ou deux de ces conditions de résistance.) » (Rutishauser).

Quelques inventeurs ont cherché à rendre les pneumatiques invulnérables aux perforations ; ils ont remplacé le boudin d'air par un composé chimique possédant les qualités du caoutchouc à un degré plus ou moins grand.

Voici quelques-uns de ces composés chimiques :

L'aggloméré Gouin (déchets de liège et d'éponge agglutinés dans une solution de caoutchouc) ; le composé Chanut (gomme 5 kg, liège 2 kg, éponge 15,500 kg, amiante 0,560 kg, carbonate de magnésie 0,730 kg soufre 0,600 kg).

L'Elastès, qui a eu un certain succès, est un composé de glu, de glycérine et de sels chromiques. Tous ces agglomérés ont deux grands défauts : leur poids, qui malgré l'addition de liège est très considérable en comparaison du poids du même volume d'air comprimé, et leur peu de résistance aux compressions répétées qu'ils ont à subir. Ils deviennent rapidement durs, cassants et perdent leur élasticité.

J'ai cependant rappelé ces tentatives, parce qu'il y aurait peut-être quelque chose à faire dans cette voie, au moins pour les camions et taxi-autos, c'est-à-dire les voitures peu rapides. (Le poids n'aurait plus une grande importance). Il suffirait alors de trouver une matière élastique comme le caoutchouc, mais moins chère, qui pourrait remplacer les bandages pneumatiques.

Toutefois, nous ne saurions passer sous silence un procédé extrêmement curieux, basé sur l'emploi de la mousse de caoutchouc (brevets Pfleumer). On obtient ainsi une sorte de chambre à air cloisonnée, d'une légèreté extrême et d'une souplesse incomparable. L'affaire est récente : elle a donné des résultats étonnants aux premiers essais faits dans une de nos grandes usines d'automobiles et le capital demandé pour la constitution d'un syndicat d'études a été souscrit rapidement. Le pneu *Mousse* aura sans doute un bel avenir.

***

La *roue oscillante Genillon*, montée sur les voitures La Buire, n'est pas une roue élastique proprement dite ; c'est une roue de construction classique, dont la jante peut être pourvue de telle bande de roulement que l'on voudra, mais dans le moyeu de laquelle l'essieu est suspendu de façon rationnelle et tout à fait originale. Cette suspension, qui assure à la roue le maximum de rigidité latérale lui permet, dans un cahot, de se déplacer relativement à l'essieu, suivant la résultante même du choc.

Le principe de cette roue est le suivant : Il s'agit, comme nous venons de le dire, d'éviter à l'essieu, au moment du passage de l'obstacle, toute variation brusque de mouvement.

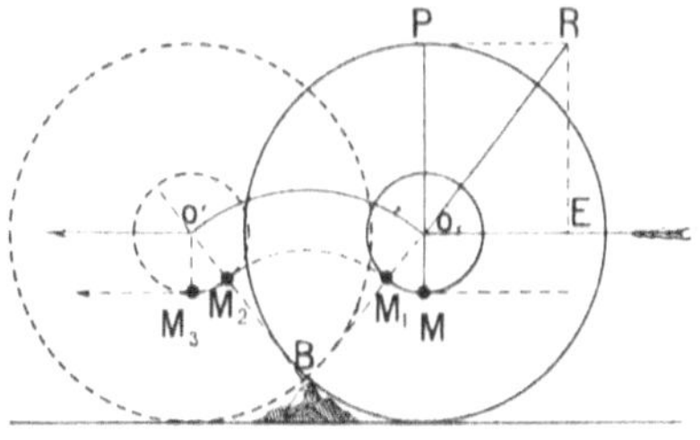

Fig. 92.— La roue amovible La Buire.
Schéma d'explication.

Si on se rapporte au schéma (fig. 92), on voit que lorsqu'un essieu est placé, comme c'est l'usage, au centre d'une roue, il subit au passage de cette roue sur un obstacle, une réaction R, dirigée suivant le rayon BO. Cette réaction est la résultante de deux forces : l'une, F, qui tend à soulever la roue, tandis que l'autre, F_1, tend à ralentir son mouvement.

Il est clair que l'ensemble de ces deux forces sera d'autant plus grand que la vitesse du véhicule et la hauteur de l'obstacle seront plus grandes. Ce sont ces deux variations brusques de vitesse et de direction qui en résultent qui constituent les chocs, c'est donc leur résultante qu'il faut absorber.

Le pneu résout le problème pour une petite dimension de l'obstacle, 20 millimètres environ ; au-delà, il n'agit plus que comme un matelas amortissant le choc, mais l'essieu reste soumis aux mêmes variations brusques de vitesse et de direction. Il doit nécessairement décrire au minimum l'arc O, O_1, O_2, qui ne se raccorde pas avec le chemin suivi et à suivre, d'où un bond.

Si au lieu de placer l'essieu en O, nous le plaçons en M sur le rayon d'un cercle concentrique à la roue et pouvant tourner sur O, indépendamment de celle-ci, voici ce qui va se produire :

Au moment où l'obstacle touche la jante en B, la réaction R se produit, le centre de la roue subit un ralentissement marqué mais, grâce à son montage dans le petit cercle concentrique, l'essieu continue à avancer en décrivant une courbe et vient en M_1, par une propriété analogue à celle d'un pendule, le mouvement de l'essieu a été retardé, le choc dû au brusque ralentissement de vitesse a été amorti. Le point B est devenu un centre de rotation, toute la masse pivotant autour du point M franchit l'obstacle sans changement brusque de direction ni de vitesse ; de l'autre côté de l'obstacle, la roue arrive d'abord et l'essieu M après ; là encore, le choc est amorti.

La trajectoire de l'essieu ne comporte plus d'angle comme en O, mais seulement une courbe en M, M_1, M_2, M_3 se raccordant avec le chemin suivi et à suivre.

On voit, par ce qui précède, combien est diminué le choc résultant d'une brusque variation de vitesse ou de direction reçu par une roue qui répondrait aux conditions ci-dessus et franchirait un obstacle.

Quant à la description de la construction mécanique réalisant toutes ces conditions, la voici :

Fig. 93. — La roue oscillante La Buire, démontée.

Un manchon muni d'un fond percé en son centre pour le passage d'un tourillon. C'est sur ce manchon que se montent les rais de la roue, comme dans une roue ordinaire.

À l'intérieur du manchon, un plateau d'une seule pièce avec une double douille ; la douille supérieure reçoit le tourillon, c'est l'*axe de rotation* ; celle inférieure reçoit l'essieu, c'est l'*axe d'oscillation*.

– III –

LA SUSPENSION

Importance d'une bonne suspension. — Le problème général de la suspension. — Les ressorts, leur mode d'attache, leur fabrication ; les amortisseurs. — Quelques réalisations. — Influence de la suspension sur la bonne marche d'une voiture.

La qualité de la suspension a une importance non seulement pour l'agrément des voyageurs et la conservation de la voiture, mais pour la diminution de l'effort de traction.

En 1832 déjà, Dupuis montra expérimentalement la nécessité de suspendre la voiture de roulage. Les essais portèrent notamment sur une diligence aux deux allures normales du cheval : au pas et au trot. Voici le résumé de ses expériences, que nous ne mentionnons que pour mémoire :

	Résistance par tonne	
	Au pas	Au trot
Charge non suspendue	3,07 kg	40,02 kg
Charge suspendue	12 kg	15,45 kg

La Compagnie générale des Petites Voitures de Paris a fait également des essais sur un de ses véhicules entraîné par l'intermédiaire d'un dynamomètre. Elle a trouvé que l'effort moyen de traction en charge est égal à 31 kilos par tonne, alors qu'il s'élève à 33 kilos à vide, et cela justement parce que les ressorts sont calculés pour fonctionner sous charge et que leur influence à vide diminue sensiblement.

En admettant une suspension parfaite, la perte de force vive au moment du passage d'un obstacle se réduirait à celle éprouvée par la partie non suspendue de la voiture : essieux, roues et pneus de la transmission. Pour les petits obstacles, de 2 à 3 centimètres de haut, le pneumatique constitue cette suspension parfaite ; il absorbe en effet toutes les aspérités

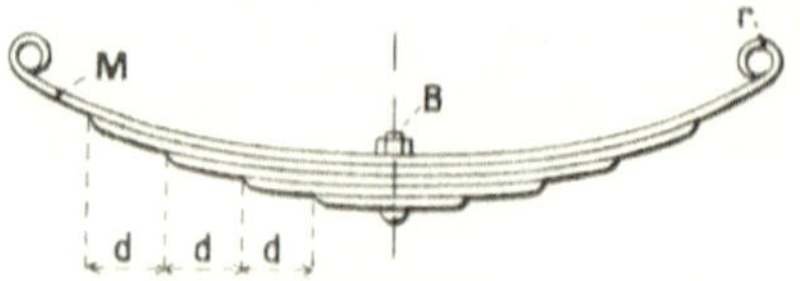

Fig. 1. – Type d'un ressort à lames (cinq lames)

M. maîtresse lames portant deux rouleaux r. – d, étagement égal pour toutes les lames. – B, boulon étoquiau. Les rouleaux peuvent être roulés du côté de la maîtresse lame, comme ci-dessus, ou roulés du côté des pointes de feuilles, ou roulés opposés, l'un du côté concave, l'autre du côté convexe, ils peuvent encore être roulés épaulés comme le rouleau J3 de la suspension Panhard-Levassor (fig. 76).

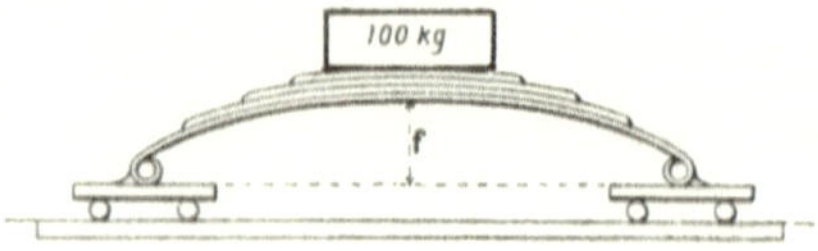

Fig. 2.

Pour essayer un ressort, on place les extrémités du ressort sur de petits chariots mobiles, et on mesure la flèche f sous différentes charges. Pour les commandes à donner aux fabricants, on doit donner la flèche F, qui est égale à la flèche f plus l'épaisseur totale du ressort.

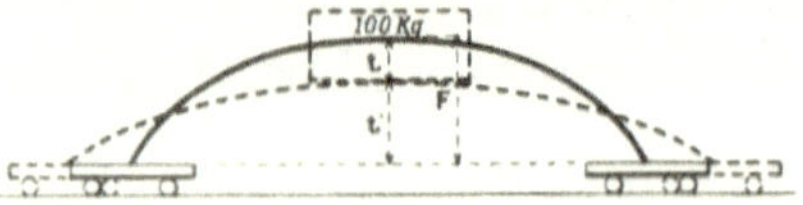

Fig. 3.

La flexibilité d'un ressort est déterminée par la formule t = F - t', la charge étant de cent kilogrammes ; pour une charge de P kilogramme, la flexibilité est caractérisée par t = ((F – t') 100) / P.

dont la hauteur est inférieure à la déformation permanente qu'il peut subir. Il « boit l'obstacle », suivant l'expression très heureuse de M. Michelin.

Sur une route soignée, sur l'autodrome de Brooklands, par exemple, les quatre pneus suffisent pour la suspension des voitures de course. Mais sur une route ordinaire où des obstacles plus importants peuvent se rencontrer, on est obligé de prolonger leur action par des ressorts à lames.

Voyons si les ressorts à lames permettent de résoudre parfaitement le problème. Les ressorts employés pour la suspension des châssis sont constitués par des feuilles en acier d'égale largeur et quelquefois d'égale épaisseur, mais d'inégale longueur. L'étagement des lames doit être constant (fig. 1). (Ce serait une faute d'enlever, sous un prétexte quelconque, par exemple pour adoucir la suspension, une ou plusieurs lames en laissant l'étagement irrégulier.)

Les lames sont cintrées suivant des cercles concentriques, les petites lames étant plus cintrées que les grandes pour éviter qu'elles s'effeuillent pendant les flexions.

La lame supérieure ou *maîtresse-lame* qui porte les rouleaux est généralement plus épaisse que les autres lames.

Les lames polies et graissées sont réunies en leur centre par un boulon qui porte le nom de *boulon étoquiau*.

Ce boulon doit parfois résister à des efforts de cisaillement considérables, surtout dans la transmission où le ressort pousse la voiture. (Il faut remarquer que les brides le soulagent considérablement).

L'acier à ressort est un acier trempé rouge dans l'huile et retiré avant refroidissement complet pour obtenir un certain recuit.

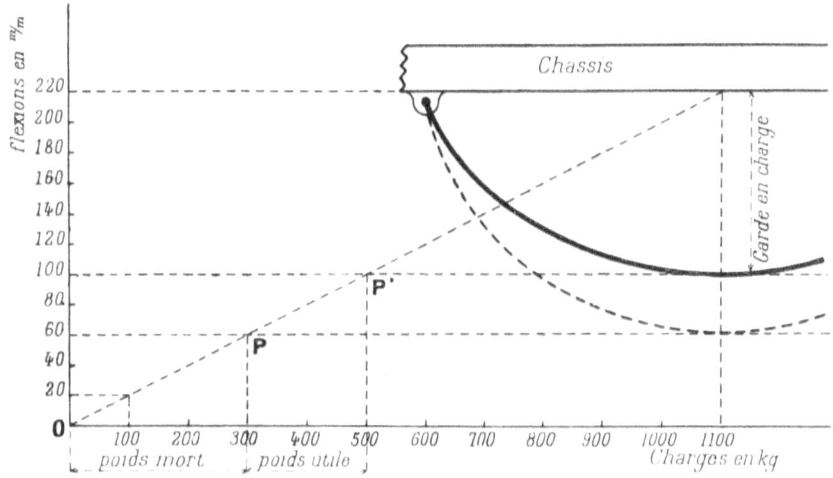

Fig. 4. – Figuration graphique des variations de flèche sous des charges croissantes.

Sur l'abscisse (horizontale) on a porté les charges en kilogrammes ; sur l'ordonnée verticale on a porté à partir du point O, les flexions correspondantes en millimètres. La droite O P est la caractéristique du ressort.

La perte de la flèche étant de 20 mm pour une charge de 100 kilos, la flexibilité du ressort est de 20 mm.

Le poids mort (charge sur le ressort de la voiture vide, sans voyageurs) est de 300 kilos, la flèche correspondante est de 60 mm. La voiture étant occupée par les voyageurs, la charge sur le ressort est de 500 kilos, la flèche correspondante est de 100 mm. La garde réservée entre le ressort et le châssis est de 120 mm. Le ressort talonnera si la charge sur le ressort atteint 1.100 kilos. C'est ce qui pourrait arriver dans un choc très violent.

Un ressort doit être assez flexible pour amortir les chocs dûs aux inégalités de la route et assez élastiques pour ne pas subir de déformation permanente sous une charge trop forte.

La flexibilité d'un ressort dépend de sa dimension. On la définit en général par la diminution de flèche que subit le ressort sous une charge de 100 kilos (fig. 3).

Ainsi, si la flèche du ressort, sous une charge de 100 kilos, passe de 80 mm à 50 mm, la flexibilité sera de 80 mm - 50 mm = 30 mm.

Si pour une charge de 300 kilos la flèche passe par exemple de 166 mm à 88 mm, sa flexibilité sera :

f = 166 - 88 / 3 = 26 mm

La flexion maximum que peut subir le ressort dépend de la qualité du métal; elle est limitée par l'allongement que peut subir l'acier. Si on dépassait cette limite, le ressort se romprait.

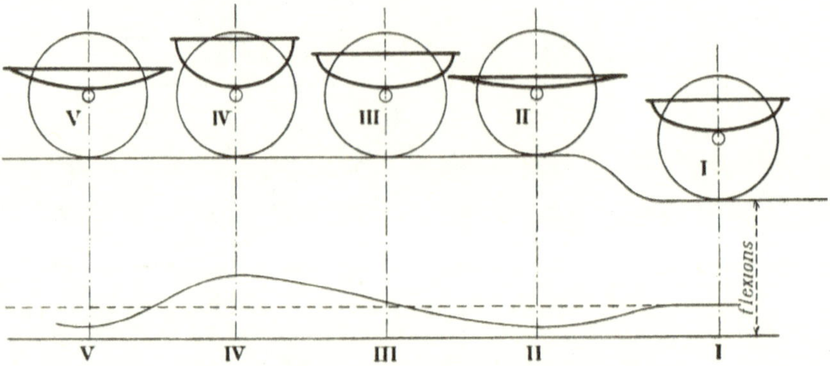

Fig. 5.— Représentation schématique de variations de flexion d'un ressort lorsque la roue monte sur un obstacle.

En I, flèche normale correspondant à la charge statique.

II : la flèche a diminué, buvant l'obstacle en partie ; grâce à cette diminution, le châssis, au lieu d'être soulevé de toute la hauteur de l'obstacle, n'est soulevé que de la quantité correspondante à la différence entre la hauteur de l'obstacle et la flexion du ressort.

Pour les voyageurs, tout se passe comme si l'obstacle avait été diminué d'autant.

En III. Le ressort se débandant, ramène la caisse dans sa hauteur normale au-dessus du sol. Au lieu de taire un saut brusque en hauteur, la caisse est montée sur l'obstacle suivant une pente douce.

IV. Malheureusement, au lieu de s'arrêter dans la position III, la caisse par la force vive acquise pendant la montée, dépasse sa position normale, puis en V, en redescend, dépassant encore sa position normale tout comme un pendule qui, dérangé de la position verticale (position d'équilibre) la dépasse sans cesse d'un côté ou de l'autre et ne s'arrête que lorsque toute sa force vive est amortie.

Les variations de la flèche sont représentées en bas par une ligne ondulée, oscillant continuellement autour de la ligne normale qui est représentée par des traits interrompus.

Ce qui, pour nous est important, c'est que pratiquement *la flexion d'un ressort est constante et proportionnelle à sa charge*. Par exemple, si elle est de 26 mm pour 300 kilos, elle sera le double pour 600 kilos, soit 52 mm ou le tiers seulement pour 100 kilos.

Si donc, nous voulons figurer graphiquement la variation de flèche d'un ressort sous des charges croissantes, nous trouverons une droite ON (fig. 4) en portant horizontalement les charges (OX) et verticalement (O Y) les flexions.

Dans l'exemple figuré, la charge sur le ressort, la voiture étant vide (poids mort) est de 300 kilos ; la flèche correspondante est de 60 mm.

La flexibilité, d'après la définition donnée plus haut, est de 20 mm, car pour une charge de 300 kilos, la flèche a passé de 0 à 60 mm, donc :

f = (60 x 100) / 300 = 20 mm

Supposons que, la voiture étant chargée, en ordre de marche, avec ses voyageurs et son plein d'essence et d'huile (poids entier) la charge sur le ressort passera de 300 kilos à 500 kilos ; la flèche passera de 60 mm à 100 mm.

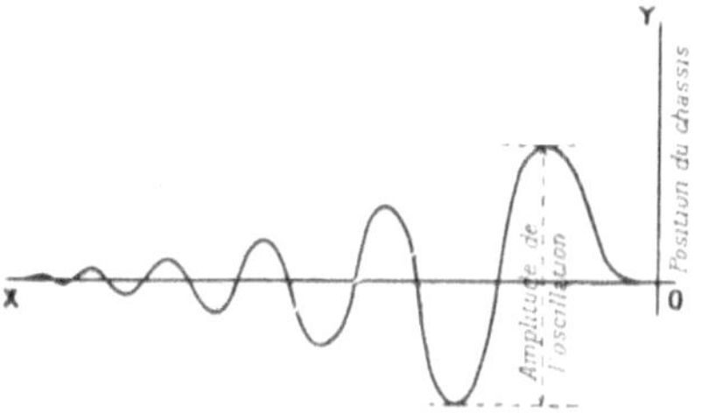

Fig. 6. La ligne ondulée (fig. 5) représentée sur une plus petite échelle.

Les oscillations s'amortissent à la longue lorsque rien ne vient les amplifier, grâce aux frottements des lames entre elles et des frottements des jumelles.

Plus il y a de lames, plus l'amortissement sera rapide. Les ressorts à grand nombre de lames sont donc avantageux.

Sous l'effort d'un choc, la flèche pourrait encore diminuer et le ressort pourrait talonner le châssis. On réserve, afin d'éviter ce talonnement, une garde entre l'essieu et le châssis, garde qui doit être égale au moins à la diminution de flèche éprouvée par ce ressort sous charge totale.

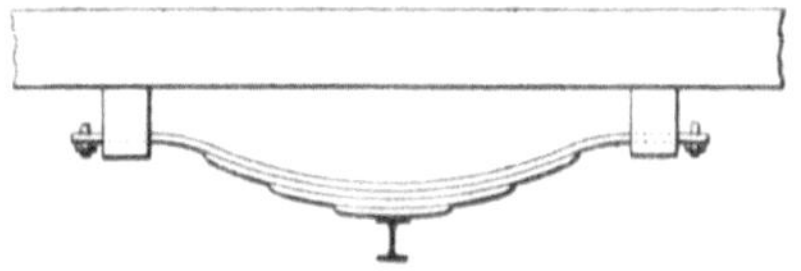

Fig. 7. Ressort à flexibilité variable.

La maîtresse lame glisse dans deux guides et la longueur du ressort varie donc, diminuant lorsque la charge augmente et augmentant lorsque la charge diminue.

La solution est simple, sinon parfaite. Malheureusement, ces ressorts ne peuvent guère être employés dans les voitures, où les ressorts poussent ou tirent le châssis. La construction en est également un peu délicate.

Dans notre exemple, la diminution totale de flèche est de 120 mm. On voit que le ressort talonnerait sous une charge totale de 1.100 kilos, c'est-à-dire plus du double de la charge totale.

Voyons maintenant ce qui va se passer lorsque la roue rencontre un obstacle, une dénivellation de 60 mm par exemple (fig. 5).

La roue va monter dessus et le ressort va fléchir (suivant la vitesse de la voiture) d'une quantité plus ou moins grande, par exemple de 50 mm.

Tout se passera donc comme si on avait surchargé brusquement la roue de 250 kilos. Mais cette surcharge ne persistant pas, l'équilibre primitif est rompu. Le ressort cherchera à restituer l'énergie reçue en se débandant. Il lancera la caisse de bas en haut. La caisse absorbera à son

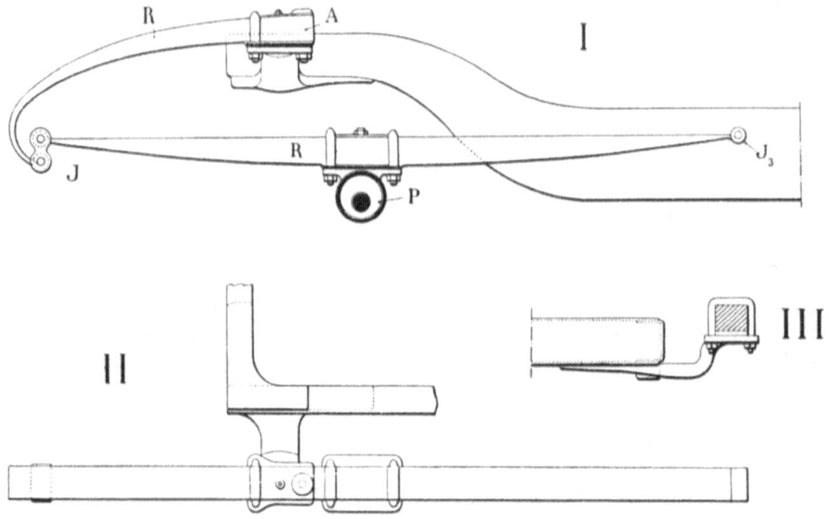

Fig. 8. — Ancienne suspension Panhard-Levassor.

Ressort demi-pincette à crosse. La crosse R est fixée en A sur le châssis. Ce mode de fixation est assez délicat.

La demi-pincette est à rouleaux épaulés, l'attache J, étant fixe, l'autre J est à jumelle.

L'axe de l'arbre moteur est excentré dans le patin du ressort, lequel est libre. Grâce à cet excentrage, on diminue l'influence des fléchissements du ressort sur la position de l'essieu moteur, et on obtient des démarrages et freinages plus doux.

On voit, en effet, que lorsque le ressort remonte, l'essieu monte, mais au lieu d'être entraîné vers l'arrière, peut monter verticalement. Inversement, dans un démarrage, l'essieu peut prendre une certaine avance sur le ressort, dont la souplesse se trouve augmentée.

II. Vue en plan de la suspension.

III. Coupe par A de l'attache de la crosse.

tour l'énergie du ressort en remontant. Mais comme elle remonte avec une certaine vitesse, elle dépassera la position d'équilibre, tout comme un pendule dérangé de sa position d'équilibre et lâché, dépasse celle-ci. Il en résulte des oscillations telles que celles représentées fig. 6 qui iront en s'amortissant grâce aux frottements, en particulier ceux des lames de ressorts entre elles.

L'amplitude des oscillations déterminées par une dénivellation, est en *raison inverse de la charge sur la roue et en raison inverse également de la flexibilité.*

Avec une suspension donnée, les oscillations diminuent donc lorsqu'on charge davantage la voiture ou qu'on augmente la flexibilité du ressort. Il serait donc intéressant d'obtenir un dispositif donnant une flexibilité plus grande en charge réduite qu'en pleine charge, c'est-à-dire une suspension à flexibilité variable, décroissant lorsque la charge augmente. C'est ce problème que l'on a résolu en partie par l'adjonction d'amortisseurs montés sur les jumelles arrière. Nous en parlerons plus loin.

Ces oscillations de la caisse peuvent devenir dangereuses, si la voiture en se déplaçant rencontre des dénivellations dans un ordre tel qu'elles se superposent aux oscillations qu'elles impriment à la voiture ; autrement dit : « si la période de rencontre de ces dénivellations est synchrone avec celles des oscillations que prend la voiture, celles-ci peuvent atteindre des amplitudes dangereuses et telles qu'on est obligé de modifier rapidement la vitesse de la voiture, sous peine de rupture de ressorts ».

Heureusement, comme je l'ai dit plus haut, les oscillations sont assez rapidement amorties par le frottement de lames entre elles.

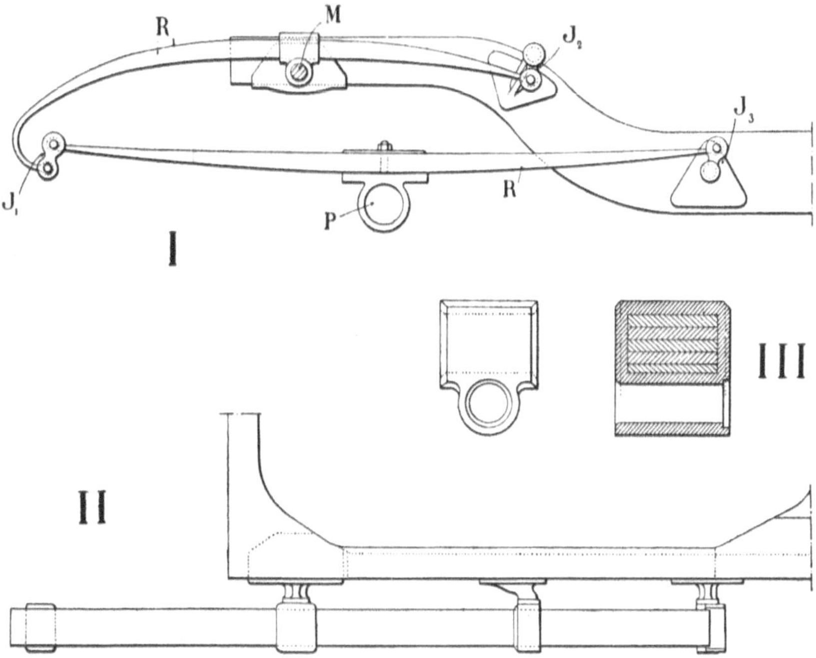

Fig. 9. — La suspension de la nouvelle 15 chevaux S. S. Panhard-Levassor.

I. Le ressort à crosse est devenu un véritable ressort semi-elliptique, pouvant osciller en M autour d'un tourillon et monté en J_2 et J_1 sur jumelles.

Le ressort R_1 participe donc au mouvement d'avance ou de recul du ressort R et augmente ainsi, non seulement sa souplesse dans le sens vertical, mais aussi sa souplesse aux démarrages et freinages.

II. On voit que ce ressort est bien moins déporté que le ressort de l'ancienne suspension.

III. Coupe par l'attache M.

M. G. Marié dans un Mémoire déposé à l'Académie des Sciences en 1901, étudiant les oscillations des locomotives et wagons de chemins de fer sur leurs ressorts a déjà mis en évidence l'action bienfaisante du frottement des lames. On pourrait conclure de là qu'il suffirait de construire des ressorts avec des lames beaucoup plus minces et en nombre plus considérable.

Seulement, dans la pratique on se heurte à une difficulté d'un autre ordre qui nous limite rapidement dans cette voie.

On a cherché à produire ce frottement par d'autres procédés, et on a été conduit ainsi à l'étude des amortisseurs proprement dits, dont le prototype a été l'amortisseur Krebs[(1)] et qu'il ne faut pas confondre avec les appareils improprement appelés amortisseurs dont nous avons parlé plus haut et qui se placent aux jumelles arrière.

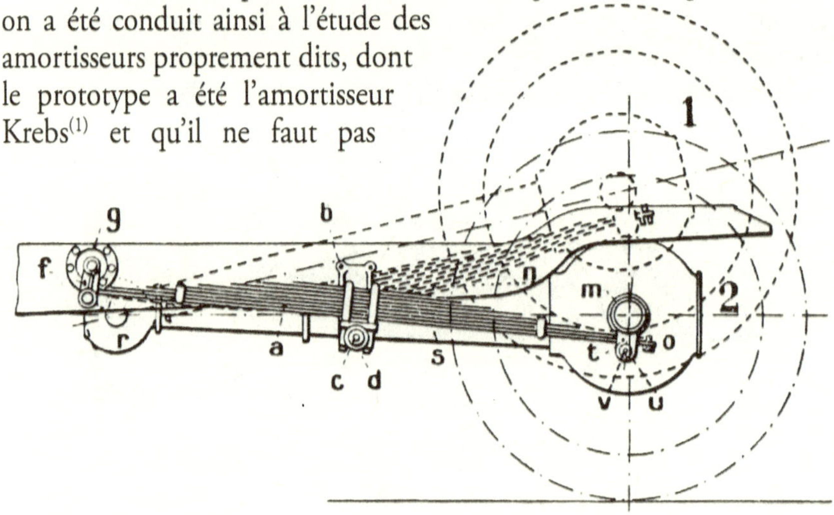

Fig. 10. — La suspension «Cantilever» (Rolls-Royce).

Les Américains, plus que nous-mêmes, ont intérêt à améliorer la suspension, car leurs routes ne permettent de bonnes vitesses qu'avec des suspensions parfaites. Aussi est-ce un des problèmes les plus étudiés de l'autre côté de l'Atlantique.

Le ressort de la suspension Cantilever peut osciller autour du tourillon C porté par l'attache B.

A, ressort à lames, la maîtresse-feuille étant en dessous des lames. — a, jumelle ordinaire. — r, joint de cardan. — s, tube en T. — m, tourillon portant une glissière t. — v, rouleau. — u, œil du rouleau. — o, taquet d'arrêt.

La figure représente les points extrêmes 1 et 2.

Il est évident que cette suspension doit être très douce, puisque la position du châssis n'est presque pas influencée par les mouvements des roues.

(1) J'insiste tout de suite sur la différence qui existe entre ces deux types d'amortisseurs, les premiers, véritables amortisseurs (Krebs, Triou, etc.) amortissant les oscillations en freinant les mouvements des ressorts, et les organes élastiques qui permettent d'obtenir une flexibilité variable des ressorts.

Avant d'aborder le problème de l'amortissement des oscillations, voyons ce que l'on a fait pour améliorer la douceur de la suspension.

Une suspension doit être ni trop peu flexible, ni trop flexible. Dans le premier cas les chocs sont transmis presque intégralement aux voyageurs, dans la seconde, les chocs sont atténués, mais le châssis prend facilement les mouvements désordonnés qui obligent aussi à ralentir si on ne veut pas s'exposer à un accident.

Il faut donc choisir un juste milieu. De même, si un ressort long et à grande flèche donne suffisamment de douceur sur une bonne route, il est inefficace sur une route accidentée. Il faudrait des ressorts plus courts et à plus longue flèche, en raison de ce principe que la rapidité d'action d'un ressort à lames est inversement proportionnelle à sa longueur. Il faudrait donc, suivant les circonstances, pouvoir allonger ou raccourcir ses ressorts, augmenter ou diminuer leur flèche. D'habitude on s'en tient encore à un juste milieu. Mais une cote mal taillée ne satisfait pas tout le monde. Le problème est-il vraiment insoluble ?

Les constructeurs pensent généralement qu'il n'y a pas grand-chose à faire, parce que depuis 20 ans ils s'en sont tenus aux ressorts ordinaires. Les inventeurs sont plus optimistes.

Qui a raison ?

Différentes suspensions

Voici quelques essais tentés pour améliorer la suspension par ressorts à lames.

La figure 11 montre le schéma d'une suspension arrière à trois ressorts que Renault employait il y a quelques années et à laquelle Delaunay-Belleville n'a pas encore renoncé.

La suspension à trois ressorts donne beaucoup de confortable — pas plus cependant que la demi-pincette avec crosse — parce que si, comme on le fait en général, on

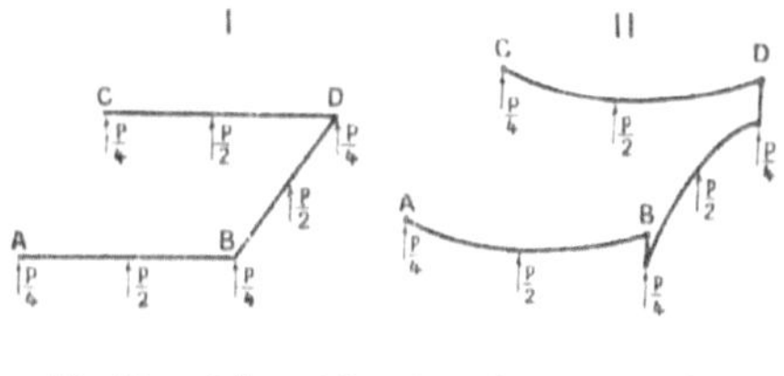

Fig. 11. — Répartition des charges sur les ressorts dans une suspension à ressort transversal arrière.

p, poids porté par l'essieu arrière.

Chaque ressort supporte en son milieu une poussée égale à P/2 et aux extrémités la poussée P/4. Le ressort transversal travaille donc au même taux que ses voisins, et la patte qui le supporte travaille deux fois plus que les attaches.

Il est important de tenir compte de cette répartition des charges, lorsqu'on munit une pareille suspension de jumelles élastiques.

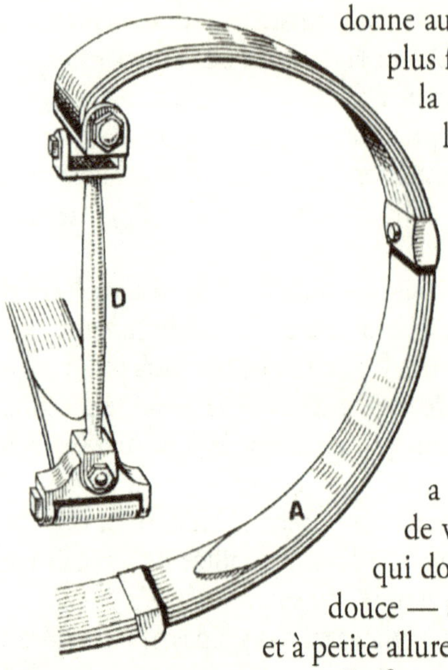

Fig. 12. – Suspension à ressort en C de Charron (C. G. V.)

A, ressort en C. – D, bielle à joints à cardan.

donne au ressort transversal une flexibilité plus faible qu'aux deux autres ressorts, la périodicité des oscillations de l'ensemble se trouve contrariée et le ressort transversal joue le rôle d'un véritable amortisseur.

Cependant, ce ressort transversal donne à la voiture du « ballant » dans les virages; on y renonce donc de plus en plus sur les voitures rapides.

La maison Charron (C. G. V.) a employé jadis pour ses voitures de ville la suspension de la figure 12 qui donne une suspension parfaitement douce — sur l'asphalte ou le très bon pavé, et à petite allure.

La figure 13 représente en I, le châssis Stabilia, à centre de gravité surbaissé, dont les ressorts sont placés au-dessus des longerons. Cette suspension présente l'avantage de permettre l'emploi de grandes roues sans compromettre la stabilité de la voiture dans les virages. Cependant, ce dispositif diminue à l'avant l'angle de braquage et rend difficile l'installation des carrosseries confortables.

En II, nous figurons une suspension avec grand ressort intermédiaire, brevetée jadis par la maison Darracq.

Le grand ressort A n'ayant pas la même flexibilité que les deux ressorts ordinaires, la périodicité des oscillations se trouve contrariée comme dans la suspension à trois ressorts. La flexibilité de l'ensemble est augmentée, ce qui permet

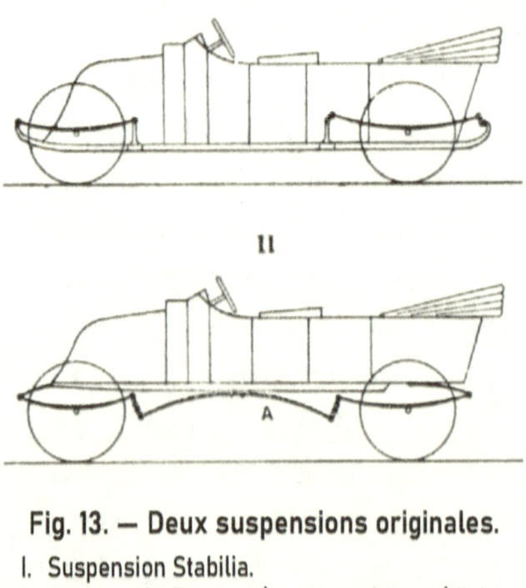

Fig. 13. – Deux suspensions originales.

I. Suspension Stabilia.

II. Suspension Darracq à ressorts intermédiaires.

d'employer des ressorts plus courts à plus grande flèche.

Fig. 14. – Le ressort Hewitt.
Les lames placées au-dessus de la maîtresse-feuille ont pour objet de freiner les oscillations du ressort.

La figure 14 montre la suspension compensée Hewitt, décrite déjà dans une intéressante monographie des amortisseurs de suspension en Amérique, par M. Sainturat (*Technique Automobile*, n° 3, mars 1906.)

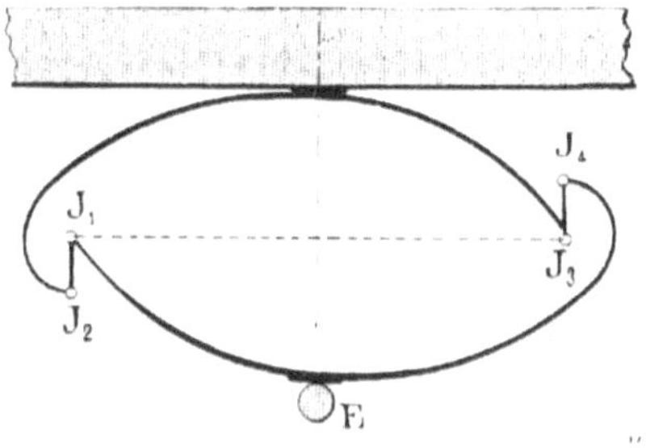

Fig. 15. – Suspension La Buire.
Lorsque le ressort fléchit, les jumelles J_1 J_2 et J_3 J_4 au lieu de s'incliner symétriquement par rapport à la verticale, restent parallèles. L'essieu E monte donc verticalement.

Le ressort est constitué dans cette suspension par six lames, dont deux au-dessus de la maîtresse lame, les lames supérieures ont pour effet de contrebalancer dans une certaine mesure la détente du ressort lorsqu'il a été bandé par un choc de la voiture, et agissent par conséquent comme un véritable amortisseur.

La figure 15 montre la suspension adoptée il y a quelques années par la maison La Buire, pour les six-cylindres de cette marque.

Dans la flexion, les jumelles, au lieu de s'incliner symétriquement sur l'axe vertical passant par le patin, restent toujours parallèles. L'essieu n'est donc pas obligé de reculer ou d'avancer à chaque oscillation du ressort, d'où une moindre fatigue pour la propulsion et une usure moindre des pneus.

Mais le problème du freinage des oscillations n'est pas résolu par ce dispositif.

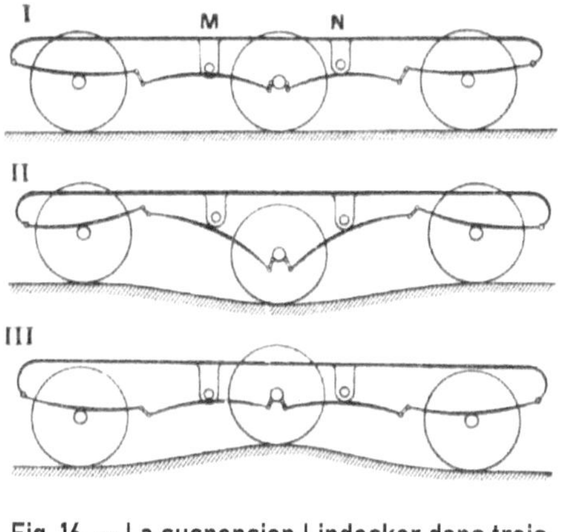

Fig. 16. – La suspension Lindecker dans trois positions différentes.

I. Sur terrain plat.
II. En passant sur un caniveau.
III. En passant sur un dos-d'âne.

Cette suspension permet de virer dans un très petit rayon, les deux essieux extrêmes pouvant être directeurs. Elle diminue aussi les dangers du dérapage.

Pour compléter cette étude, je dirai quelques mots de la suspension à trois essieux du chef de bataillon du génie Lindecker (fig. 16.)

L'inventeur a exposé lui-même dans *La Vie Automobile* les avantages de son système. Je les résume donc simplement :

Une meilleure répartition des charges, la facilité de virer dans un petit rayon, même pour des voitures très longues, les deux essieux extrêmes pouvant être directeurs, enfin la quasi-suppression des dérapages.

Comme la troisième paire de roues augmente le prix de revient de la voiture, et comme la nécessité de ce dispositif ne s'impose pas absolument, la suspension Lindecker, malgré ses très réels avantages, surtout pour des poids lourds et omnibus, n'a pas encore reçu d'application en grand.

Malgré tous les efforts faits un peu partout pour améliorer la suspension, les constructeurs sont restés fidèles au ressort à demi-pincette ou au ressort à demi-pincette et crosse, dont l'emploi se généralise de plus en plus. On préfère, en général, demander le freinage des oscillations et la progressivité dans la flexibilité à des appareils spéciaux, qui ont le grand avantage de pouvoir se monter ou démonter facilement et de permettre un certain réglage de la suspension.

Nous parlerons plus loin de ces deux catégories d'appareils.

Nous devons tout d'abord dire quelques mots sur les ressorts eux-mêmes, les jumelles et mains de ressorts, sur les soins à donner à la suspension pour l'entretenir en bon état de fonctionnement.

II - Les ressorts et les organes de la suspension

On emploie pour la fabrication des ressorts à lames, un acier à résistance élevée (150 kg. par mm^2 et 6 % d'allongement.) Les meilleurs aciers sont les mangano-silencieux, ces ressorts sont très légers, mais malheureusement très chers.

L'acier est laminé dans des laminoirs spéciaux, puis cintré et enfin trempé.

Fig. 17. — Rouleau bagué.

A, rouleau. — B, bague en bronze phosphoreux ou acier trempé. — E, étrier de ressort.

La maîtresse lame se termine par des rouleaux, comme nous l'avons dit, les autres feuilles par des pointes arrondies.

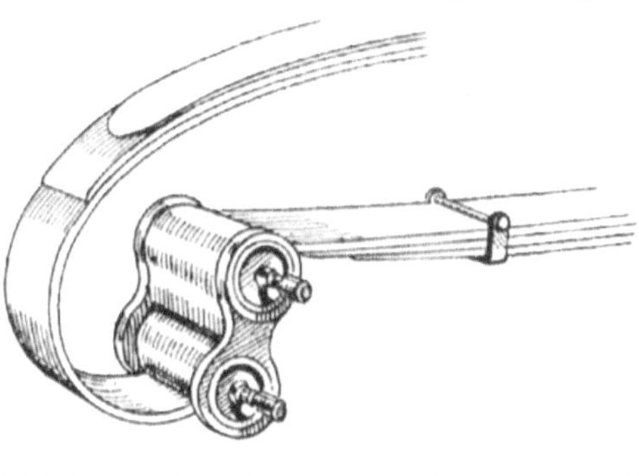

Fig. 18. - Une jumelle perfectionnée en forme de S.

Jadis, pour empêcher les lames de se mettre en éventail, on munissait chaque lame d'un petit étoquiau qui servait de guide à la lame voisine, percée d'une rainure correspondante.

Aujourd'hui, on emploie de préférence des petits étriers comme le montre la figure 17.

Il faut, pour avoir une bonne suspension à l'arrière, que les ressorts arrière aient au moins 1 m. 30 de longueur. Avec le montage à trois ressorts et les ressorts à crosses, la longueur peut être réduite à 1 mètre.

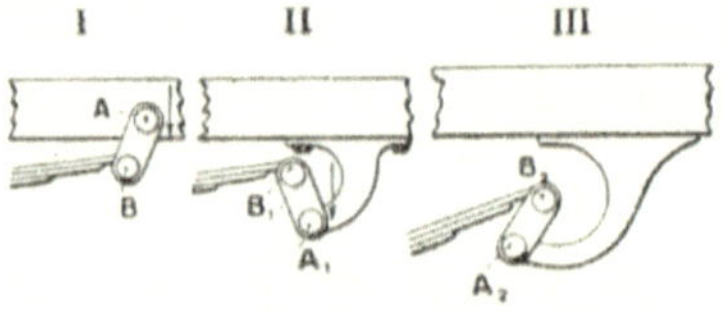

Fig. 19. – Différentes positions des jumelles.

Les ressorts sont quelquefois fixés comme en I. Ce procédé fait gagner le poids de la main, et empêche le ressort de jouer aussi librement qu'en II. Si on considère la charge appliquée en A, on constate que l'effort tend toujours à culbuter la jumelle d'un côté comme de l'autre, tandis qu'en II, le poids appliqué sur le boulon A, tend à redresser toujours la jumelle, et ne gênera pas le jeu du ressort.

Avec la jumelle renversée (III) la maîtresse feuille ne tend pas à se séparer des autres à chaque oscillation et la voiture descend d'une quantité moindre que la perte de flèche du ressort.

La jumelle verticale et aussi longue que possible est la meilleure solution.

La flèche du ressort en charge totale doit être comprise entre 5 et 10 % de la longueur du ressort, soit de 80 mm à 130 mm au maximum.

Je rappelle, que pour qu'un ressort soit doux, il faut que sa flexibilité soit progressive et non brusque ; on emploiera donc des ressorts longs, minces, et à un grand nombre de feuilles.

Les ressorts sont attachés aux longerons par des mains ou menottes, soit directement, soit par l'intermédiaire de jumelles. Le principal avantage des jumelles est de permettre la variation de corde du ressort pendant sa flexion. La figure 19 montre trois positions des jumelles.

Comme les ressorts arrière sont presque toujours placés en dehors du cadre formé par les longerons, le plus près possible des roues, pour augmenter la stabilité transversale de la caisse, les jumelles sont montées sur les supports arrière des ressorts arrière en porte-à-faux ce qui fait travailler beaucoup ces supports. Lorsqu'on emploie la demi-pincette à crosse on fixe en général la crosse sur un support spécial déporté. (Voyez cependant fig. 20 un montage sans supports). La crosse forme pour ainsi dire main élastique ; sa flexibilité ne doit être que la moitié environ de celle de la demi-pincette.

La fig. 23 montre divers dispositifs employés.

Un montage excellent est celui représenté fig. 24. On incline légèrement la corde du ressort d'avant en arrière, les ressorts agissant alors normalement au choc, les absorbent plus facilement, et la réaction, qui au lieu de se faire verticalement de haut en bas, se fait dans le sens de la marche, est donc moins perçue par les voyageurs.

L'entretien des ressorts est fort simple, quelques soins de temps en temps suffisent, mais sont indispensables.

Comme à chaque flexion les lames glissent les unes sur les autres, il faut de toute nécessité les graisser et les entretenir exempts de rouille.

Fig. 20. — Montage intéressant d'un ressort à demi-pincette et crosse.
La crosse C est montée dans le prolongement du longeron V.
Le ressort est monté sous l'essieu. — J, jumelle.

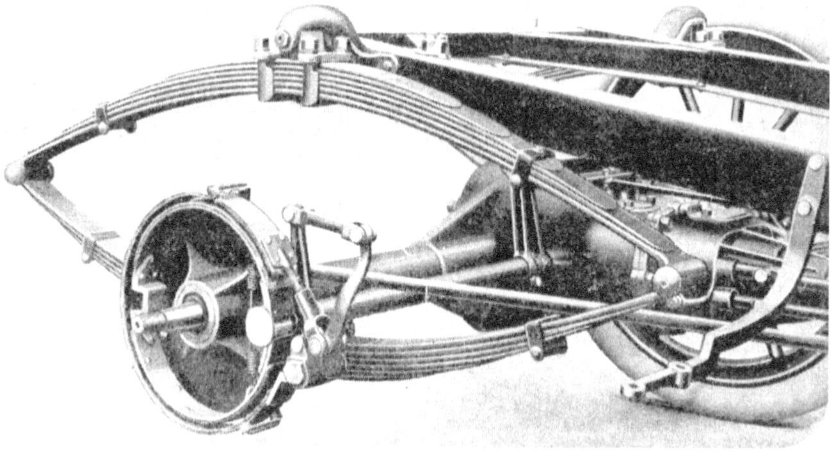

Fig. 21. — Le pont arrière R. C. H. Ressorts à pincettes.

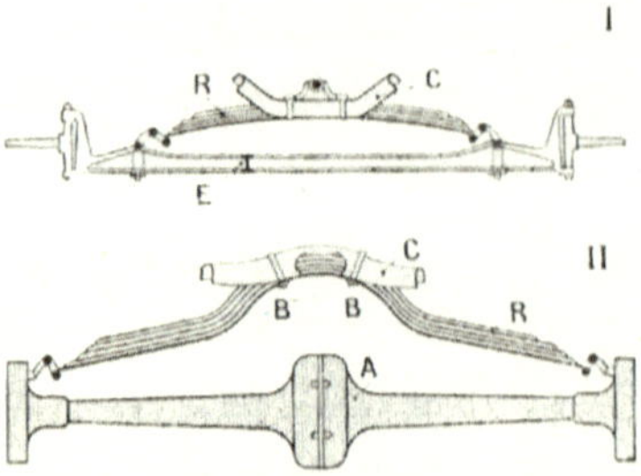

Fig. 22. — Ressorts transversaux de la voiture Ford.

I. — E, essieu avant. — R, ressort. — C, châssis. Au-dessus on voit la rotule d'attache de l'avant du moteur, lequel est également suspendu en trois points seulement.

II. — A, différentiel, dont les deux coquilles sont en acier embouti. — R, ressorts à lames. — C, châssis. — B, B, brides de ressort. Les ressorts sont en acier chrome-vanadium, comme presque tous les organes de la voiture.

La combinaison de l'attache triangulée avec l'emploi des ressorts transversaux, assure à ces voitures une tenue de route et une suspension remarquables.

La petite 8 chevaux Bayard-Clément a un ressort arrière du même type.

Cette suspension convient aux petites voitures seulement.

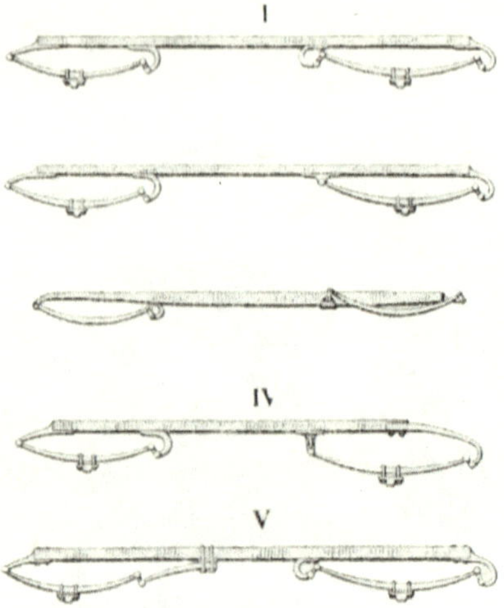

Fig. 23. — Différentes attaches des ressorts.

I. Les ressorts sont placés directement sous les longerons.

Le ressort avant a une jumelle à l'arrière, et le ressort arrière est à deux jumelles.

II. Suspension comme précédemment, mais le ressort arrière n'a qu'une jumelle.

III. Les ressorts arrière sont déportés à l'extérieur du châssis.

IV. Le ressort arrière est à demi-pincette à main à l'anglaise.

V. La main arrière du ressort avant est élastique.

Certains constructeurs (M. Roy, par exemple) emploient des lames « Élastic » auto-lubrifiantes ; entre chaque lame d'arrière est glissée une lame munie de bronze spécial. On obtient ainsi un ressort très souple.

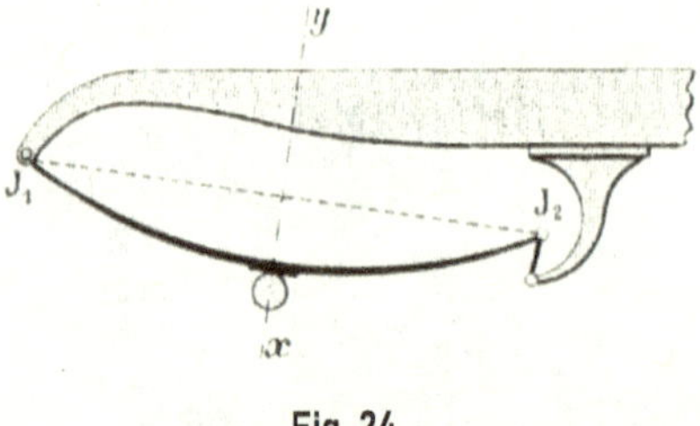

Fig. 24.

On incline la corde J_1 J_2 du ressort de l'avant vers l'arrière ; de cette façon, la roue monte plus facilement sur l'obstacle et les réactions sur la caisse sont atténuées. Ce dispositif combiné avec l'inclinaison des pivots d'arrière vers l'avant (suivant x y) donne d'excellents résultats.

Les articulations des attaches de ressorts s'usent très vite. La fig. 26 montre les dispositifs de graissage des articulations par graisseurs Stauffer.

Malgré ces précautions, les rouleaux des ressorts s'usent encore très rapidement ; on emmanche alors quelquefois dans le rouleau

Fig. 25. - La suspension par ressort transversal de la voilure Daimler.

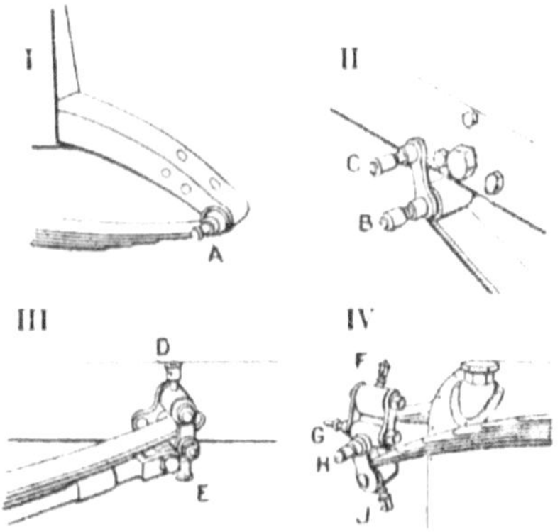

Fig. 26. — Dispositifs de graissage des jumelles et articulations des ressorts.

I. Graissage d'une articulation par boulon graisseur A.
II. Petits graisseurs Stauffer sur la jumelle arrière du ressort avant.
III. Graissage de la jumelle avant d'un ressort arrière D et E graisseur Stauffer.
IV. Graissage d'une articulation dans une suspension à trois ressorts. F, G, H, J, quatre petits graisseurs.

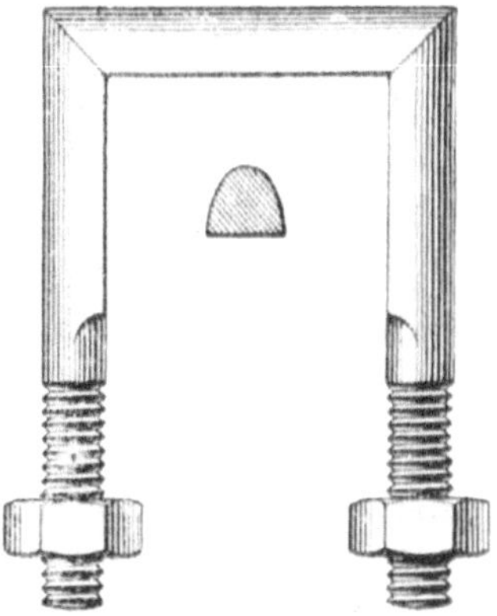

Fig. 27. - Bride de ressort.

une bague en bronze mangano-phosphoreux, ou même en acier trempé, comme nous l'avons déjà vu. Un trou muni d'un graisseur permet de graisser la surface de frottement. Une suspension bien entretenue est douce et silencieuse. Une suspension négligée ferraille et s'use rapidement.

Les suspensions non métalliques

L'idée de remplacer la suspension métallique — ressorts à lames — par une suspension pneumatique ou hydraulique est à première vue des plus séduisantes. Une suspension métallique, même bien entretenue, s'use et ferraille avec le temps ; les ressorts à lames ont des défauts qui tiennent à leur principe même.

Si on approfondit le problème de la suspension des voitures par ressorts métalliques, on se heurte à chaque instant à des contradictions, à des exigences inconciliables. Il faut se résigner à choisir un moyen terme, à choisir entre deux maux le moindre.

Par exemple, si avec les ressorts métalliques on veut obtenir une douceur de roulement assez grande, il faut employer des ressorts longs et minces ; or, les ressorts longs ont une inertie trop grande, ils sont paresseux, si j'ose dire. Alors, on emploie des ressorts plus courts et plus durs qu'il ne faudrait.

L'air, au contraire, est un fluide idéalement élastique, d'une inertie pratiquement insignifiante. Le fonctionnement de la suspension pneumatique peut donc être assez rapide pour s'accommoder de toutes les vitesses de la voiture.

Autre chose. Les inégalités du sol font que les roues d'un même essieu ne sont presque jamais au même niveau. L'une sera par exemple montée sur un obstacle, pendant que l'autre sera au fond d'une ornière. Comme les roues sont reliées entre elles par un essieu qui les oblige à rester parallèles, leur plan moyen s'incline sur le plan vertical, et les ressorts sont tordus. Or, un ressort ne peut fléchir librement que dans son plan. Si vous lui infligez une torsion autour de sa corde, vous gênez ses mouvements.

On a proposé, pour remédier à ces inconvénients, de construire des voitures sans essieux, mais cela conduit, en général, à des complications invraisemblables. Cependant, l'indépendance de la suspension des deux roues montées sur le même essieu, réalisée simplement, constituerait un progrès incontestable. On imagine facilement une suspension pneumatique possédant cet avantage.

Nous n'insistons pas sur ces suspensions, aucune ne fonctionnant actuellement d'une manière satisfaisante.

III - Les amortisseurs

Nécessité d'un amortisseur. — Difficultés du problème et ses contradictions. — Les amortisseurs, les jumelles élastiques, les appareils mixtes.

Au début de la traction automobile, alors que les voitures ne dépassaient guère la vitesse de 10 mètres à la seconde, le ressort à lames de 1 mètre à 1 m. 30, capable de donner 8 à 10 oscillations par seconde, pouvait suffire. Le synchronisme des oscillations du ressort avec les soulèvements de l'essieu n'est guère à craindre dans ces conditions. Le ressort, revenant assez rapidement au repos, pouvait être à nouveau prêt à absorber les obstacles.

Il n'en est plus de même dans les voitures rapides modernes, dont la vitesse linéaire dépasse généralement 20 mètres à la seconde, pour atteindre même fréquemment 30 mètres à la seconde, soit le cent à l'heure.

Le ressort est alors dans l'impossibilité d'absorber toutes les vibrations; la voiture est, la plupart du temps, comme si elle était privée d'une suspension et reposait directement sur les essieux sans interposition des ressorts. De plus, il y a beaucoup plus de chances pour que le synchronisme redouté entre les oscillations propres du ressort et les oscillations dues à l'état de la route se produise à 20 mètres à la seconde qu'à 10 mètres à la seconde.

Dans le premier cas, si nous supposons que le ressort donne 10 oscillations à la seconde, il suffira qu'il ait à absorber les chocs dûs à des obstacles espacés de 2 mètres pour qu'il puisse y avoir synchronisme ; les oscillations superposées donneraient alors à la voiture des mouvements d'amplitude dangereuse. Dans le second cas, les ruptures d'équilibre devraient se produire à des intervalles de 1 mètre, donc beaucoup plus rapprochées, ce qui est plus rare sur les routes ordinaires.

Donc, la suspension par ressorts à lames simples, suffisante pour les petites allures, est insuffisante pour les vitesses atteintes aujourd'hui. Le correctif à ce défaut que tout ressort à lames comporte en lui-même — le freinage des oscillations par le frottement des lames — efficace pour une énergie de grandeur déterminée, est impuissant pour l'absorption assez rapide de l'énergie emmagasinée à grande vitesse par le ressort.

On a reconnu depuis longtemps la nécessité de placer un frein entre l'essieu et le châssis. Les oscillations d'une voiture après la dénivellation seraient alors plus rapidement amorties et le temps que met la caisse elle-même à accomplir une oscillation est ainsi amplifié. Les voyageurs ressentiront moins le choc ; la suspension deviendra plus confortable (je ne dis pas — intentionnellement — *meilleure*).

C'est déjà un résultat appréciable, surtout pour les voyageurs. Mais voyons quels seront les effets de ce freinage sur la tenue de la route.

La voiture roulant à une vitesse donnée, voici un dos-d'âne qui se présente. Pendant la montée, il y a compression plus ou moins brusque des ressorts. Les voyageurs, si le ressort est suffisamment doux, ne ressentiront qu'un choc très atténué (si la voiture ne talonne pas). D'autre part, l'adhérence de la voiture sera augmentée, ce qui n'est pas un mal. À la descente, il n'en est plus de même.

Qu'il y ait un amortisseur ou non interposé entre l'essieu et le châssis, le terrain se dérobera sous les roues, il y aura diminution d'adhérence qui peut aller, si la pente est raide, la vitesse de la voiture grande et les mouvements du ressort trop lents, jusqu'à perte complète du contact. Pour les roues directrices, cela correspond à la suppression pendant ce temps de toute direction ; quant aux roues arrière, elles patineront ou emballeront.

L'introduction d'un système amortisseur ne peut qu'accentuer cet état de choses :

> « Sur la partie montante d'un obstacle (attaque d'un dos-d'âne ou sortie d'un cassis), la surcharge des pneus deviendra plus considérable encore, et sur la partie descendante (attaque d'un cassis ou sortie d'un dos-d'âne), ce sera exactement le contraire ; le ralentissement de la détente des ressorts, d'où résulte une moindre adhérence, favorisera le dérapage et à tout le moins le patinage. »

Il y a deux inconvénients réels amenés par l'emploi des amortisseurs de suspension. Sans doute, comme le remarque M. Faroux,

« la présence d'un bon système amortisseur permet de diminuer, dans certains cas, le bondissement des roues sur le sol et les conséquences qui en résultent; en effet, avec les voitures munies de ressorts à lames trop longues, les roues tendent à bondir, sur un sol dur et raboteux, à chaque rencontre d'une aspérité ; or, comme nos voitures sont munies de différentiels, lorsqu'une roue motrice a quitté le sol, toute résistance au roulement étant supprimée, cette roue prend une vitesse à la périphérie très supérieure à la vitesse de translation du véhicule, et lorsqu'elle retombe sur le sol, il y a nécessairement un glissement qui détériore le croissant et impose un gros effort aux toiles ».

Cependant, il n'apparaît pas que ce petit avantage des amortisseurs, de diminuer la fatigue des bandages dans certains cas particuliers, puisse compenser les inconvénients qui viennent d'être signalés.

Faut-il donc renoncer aux amortisseurs ?

Non, sans doute car, comme nous l'avons dit plus haut, ils sont nécessaires sur les voitures rapides.

Peut-on espérer supprimer leurs inconvénients ? Non, car ils résultent d'un défaut de principe.

Nous nous trouvons là en face d'une de ces nombreuses contradictions que l'on rencontre à chaque pas dans la construction automobile et qui rendent si délicates les solutions des problèmes en apparence les plus simples.

M. Petot avait déjà, dans son *Étude dynamique des voitures automobiles* donné au problème de la suspension la conclusion suivante :

« Il faudrait, d'une part, laisser libre la compression des ressorts sous l'action des roues lors d'une surélévation du sol, et, au contraire, la gêner lorsqu'elle provient de la descente du châssis après une dépression; d'autre part, laisser libre la détente des ressorts quand elle maintient les roues sur le sol lors d'une dépression et, au contraire, la gêner quand elle se produit après une surélévation pour amener le châssis à sa nouvelle position d'équilibre. Ce sont là des conditions un peu opposées qu'il paraît difficile de réaliser simultanément.

« Tant qu'on n'y sera pas parvenu, tout au moins en partie, il faudra n'user que prudemment des amortisseurs, sans quoi l'on s'exposerait, en cherchant à rendre les oscillations du châssis moins désagréables aux voyageurs, à retomber dans un autre inconvénient, plus caché parce qu'il intéresse surtout le mécanisme, mais pouvant parfois donner lieu à des accidents d'une réelle gravité. »

Il existe actuellement un certain nombre d'appareils, connus tous sous le nom d'amortisseurs, mais destinés en réalité à remplir des fonctions tout à fait différentes. Comme l'a fait remarquer M. Sainturat, il est tout à fait regrettable que la même terminologie s'applique à l'amortisseur Krebs, ou Triou, à la jumelle élastique, et au tampon en caoutchouc que l'on attache sur le patin du ressort pour éviter, lorsque la voiture talonne, que les brides du ressort ne viennent à toucher les longerons.

Nous appellerons amortisseurs, les appareils dont la principale fonction est d'amortir les oscillations relatives de l'essieu et du châssis; jumelles élastiques, des appareils, se plaçant généralement aux attaches arrière des ressorts arrière, et dont la principale fonction consiste à donner à la suspension une flexibilité variable.

Il est bien entendu que les amortisseurs pourront, dans une certaine mesure, et accessoirement, donner au ressort une flexibilité variable, et réciproquement, les jumelles élastiques amortissent toujours un peu les oscillations.

Il n'en est pas moins vrai que le rôle est bien distinct, à tel point qu'ils pourront parfois se compléter.

À ces deux classes principales d'appareils, nous devons ajouter un appareil mixte, le Telesco, qui constitue un compromis fort intéressant entre les deux premières.

Les amortisseurs

Les amortisseurs proprement dits peuvent se décomposer en trois catégories :

1. - Les amortisseurs à frottements produisant une résistance constante ;

2. - Les amortisseurs progressifs ;

3. - Les amortisseurs hydrauliques.

Les premiers que nous appellerons par abréviation *amortisseurs à freinage constant*, remplissent très incomplètement leur but.

Le commandant Krebs a démontré que ce dispositif corrigeait exactement une déformation d'amplitude donnée, plus grande que celle corrigée par le simple frottement des lames ; mais il est certain que la sensibilité du ressort est fortement diminuée pour les oscillations de faible amplitude, ce qui nous fait comprendre la nécessité qu'il y a,

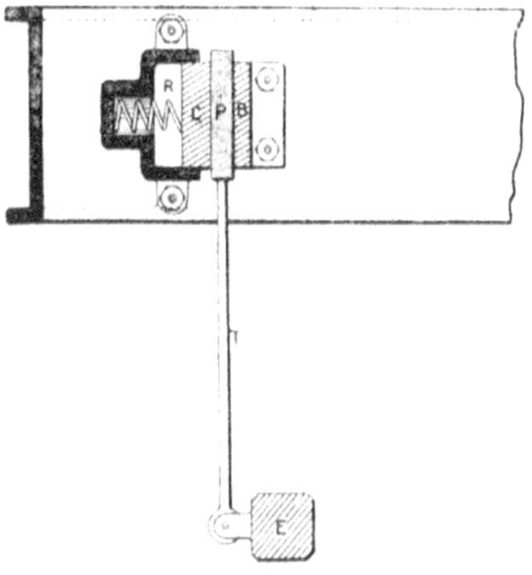

Fig. 28. — Schéma d'un amortisseur à freinage constant

E, essieu. — T, bielle de l'amortisseur. — P, plateau de friction de l'amortisseur, serré entre les deux plateaux C et B. — R, ressort de compression.

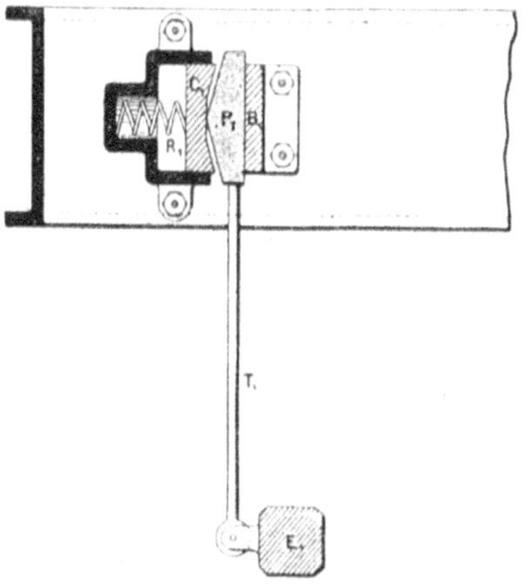

Fig. 29. — Schéma d'un amortisseur à freinage progressif

E, essieu. — T, bielle de réaction. — P, pièce taillée en cône très ouvert. — C, plateau en forme de cône également, mais avec une partie plate au centre.

Quand la tige T montera ou descendra d'une quantité suffisante, l'une des faces du cône P montera sur les rampes de C et fera bander le ressort d'autant plus que le déplacement sera grand.

C'est le principe de l'amortisseur Krebs.

Ces appareils sont malheureusement en général d'un réglage fort délicat et se dérèglent rapidement. Or, il vaut mieux n'avoir pas d'amortisseur, qu'un amortisseur déréglé.

pour obtenir un résultat satisfaisant, à conjuguer des ressorts à leurs amortisseurs ; il faut employer des ressorts plus flexibles que ceux qui conviendraient au cas où on les emploierait seuls.

D'ailleurs avec ces appareils, les inconvénients signalés plus haut sont amplifiés hors mesure.

La figure 28 montre le schéma d'un amortisseur à freinage constant. Dans cette catégorie d'appareils, nous pouvons citer comme le plus représentatif, l'ancien amortisseur Truffault, bien connu, et qui, malgré ses imperfections de principe, a rendu des services.

Les amortisseurs progressifs

Ces amortisseurs sont basés sur le principe établi pour la première fois par le commandant Krebs. Le freinage est de plus en plus énergique à mesure que le ressort s'éloigne de sa position moyenne et reste à peu près inactif poulies petites oscillations. On peut établir l'appareil de telle

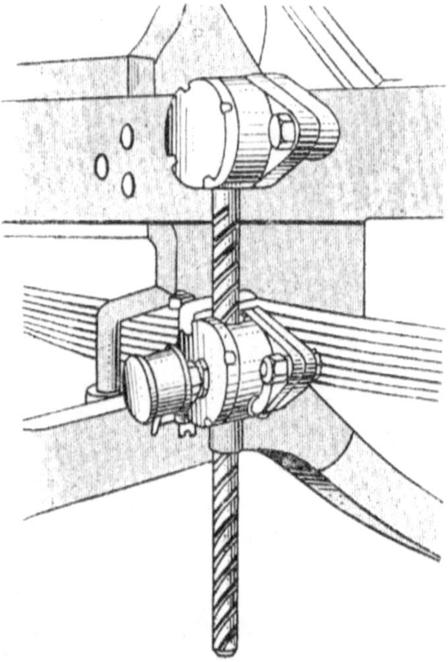

Fig. 30. — L'amortisseur Edo.

Freinage par vis et écrou.

L'écrou contenu dans une boîte convenablement graissée est solidaire de l'essieu; dans cette boîte-écrou passe la tige filetée qui s'engage à la partie supérieure dans une seconde boîte solidaire du châssis qui renferme un dispositif analogue en principe aux embrayages à cône ordinaire.

Quand l'essieu s'élève, lavis tourne dans un sens tel que l'embrayage n'a pas lieu : quand il descend, au contraire,le cône de cuir vient frotter sur la bague de friction, avec une pression d'autant plus grande que le ressort s'écoule davantage vers sa position normale.

C'est un amortisseur progressif.

façon que l'essieu, après avoir été soulevé ou abaissé, reprenne sa position moyenne sans que la caisse ait bougé sensiblement.

L'amortisseur Krebs est le type de ces appareils, sa particularité est de donner un freinage indépendant de la vitesse avec laquelle la voiture rencontre la dénivellation.

La figure 29 montre le schéma d'un amortisseur progressif.

L'amortisseur Krebs n'est pas autrement conçu, mais il est exécuté plus élégamment. Il repose uniquement sur le frottement de métaux contre métaux, sous pression variable, mais dans des conditions telles, que le coefficient de frottement soit sensiblement constant. Nous ne le décrirons pas. Nos lecteurs pourront en trouver la description très complète dans *La Technique Automobile* d'avril 1906.

Le principal mérite du commandant Krebs, est d'avoir donné une théorie mathématique assez complète de l'amortisseur et établi les principes qui doivent présider à leur établissement.

Depuis, de nombreux amortisseurs progressifs ont été imaginés.

La plupart des inventeurs ont malheureusement déduit du principe posé par le commandant Krebs des conclusions trop hâtives. Aussi d'un nombre considérable d'amortisseurs progressifs qui ont vu le jour depuis cinq ou six ans, bien peu ont survécu. Citons l'amortisseur Edo, qui survit en Amérique grâce à son incontestable simplicité.

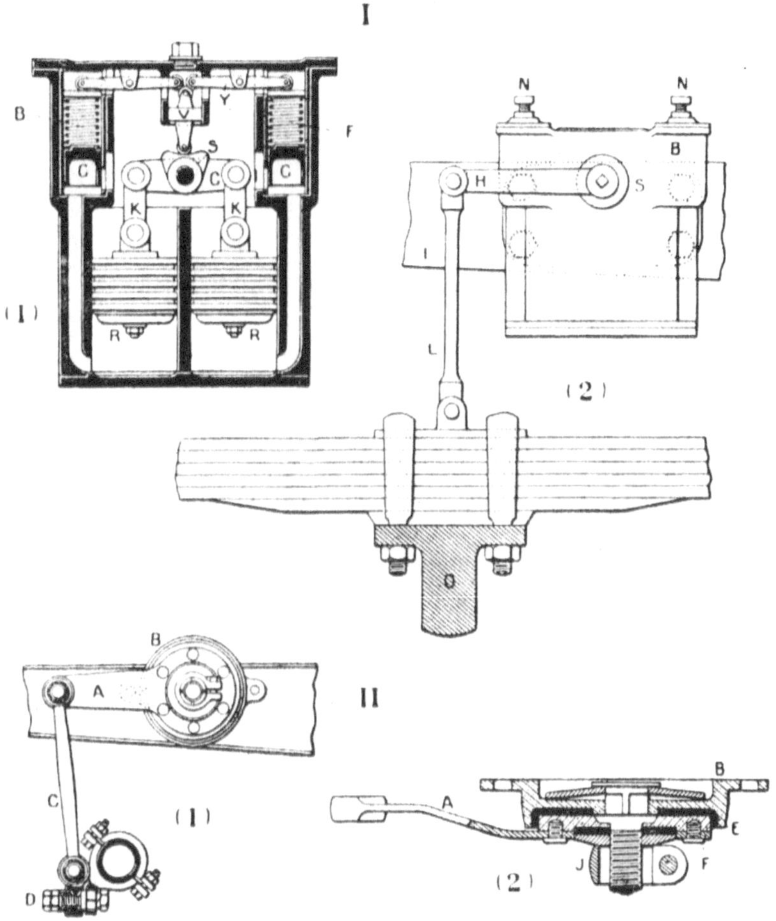

Fig. 31. — Quelques amortisseurs typiques.
I. L'amortisseur progressif Caille.

(1) Coupe de l'appareil : S, axe du levier d'accouplement. - C, balancier. —K, bielles. — R, pistons. Tout l'appareil est rempli d'un liquide (huile). Lorsque l'appareil fonctionne, l'un des bras du balancier descend, l'autre monte. Le mouvement du balancier C, et par suite du levier L (figurine 2) se trouve freiné, non pas proportionnellement au carré de la vitesse de la voiture, mais d'après telle loi qui a paru la meilleure. Suivant le rapport du diamètre des canaux de refoulement, suivant la forme des orifices du cylindre C, suivant la forme de la came, on peut régler l'appareil à volonté.

(2) C, essieu. — I, longeron. — L, levier. — H, bras solidaire de la came S. — N, vis de remplissage.

II. L'amortisseur Truffaut (1907).

(1) Schéma de montage de l'appareil : B, corps de l'appareil. — A, bras. — C, levier oscillant.

(2) Coupe de l'appareil : A, bras. — B, boîte de l'appareil en bronze. — E, disque en fonte. — F, disque de friction en fonte, solidaire du bras A. — J, écrou de réglage. Le ressort est constitué par une rondelle Belleville. C'est un amortisseur à freinage constant.

Les amortisseurs hydrauliques

Nous avons rangé ces appareils dans une classe spéciale, bien que ce soient également, pour la plupart du moins, des amortisseurs progressifs

Mais ces appareils — sauf quelques exceptions que nous mentionnerons plus loin — ont un défaut assez grave, inhérent à leur principe et qui est de faire varier les efforts de freinage comme le carré de la vitesse avec laquelle sont franchies les dénivellations. À première vue, cette loi de variations semble rationnelle, car les efforts d'inertie auxquels on veut obvier, sont eux aussi proportionnels aux carrés de ces mêmes vitesses. Mais la pratique a montré que l'on atteint aussi très vite des efforts considérables ; la suppression totale des oscillations créerait des chocs d'une violence extrême entre les essieux et le châssis.

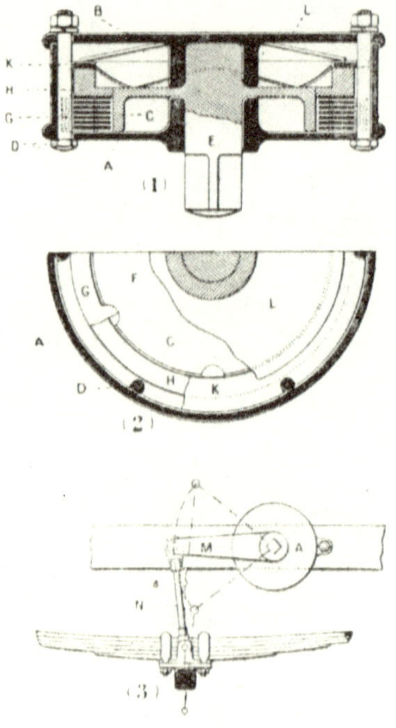

Fig. 32. — Coupe de l'amortisseur progressif Krebs.

(1) A, boîte. — B, couvercle. — C, tambour denté. — D, boulons d'assemblage. — E, axe taillé en carré à son extrémité et solidaire du tambour C. — F, encoches placées à cheval sur les boulons D. — G, disques de frottement. — H, bague solidaire du tambour. — K, bague coulissant sur les boulons et servant d'appui au ressort.

(2) Vue en plan de l'appareil.

(3) Schéma de montage de l'amortisseur Krebs : A, appareil proprement dit. —M, bras. — N, levier oscillant.

Tel est — ou était — le défaut de quelques amortisseurs hydrauliques d'Outre Atlantique, comme l'*American*, le *Foster*, le *Hotckin*, etc.

D'autres appareils, il est vrai, sont affranchis de ce défaut. Je citerai l'amortisseur *Caille*, le *Triou*, le *C.R.*, la suspension *compensée Houdaille.*

Les amortisseurs Triou, C. R., Houdaille ont été décrits respectivement dans les numéros 421,434 et 435 de *La Vie Automobile.*

Le principal avantage des amortisseurs hydrauliques est d'être en général facilement réglables, d'être auto-lubrifiants (le fluide employé est presque toujours de l'huile), enfin, de ne pas s'échauffer outre mesure.

Nous allons décrire, dans cette catégorie d'amortisseurs, les deux derniers venus, l'amortisseur Dutrieux et l'amortisseur Derihon. Chez *Dutrieux*, l'amortisseur ne gêne pas les mouvements du ressort lorsque ceux-ci ont une faible vitesse et par suite une faible amplitude, mais pour des chocs importants imprimant une grande vitesse au déplacement l'amortisseur entre en fonction et ce d'autant plus énergiquement que le choc est plus intense ; le ressort effectue librement sa compression mais voit son extension ralentie.

L'appareil se compose essentiellement d'une boîte ou carter (fig. 34) ayant la forme d'un secteur. Ce carter est rempli de liquide, glycérine ou huile ; à l'intérieur peut se mouvoir une palette percée de trous, cette palette *b* épouse presque complètement la section droite du carter lorsqu'il est fermé par un couvercle et peut se mouvoir, étant solidaire de l'axe *c* en balayant l'intérieur du carter ; l'axe *c* tourne au centre du secteur et sort en passant dans des garnitures étanches. À l'extérieur, sur cet arbre est calé un levier qui par l'intermédiaire d'un joint à rotule et d'une biellette (fig. 34 et 36) est solidaire du ressort.

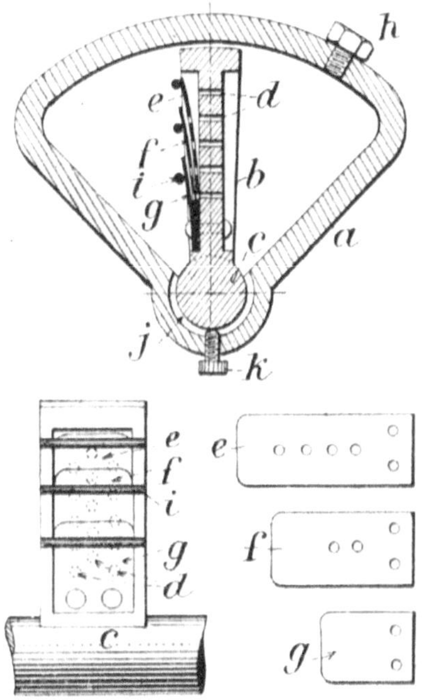

Fig. 33. — Coupe de l'amortisseur Dutrieux.

a, boîte formant carter. — b, palette oscillante. — c, axe de la palette. — d, trous de passage du liquide. — e, f, g, lames percées de trous. — h, bouchon de remplissage. — i, tiges de butée des lames. — k, vis de réglage.

Lorsque le ressort travaille la palette oscille, mais elle ne rencontrerait aucune résistance à son déplacement si un dispositif, que nous allons examiner, ne se trouvait monté sur elle, pour produire une résistance plus grande dans un sens que dans l'autre. On a donc monté sur l'une des faces de la palette une série de languettes flexibles *c*, *f*, *g*, perforées dans le prolongement de certains des trous de la palette ; le déplacement de ces lames est limité dans un sens par la palette elle-même et dans l'autre par des tiges *i* ; le nombre des trous des palettes va en décroissant lorsque l'on se rapproche de l'axe *c*, elles se recouvrent d'autre part en

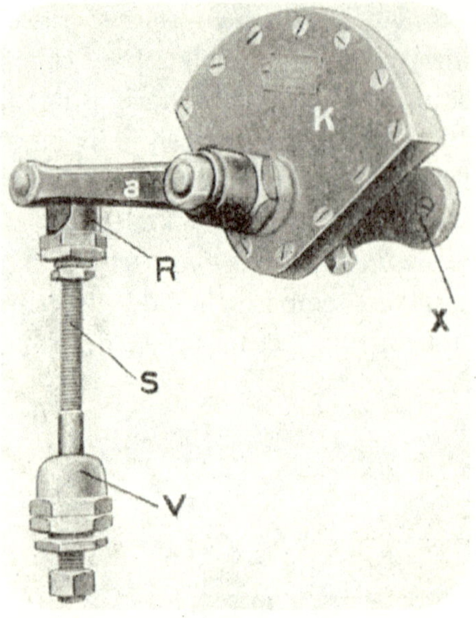

Fig. 34. – Vue d'ensemble de l'amortisseur Dutrieux.

k, carter monté. – a, levier calé sur l'axe de la palette intérieure. – R, assemblage à rotule. – S, biellette filetée. – V, système de fixation de la biellette au ressort. – X, boulon de fixation de l'amortisseur au châssis.

La longueur de la biellette S est réglable grâce à l'écrou fileté V ; une fois le réglage fait, on bloque avec les contre-écrous.

partie l'une par l'autre, de sorte que, lorsqu'elles sont toutes appliquées sur la palette, tous les troussent obturés, le liquide ne peut passer.

Le fonctionnement de l'appareil est immédiat. Roulons sur une route en pavés passables, la palette oscille autour d'une position moyenne ; le réglage doit être fait pour que cette position moyenne soit celle qui divise le carter en deux compartiments égaux, il suffit pour cela à l'arrêt, lorsque la voiture a sa charge normale, de s'arranger pour que le levier de la fig. 36 soit horizontal ; pour faire ce réglage on agit sur les écrous se déplaçant sur la biellette filetée, jusqu'à ce que la position désirée soit atteinte.

Tant qu'on ne rencontre pas de dénivellation importante, la vitesse des déplacements du ressort n'est pas assez considérable pour faire agir les lames flexibles et tout se passe comme si notre suspension était dépourvue d'amortisseur. Survienne un dos-d'âne, le ressort encaisse le choc, se comprime et déplace la palette dans le sens inverse de la flèche (fig. 35), les languettes tendent, par suite de l'existence du liquide, à être appliquées sur les tiges *i*, les trous *d* ne sont pas obstrués, aucune

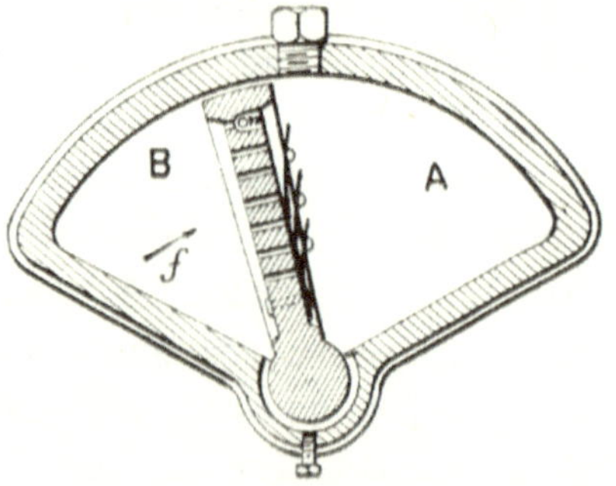

Fig. 35.

L'amortisseur dans la position de freinage (la palette se déplace dans le sens de la flèche f). L'huile sera comprimée dans A et cherchera à s'écouler vers B ; elle appliquera les ressorts contre la palette, obstruant ainsi le passage.

résistance appréciable n'a été offerte au mouvement, la compression du ressort a été libre, nous avons encore profité de toute l'élasticité de notre suspension. Ce ressort, une fois comprimé, va tendre à revenir à sa position d'équilibre, mais il va y revenir avec une certaine vitesse, par suite dépasser cette position et accomplir autour d'elle une série d'oscillations qu'il faut à tout prix empêcher. C'est fait avec le Dutrieux ; les languettes, lors du retour de la palette vont s'appliquer sur la palette et empêchant le liquide de s'écouler librement, vont ralentir la vitesse ; ce freinage sera progressif, c'est en effet la lame *e* qui, étant la plus longue, va se trouver la première appliquée, les autres ne le seront qu'ensuite et dans l'ordre *f*, *g* ; or, la lame *e* ne bouche qu'un trou, la lame *f* deux autres, etc., il est donc évident que l'effort de freinage sera ainsi gradué, on aura un ralentissement et non un choc, notre ressort arrivera donc tout doucement à sa position d'équilibre prêt à absorber un nouvel obstacle.

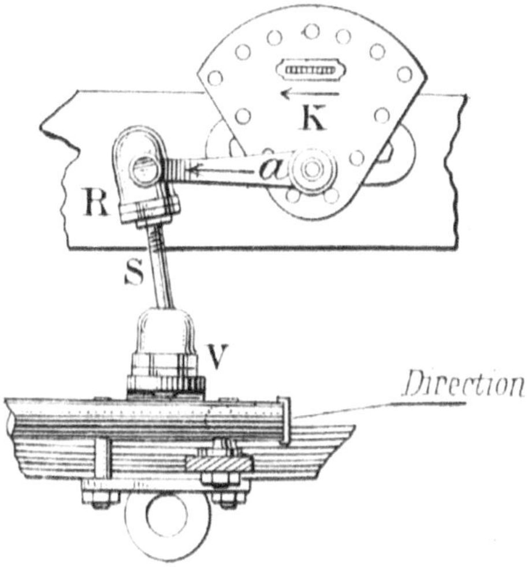

Fig. 36. – Schéma de l'amortisseur Dutlrieux monté.

k, carter. – a, levier. – R, rotule. – S, biellette. – V, système de fixation de la biellette au ressort.

Supposons maintenant que nous rencontrions un cassis, au lieu de laisser libre l'extension de notre ressort qui, par l'intermédiaire de notre roue va rencontrer le sol au moment ou il sera détendu, et par suite se comprimer d'autant plus, le Dutrieux ne laisse pas, par suite du même phénomène que précédemment, le ressort prendre une flèche exagérée et la roue arrive au sol lorsque le ressort est normalement bandé, le choc est encaissé comme précédemment.

Remarquons que nous pouvons régler la sensibilité de notre amortisseur, il suffit d'agir sur la vis pointeau qui obstrue plus ou moins le canal, entourant l'arbre de la palette.

L'amortisseur Derihon. — Les conditions d'établissement d'un amortisseur, posées par M. Petot et reproduites plus haut, peuvent pratiquement être remplacées par les conditions suivantes :

Laisser le ressort de suspension se comprimer et se détendre librement à partir de la position normale et freiner seulement le mouvement de retour qui suit cette compression ou cette détente du ressort.

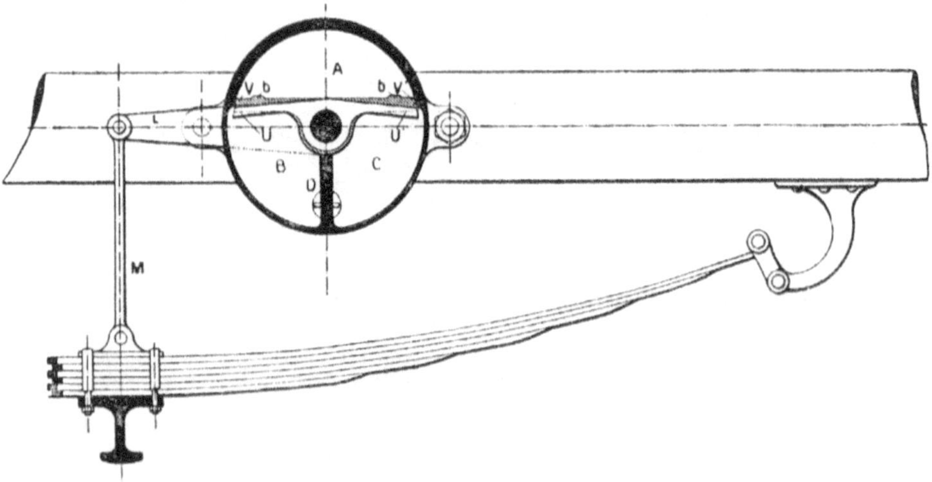

Fig. 37. — Coupe de l'amortisseur Derihon, le ressort étant à sa position moyenne.

La partie supérieure du cylindre formant le corps de l'amortisseur, est alésée à la demande du volet V, V'.
La partie inférieure a, au contraire, un alésage plus grand : il y a, de la sorte, un espace libre entre la paroi du cylindre et le bord du volet VV', quand celui-ci, quittant sa position d'équilibre, vient en-dessous.
Une cloison fixe D, sépare la partie inférieure du cylindre en deux compartiments B et C.
Un orifice, dont le détail n'est pas représenté par la fig., permet au liquide de passer sous pression, de B en C et vice versa. — Cet orifice est réglable de l'extérieur, permettant ainsi de donner plus ou moins d'action à l'appareil.
Un volet UU' se déplace librement sur l'axe de l'appareil.
Le volet VV' est relié à l'essieu par la bielle L et la tige réglable M.

C'est sur ces données que l'amortisseur Derihon a été construit.

La solution donnée par les grands industriels belges est des plus élégantes. L'appareil se compose :

1. - D'un plateau (voir fig. 37) fixé au châssis par deux boulons et muni au centre d'un axe trempé dur, portant le volet double articulé de l'amortisseur.

Le frottement est assuré par une *buselure* en bronze et un graissage automatique abondant, obtenu par une dérivation de l'huile sous pression.

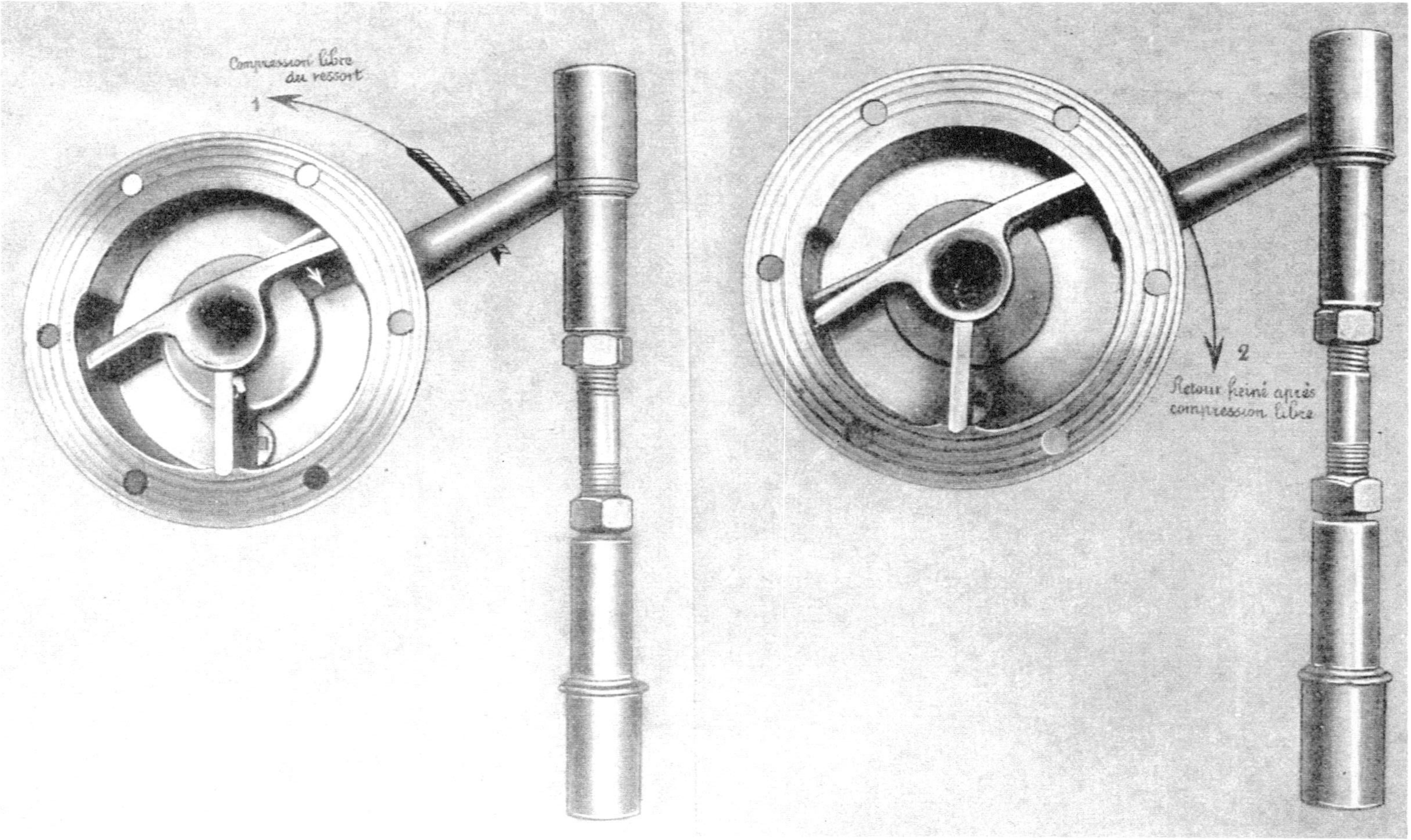

Fig. 38.

Détail 1. — Le ressort est comprimé librement, le liquide pouvant passer d'un compartiment à l'autre par l'espace laissé libre entre les deux volets (vers la flèche blanche).
Détail 2. — Le ressort est freiné après sa compression, pour revenir à sa position d'équilibre ; le liquide est comprimé dans le compartiment de droite.

2. - D'un volet mobile VV' (voir fig. 37) formé de deux ailes diamétralement opposées et pivotant sur l'axe du plateau. Ce volet est double, le second UU' est plus mince et monté sur le même axe que VV'; mais les ailes U et U forment un angle avec le plan des ailes V et V'.

Deux petites butées *b* et *b'* permettent au volet VV' d'entraîner dans son mouvement son voisin UU' et limitent à l'angle qu'ils forment entre eux, leur déplacement relatif.

Cet angle que les volets font alternativement tantôt en U et V, puis en U', V' forme une fente qui laisse pendant le fonctionnement un passage d'huile de haut en bas du volet. Quand cet angle est fermé les volets U et V ou U', V forment une cloison absolument étanche.

3. - Un barrage fixe D (fig. 37) situé sous les volets, et muni à sa base d'un dispositif réglable, permettant le passage d'huile en cataracte d'un des compartiments, formés par le barrage dans l'autre.

Ce dispositif est composé d'un petit clapet cylindrique à joint conique, fixé et maintenu au carter par des rondelles Belleville, assurant l'étanchéité. La face qui se trouve vis-à-vis du barrage est munie d'une rainure qui peut se placer perpendiculairement ou suivant l'axe du barrage, par une rotation de 90° imprimée au clapet. Suivant que la rainure se trouve perpendiculairement au barrage ou suivant l'axe de celui-ci, nous obtenons le passage libre ou l'obstruction de l'huile qui dans le mouvement de l'amortisseur doit passer en cataracte par cette rainure.

4. - Un carter cylindrique rempli d'huile muni d'une boîte à bourrage, permettant la sortie de l'axe du volet qui doit être relié au levier L, commandant l'appareil. Ce carter est divisé en trois compartiments par le volet et le barrage, et alésé à deux diamètres différents.

5. - Un levier L et une bielle M relient cinématiquement l'amortisseur à l'essieu, et lui transmettent toutes les oscillations. Le fonctionnement de: l'appareil se comprend aisément par l'inspection des figures.

Les Jumelles élastiques

Nous avons assisté depuis quelques années à une floraison extraordinaire de jumelles élastiques. Alors que, il y a trois ans, la jumelle élastique était presque inconnue, nous comptons aujourd'hui près de cent brevets la concernant. Inutile de dire que je renonce à les énumérer, et encore plus à les décrire toutes. Je ne citerai que les jumelles L'As, A. V., Celer, J.-M. (Jacquet-Maurel), Houdaille (ne pas confondre avec l'amortisseur Houdaille), Perfect, Dutrieux, pour la France, Lever-Spring, Shock-Taker pour l'Angleterre et les États-Unis. D'ailleurs le principe sur lequel reposent ces appareils est toujours le même.

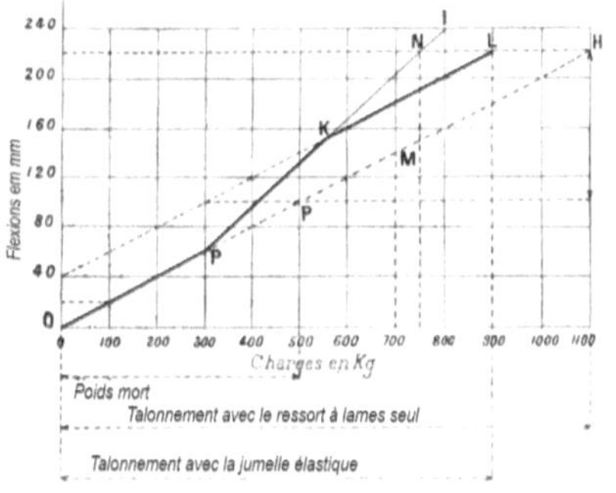

Fig. 39.

Caractéristique d'une suspension avec une seule jumelle élastique, de bande initiale 150 kilogs, course 80 mm ; O H est la caractéristique primitive (ressorts à lames seules). O P K L est la nouvelle caractéristique avec une jumelle à la main arrière.

Reprenons la fig. 72 (que nous reproduisons ici, fig. 39.) La droite O H est la caractéristique d'un ressort qui a une flexibilité de 20 % (il fléchit de 20 mm pour une charge de 100 kilos); la charge sur ce ressort est de 300 kilos lorsque la voiture est vide, et de 500 kilos lorsque toutes les places de la voiture sont occupées.

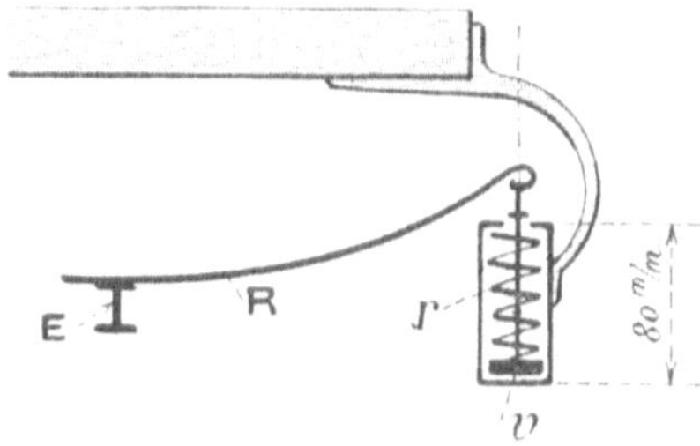

Fig. 40. – Schéma d'une jumelle élastique avec ressort travaillant à la compression.

E, essieu. – R, ressort à lames. – r, ressort à boudin, ayant une course de 80 mm. – v, butée du ressort.

Sous la charge de 500 kilos, le ressort a fléchi de 100 mm. La voiture talonnera sous une charge totale de 1.100 kilos par roue.

Munissons l'une des attaches du ressort d'une jumelle élastique, telle que celle représentée fig. 40. Supposons le ressort à boudin r monté dans son cylindre avec une charge initiale de 150 kilos, c'est-à-dire égale à la demie charge à vide sur la roue (remarquons que chaque jumelle ne supporte que la demie charge qui pèse sur la roue). Il n'entrera donc en action que pour des surcharges supérieures à 300 kgs, lorsque par exemple l'un ou plusieurs des sièges de la voiture seront occupés, ou lorsque la roue recevra un choc. Donc de O à P il n'y a rien de changé dans notre caractéristique. À partir de P (300 kilos) la flexibilité du ressort à boudin s'ajoutera en partie à la flexibilité du ressort à lames.

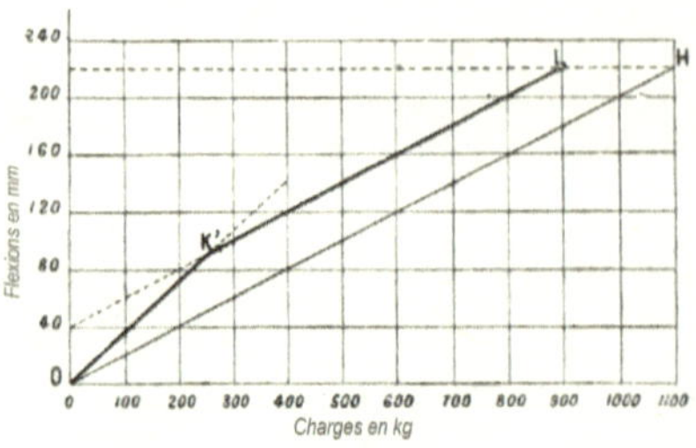

Fig. 41.

Caractéristique avec ressort à lames et jumelle montée sans bande initiale. L'effet de la jumelle finit trop tôt.

Supposons que nous ayons choisi un ressort à boudin d'une flexibilité de 30 %. Si nous ne mettons une jumelle élastique qu'à l'une des extrémités du ressort, la moitié de la flexibilité du ressort de la jumelle s'ajoutera à la flexibilité propre du ressort à lames. C'est 15 % qui s'ajoutent aux 20 % de notre ressort à lames; nous avons donc à partir de 300 kilos (c'est en effet sous une charge de 300 kilos que le ressort à boudin bandé à 150 kilos décollera) une flexibilité totale de 35 %, c'est-à-dire une nouvelle caractéristique PI. Nous voyons que, si nous conservions cette caractéristique jusqu'à fin de garde, la voiture talonnerait à 757 kilos. Nous risquerions ainsi de talonner à chaque choc un peu violent de la roue contre un obstacle.

D'autre part, il faudrait donner au ressort à boudin, c'est-à-dire à la tige de jumelle une course 2 M N = 2 (220-150) = 140 mm (puisqu'il n'y a qu'une jumelle et qu'une course de 140 mm de la jumelle ne correspond qu'à 70 mm de course par l'essieu) ce qui n'est pratiquement pas admissible.

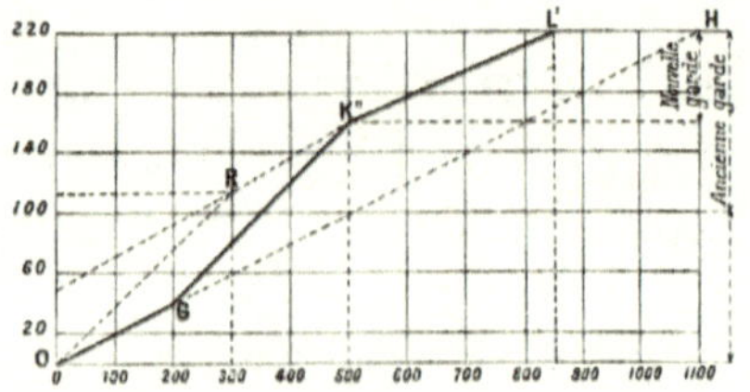

Fig. 42.

Caractéristique d'une suspension avec jumelle convenablement choisie. L'effet de la jumelle va de 200 à 500 kilos. Le tâtonnement a lieu sous une charge de 850 kilos (Au lieu de 1.100 kilos sans jumelle élastique).

Nous avons tout bénéfice à réduire un peu cette course pour éviter un talonnement trop fréquent et des jumelles de dimensions encombrantes et disgracieuses.

Nous pouvons ou bien nous fixer une charge maximum au-dessous de laquelle nous voulons éviter le talonnement, ou bien nous fixer la course de la jumelle. C'est ce qu'on fait forcément quand on achète des jumelles fabriquées en série.

Soit, par exemple, une course M N = 80 millimètres de la jumelle.

Menons par l'ordonnée 40 = [80/2] une parallèle à O H, qui coupe P I en K et l'abscisse N H en L.

La caractéristique définitive de notre suspension sera la ligne brisée O P KL (fig. 39).

Le talonnement aura lieu sous une charge de 900 kilos.

***

À quoi avons-nous abouti, en somme ?

Entre 300 et 550 kilos environ, nous disposons maintenant d'une suspension de flexibilité plus grande qu'au-dessus de 550 kilos.

Or, on sait que l'amplitude des oscillations des châssis est en raison inverse de la charge et de la flexibilité de la suspension.

Nous avons donc, dans une certaine mesure au moins, proportionné la flexibilité à l'allègement du chargement, donc amélioré la suspension.

N'exagérons pas l'importance de cette amélioration, mais ne la négligeons pas non plus. Elle est très réelle, comme tous ceux qui ont essayé des jumelles élastiques ont pu le constater.

Mais avons-nous tiré dans l'exemple précédent tout ce que nous pouvions en obtenir ?

Nous avons admis que le ressort était bandé dans le cylindre sous une charge initiale égale à la demie charge sur la roue de la voiture à vide, soit, dans notre exemple, de 150 kilos. Nous aurions pu aussi bien ne donner au ressort qu'une bande de 100 kilos, de 50, ou même pas de bande du tout.

Voici par exemple (fig. 41)le schéma d'une suspension comme la précédente, mais le ressort de la jumelle est monté sans bande. La jumelle a une flexibilité propre de 30 % et une course de 80 millimètres. L'ensemble de la suspension a donc depuis l'origine une flexibilité de 35 % [20+(30/2)] jusque vers 260 kilos (point K), puis à partir de ce point reprend la flexibilité du seul ressort à lames. Le talonnement a lieu à 900 kilos, comme précédemment. On voit que dans cet exemple la jumelle ne nous est d'aucun secours, car son action est déjà finie à moins de 300 kilos de charge, c'est-à-dire au-dessous de la charge à vide. Il faudrait, pour améliorer vraiment la suspension, que l'action de la jumelle commençât un peu avant la charge à vide et se prolongeât jusqu'à la charge maximum. On aura ainsi une suspension aussi bonne que possible pour les variations les plus ordinaires de la charge.

Prenons par exemple une jumelle avec ressort bandé à 100 kilos (il décollera pour une charge sur la roue de 200 kilos.)

Fixons-nous la charge au-dessous de laquelle la voiture ne doit pas talonner, soit par exemple 850 kilogrammes. Ceci détermine la course que nous pouvons donner à notre ressort.

En menant du point L'une parallèle à la caractéristique H O du ressort à lames, nous coupons l'ordonnée du point O à la division 50. La course admissible est donc de (2 x 50) 2 = 200 mm (ou 100 mm pour l'essieu puisqu'il n'y a qu'une jumelle) (fig. 42)

Reste à déterminer la flexibilité à donner au ressort.

Nous commençons par nous donner le point K" sur l'ordonnée 500 et sur la parallèle menée de L' à O H.

En joignant G K" nous avons la nouvelle caractéristique O G K" L'.

Pour déterminer la flexibilité de notre ressort à boudin, menons de O la parallèle O R à G K".

Le point R se trouve à l'intersection de l'horizontale menée à l'ordonnée 110 et de la verticale menée de l'abscisse 300 ; la flexibilité caractérisée par la droite O R (qui est la même que celle de la droite G K") est donc de : 110/300 = 36,6/100 ou 36,6 %.

Pratiquement on prendra 36 %. Comme le ressort à lames a une flexibilité de 20 %, le ressort à boudin devra avoir une flexibilité de (36 - 20) x 2 = 32 %.

Fig. 43. - Jumelle élastique J. M.

On voit tout de suite, qu'avant d'adopter une jumelle, il faut s'assurer que le ressort ne talonnera pas sous une charge trop faible, l'adjonction d'une jumelle élastique à une suspension existante diminuant la garde précisément dune quantité égale à la demie-course de la jumelle.

Dans certaines voitures où la garde primitive est déjà insuffisante, il ne serait pas prudent de la diminuer encore par l'adjonction de jumelles élastiques.

Le principe que nous venons d'exposer est le même pour toutes les jumelles élastiques. Les jumelles élastiques J. M. qui connaissent en ce moment une vogue extraordinaire et très justifiée, sont les types les plus caractéristiques de ces sortes d'appareils (fig. 43). L'appareil est robuste, peu encombrant, facile à poser. Le diamètre du fil des ressorts employés varie de 5 mm à 10 mm suivant les charges à supporter.

Les appareils sont presque tous jumelés, ce qui a permis de réduire les diamètres des fils de ressorts.

On peut les protéger par une gaine très bien comprise contre la boue et la poussière.

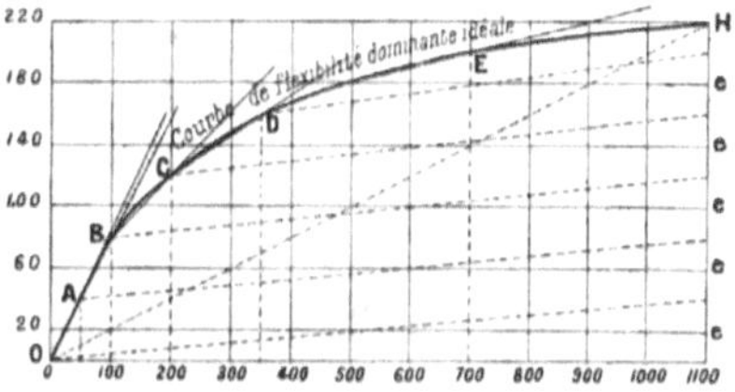

Fig. 44.

Caractéristique à flexibilité progressivement décroissante (Jumelle à plusieurs ressorts, type Perfecta).

Certains inventeurs ont voulu se rapprocher davantage encore de la suspension idéale à flexibilité décroissante avec la charge.

La courbe O A B C D E H représente la caractéristique d'une suspension idéale à flexibilité décroissante (fig. 44).

Pratiquement, par l'emploi d'un certain nombre de ressorts à bandes initiales différentes et flexibilités différentes, on pourra remplacer la courbe par une ligne brisée O A B C D E H. Dans l'exemple, on a choisi cinq ressorts de même course *l*, mais de caractéristiques différentes.

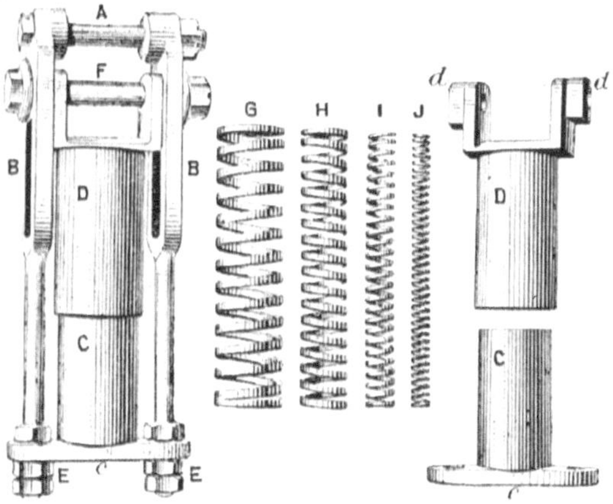

Fig. 45. — La jumelle Perfecta.

B, bâti fixe. — C, boîtier inférieur. — D, boîtier supérieur. — A, axe du ressort à lames. — F, axe de la crosse. — G H I J, ressorts alternativement senestrogyres, de diamètre décroissant. — d, coulisseaux du bâti mobile. — c, plaquettes d'appui du boîtier. — E, écrous de portée et contre-écrous de réglage.

- 1er ressort : bande initiale : nulle, caractéristique O H.
- 2e ressort : bande initiale : 25 kilos, caractéristique A B.
- 3e ressort : bande initiale : 50 kilos, caractéristique B C.
- 4e ressort : bande initiale : 100 kilos, caractéristique C D.

- 5e ressort : bande initiale : 175 kilos, caractéristique D E.
  E H est la caractéristique du ressort à lames.
  Les jumelles « Perfecta » fig. 45 réalisent en partie un pareil système.

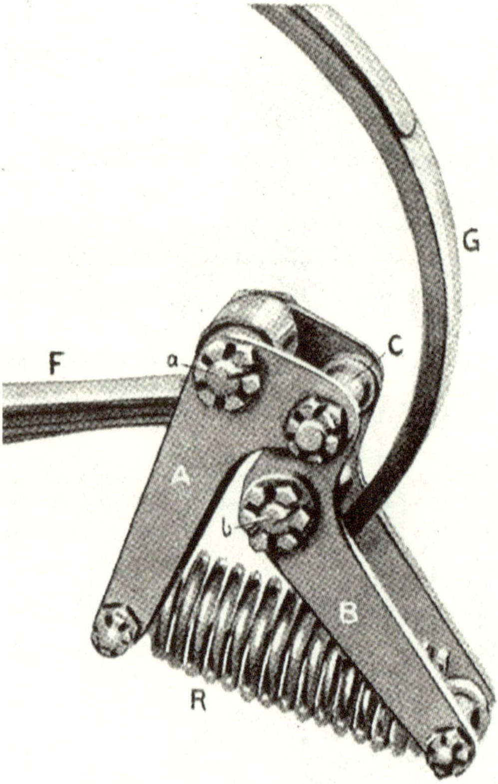

Fig. 46. — La jumelle Mamet

F, ressorts lames. — G, crosse. — A et B, deux bras de levier. — a, b, c, axes. — R, ressort à boudin.

Elles comportent quatre ressorts concentriques de longueurs (courses) égales mais diamètres décroissants, enfermés dans une boîte télescopique.

Les ressorts, en fil carré, sont alternativement senestrogyres et destrogyres ; ils peuvent donc se guider les uns les autres et ne risquent pas de s'accrocher.

Par un choix judicieux des diamètres des ressorts, la grosseur des fils, on peut corriger très convenablement une suspension défectueuse. Remarquons que dans la jumelle « Perfecta » les ressorts sont tous les quatre montés avec une bande initiale, ce qui fait que leur caractéristique totale diffère un peu de celle de la fig. 44 dans son allure générale.

Dans la jumelle *Celer*, le ressort, au lieu de travailler à la compression, travaille à la traction, et se trouve par conséquent dans les meilleures conditions possibles.

***

Les appareils que nous venons de mentionner utilisent le ressort à boudin ordinaire, et directement, sans intervention d'un bras de levier multiplicateur des effets.

Les deux appareils étrangers que nous allons décrire rapidement maintenant font au contraire intervenir un bras de levier amplifiant les effets produits par la jumelle.

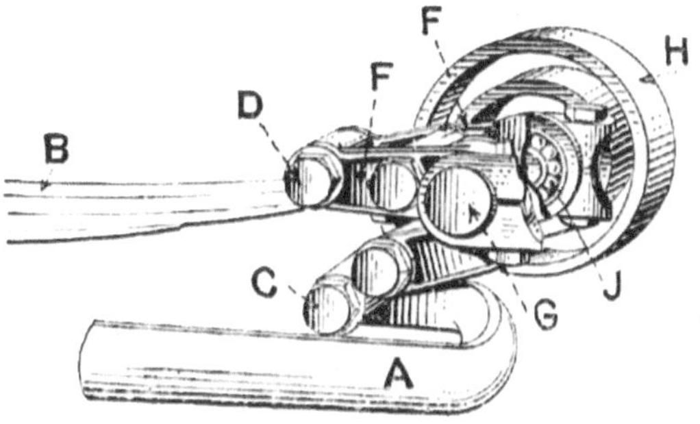

Fig. 47. — La jumelle élastique Lever-Spring.

F, ressorts lames. — G, crosse. — A et B, deux bras de levier. — a, b, c, axes. — R, ressort à boudin.

Le « Lever-Spring » au lieu de demander l'élasticité à un ressort à boudin, emploie un ressort lamellaire enroulé en hélice. L'extrémité centrale de ce ressort est fixée dans un axe G (fig. 47) portant un roulement à billes sur la bague extérieure duquel est monté un levier F à deux bras. L'une des extrémités de ce levier est attachée au ressort à lames, l'autre au châssis (à la main du châssis ou à la crosse).

Lorsque la roue monte sur un obstacle, le levier convertit le mouvement vertical du ressort à lames en un mouvement circulaire du ressort en spirale.

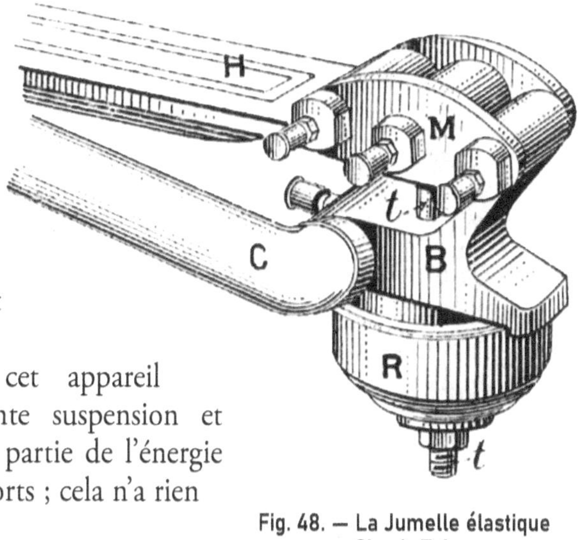

Fig. 48. — La Jumelle élastique Shock-Taker.

C, main arrière du châssis. — H, ressort à lames. — B, support du ressort. — M, levier. — R, ressort conique. — t, axe du ressort.

Il paraît que cet appareil donne une excellente suspension et récupère même une partie de l'énergie absorbée par les ressorts ; cela n'a rien d'impossible.

La « Shock-Taker » ou « preneur de chocs », est un appareil fort ingénieux.

À l'extrémité de la main de ressort est articulée une pièce M, traversée par une tige *t* et servant de support à un ressort conique R. Le support porte un bras sur lequel est articulé un levier L dont l'autre extrémité est

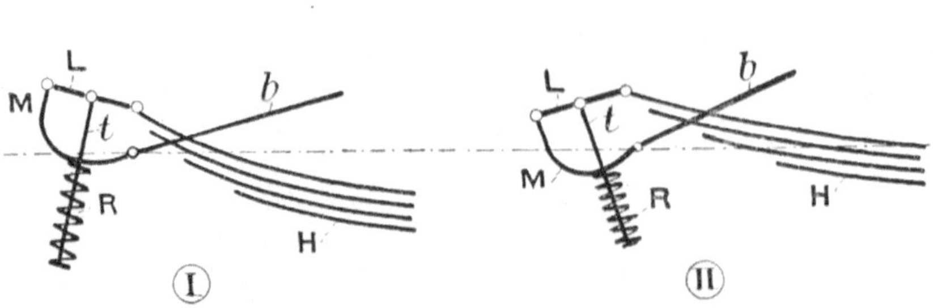

Fig. 49. — Schéma du fonctionnement du Shock-Taker.

I. Avant le choc, en position normale.
II. Après le choc, l'essieu étant monté.
Le point d'articulation de la main b du châssis reste sur la ligne mixte, c'est-à-dire n'a pas été influencé par le mouvement de l'essieu.
Le châssis n'a donc pas bougé.

attachée au ressort à lames, et dont le milieu est attaché à la tige *t*. Lorsque le ressort ordinaire est comprimé, le levier tend à basculer dans un sens, entraînant le support par la tige *t*. Mais d'autre part, l'autre extrémité du levier tend à faire abaisser au contraire le support. De cette lutte entre les deux mouvements antagonistes résulte déjà un amoindrissement notable de mouvement transmis au châssis, et ce mouvement est encore diminué par le fait que pendant ce temps le ressort fléchit d'une certaine quantité.

Amortisseurs mixtes

Dans le chapitre des amortisseurs, nous devons encore mentionner un appareil mixte, qui est en même temps un amortisseur-frein et une jumelle élastique : c'est le Télesco, dont le principe a été exposé dans *La Vie Autobile* par M. C. Faroux avec sa clarté habituelle.

Je rappelle seulement que le Télesco est un frein à liquide ; un piston muni d'un clapet S comprime en remontant un ressort *r*, tandis que la soupape *s* laisse passer le liquide sans résistance. À la descente (détente) le clapet obstrue presque complètement le passage du liquide, ce qui freine le mouvement et d'autant plus énergiquement que le mouvement du piston est rapide.

Ainsi, la compression du Télesco est libre, mais sa détente est freinée.

« On arrive, dit M. Faroux, à se représenter le fonctionnement du Télesco de la manière suivante : sur le pavé, pour les petits obstacles, cailloux, aspérités que le pneumatique est impuissant à boire complètement, le

Télesco ajoute purement et simplement sa flexibilité à celle du ressort à lames, en diminuant ainsi les oscillations et les secousses que les petites vibrations de l'essieu tendent à imprimer à la voiture sous forme de trépidations. Vienne un obstacle plus grand; dès qu'il se produit une compression notable du Télesco, il ne la rend plus intégralement et sa détente étant amortie, l'accélération verticale imprimée à la voiture est diminuée d'autant. Si la voiture franchit un obstacle important où les deux ressorts, le ressort à lames et le Télesco se compriment fortement, la détente du Télesco est franchement freinée et, son ressort se détendant beaucoup moins vite que le ressort à lames, la réaction sur la voiture est considérablement diminuée; en outre, comme le ressort à lames recommence à se comprimer pendant que le Télesco continue à se détendre, l'antagonisme des deux mouvements tend efficacement à éteindre l'oscillation qui se serait produite si le Télesco n'avait pas été freiné.

Enfin, sur des obstacles importants et rapprochés, très mauvais macadam, très mauvais pavé, rails et caniveaux successifs, si le Télesco a le temps de se détendre complètement entre deux obstacles, il agit sur chacun d'eux comme sur un obstacle isolé, et si sa détente n'a pu encore être complètement effectuée quand l'obstacle suivant est abordé ou quand le mouvement oscillatoire tend à se produire, l'antagonisme de son mouvement et de celui du ressort à lames empêche la production d'un mouvement pendulaire régulier et cela – il faut le remarquer – sans freiner le ressort à lames et sans jamais augmenter par conséquent les efforts considérables que les roues, les essieux et les bandages ont à supporter par suite de l'obligation pour la partie non suspendue d'épouser la forme sinueuse de la route. »

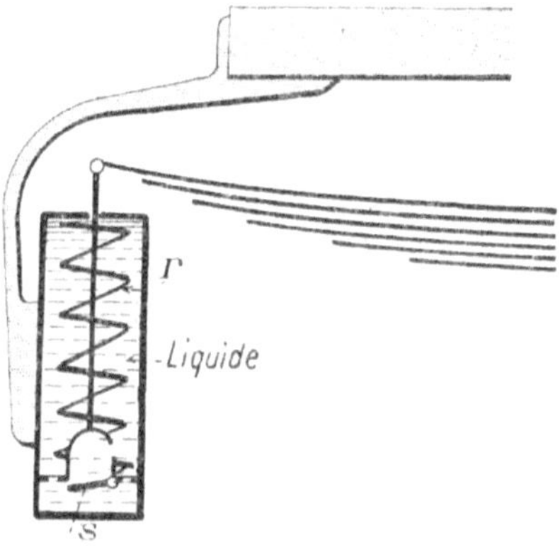

Fig. 50. – Schéma de l'amortisseur mixte le Télesco.

S est un clapet qui s'ouvre lorsque le ressort monte, ce clapet se ferme et le liquide doit passer par les orifices percés dans le fond du piston. La descente est donc freinée.

***

M. A. Vermersch a eu l'excellente idée de nous doter de jumelles-amortisseurs non plus seulement pour les ressorts arrière, mais aussi pour les ressorts avant. Ce sont, d'ailleurs, deux sortes d'appareils différents.

L'amortisseur-jumelle A.V. arrière se compose de deux cylindres ayant le même axe et pouvant coulisser l'un dans l'autre. Dans ces

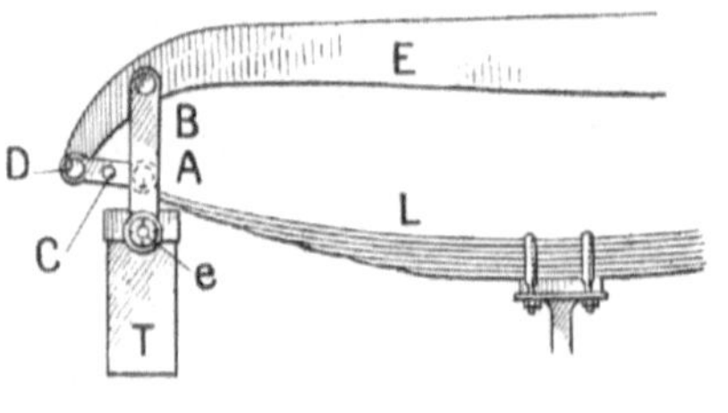

Fig. 51. – Montage à l'avant d'un Télesco sur une voiture postale Delahaye

E, l'essieu. – L, ressort. – T, amortisseur. – D A, levier d'attache du ressort. – B, bretelle de suspension.

Ce montage, parfaitement rationnel dans une voiture lourde et lente, ne convient pas aux voitures rapides.

Jusqu'à présent, l'appareil, tel que nous venons de le décrire, constitue une jumelle élastique. Voici ce qui en fait aussi un véritable amortisseur. Le cylindre inférieur porte intérieurement un petit cylindre percé de trous dans ses parois. Un piston, solidaire du cylindre supérieur, plonge dans ce cylindre. Le tout est rempli jusqu'à un certain niveau d'huile.

Dès lors, le fonctionnement se comprend de lui-même. Le passage de l'huile chassée par le piston à travers les trous du petit cylindre compensateur, suffit à empêcher l'affolement des ressorts à boudin lors d'une succession de chocs, et à régulariser leur travail.

C'est en somme un amortisseur logé dans l'intérieur d'une jumelle élastique.

Dans l'amortisseur avant, qui repose sur le même principe, cylindres sont logés deux ressorts à spirales, l'un bandé d'une certaine compression, l'autre assez court pour n'entrer en jeu que lorsque l'autre a atteint une bande voulue. C'est le principe de l'amortisseur étagé que nous avons déjà étudié précédemment.

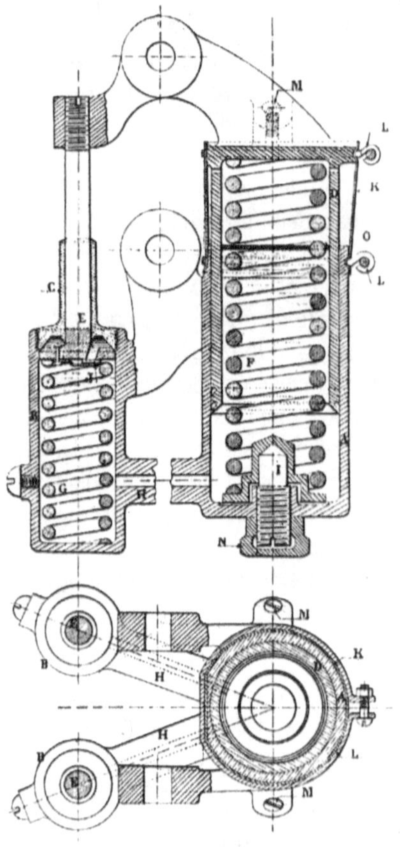

Fig. 52. – L'amortisseur A. V.

A, grand cylindre. – B B, petits cylindres. – F, ressort du grand cylindre. – G, ressort des petits cylindres. – D, piston du cylindre A. – O, niveau d'huile. – B, enveloppe de protection. – I, pointe de réglage de la tension du ressort. – N, écrou. – E, petit piston. – C, guide. – H, tuyau de communication. – J, clapet du piston.

on a dédoublé le corps de pompe et le petit ressort, cela pour gagner de la place et pouvoir diminuer les dimensions de l'appareil en hauteur.

Un amortisseur améliore quelquefois la suspension — en amortissant les oscillations dangereuses, en évitant les coups de raquette, mais très souvent, pour ne pas dire toujours, cette amélioration se fait sur le dos des bandages, à leur compte. Ce sont les innocents qui payent. En freinant la descente de l'essieu, on empêche les roues de reprendre aussi vite que le per-

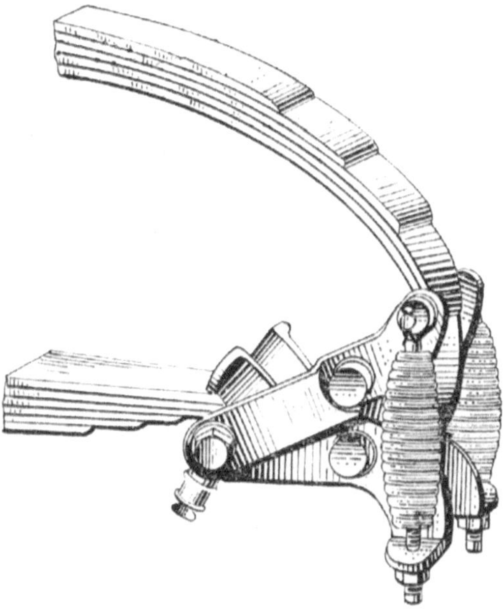

Fig. 53. — La jumelle élastique Dutrieux.

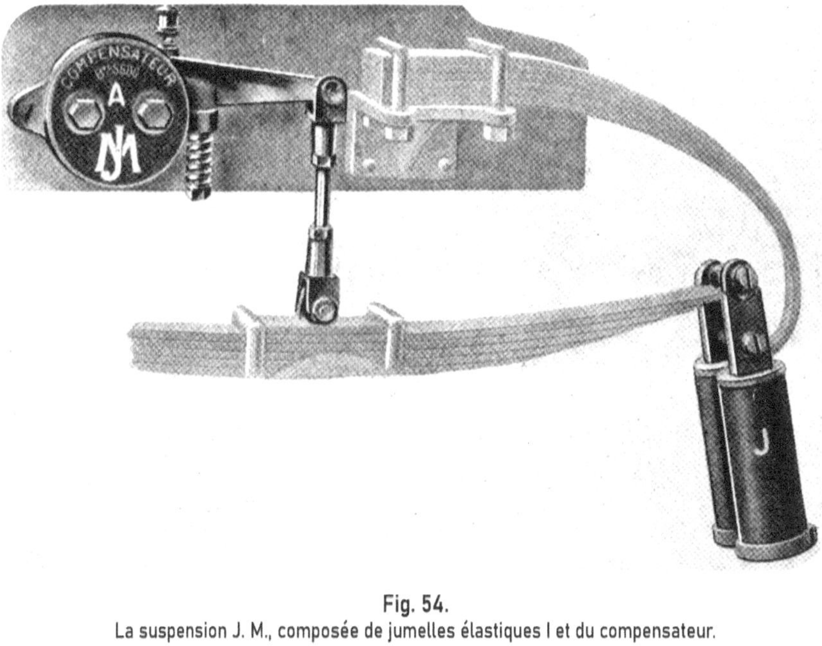

Fig. 54.
La suspension J. M., composée de jumelles élastiques I et du compensateur.

mettraient les ressorts le contact avec le sol. Les jumelles élastiques, au contraire, ne présentent pas cet inconvénient ; elles améliorent très sérieusement la tenue sur route d'une voiture, font coller les bandages à la route, par conséquent diminuent l'usure des pneus.

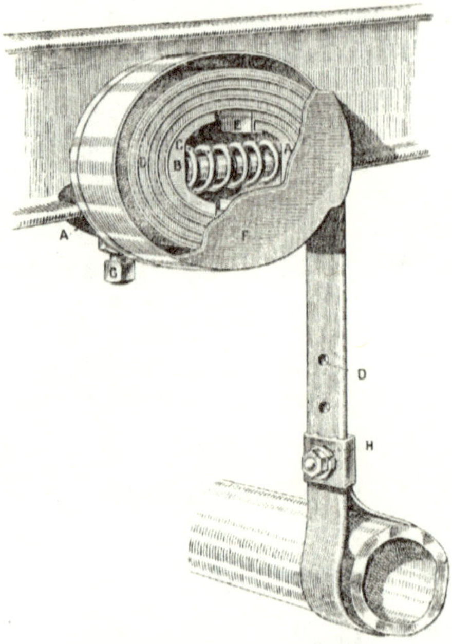

Fig. 55. — Le Snubber « Gabriel »
Amortisseurs à courroie

A, mâchoire d'attache au châssis. — G, vis de serrage des mâchoires. — C, ressort à boudin. — B A, patins de serrage de la courroie. — E, fixation de la courroie. — F, carter de l'appareil. — D, courroie en balata. — H, pince permettant de régler la longueur de la courroie.

Enfin, entre certaines limites, elles adoucissent la suspension. Il est vrai qu'elles ne freinent pas les oscillations dangereuses dans la même mesure que les amortisseurs, mais pour une voiture de tourisme qui peut toujours ralentir sur les passages trop mauvais, ce n'est qu'un inconvénient secondaire.

Cependant, les jumelles doivent être choisies avec soin suivant la charge sur l'essieu à vide et en ordre de marche, suivant la caractéristique du ressort existant, suivant la garde disponible.

***

J'ai mis à part le *Snubber Gabriel*, car cet appareil n'est pas un amortisseur, mais un limiteur des mouvements respectifs du châssis et de l'essieu. Voici la description qu'en a donné M. Faroux dans *La Vie Automobile* du 6 Avril 1912.

Puisqu'on ne peut parvenir à une solution rigoureusement complète du problème de l'amortisseur qu'au prix d'un appareil compliqué, coûteux et dont le fonctionnement pratique ne sera peut-être pas à l'abri de tout reproche, il est logique d'accueillir des systèmes qui, avec une grande simplicité de moyens, fournissent une solution pratiquement très satisfaisante. C'est le cas de l'amortisseur Gabriel. Sa description tient en quelques lignes.

Sur la figure 54, on voit qu'il est constitué par une boîte constitué par une boîte fixée au châssis ; cette boîte porte à l'intérieur un fort ressort spiral (comme un ressort de montre) ; entre deux spires consécutives se trouve une lanière continue en balata dont une extrémité est fixée au centre de la boîte, l'autre venant s'accrocher à l'essieu.

Quand la caisse tend à se rapprocher de l'essieu, la lanière rentre à l'intérieur ; quand au contraire, sous l'effet d'un dos-d'âne ou d'un caniveau, la caisse tend à s'écarter de l'essieu, on obtient un freinage énergique et sûr, tout en demeurant d'une parfaite progressivité.

⁂

Un tel système de construction — on le conçoit — amortit très vite les oscillations à allure pendulaire et assure, si j'ose ainsi m'exprimer, une sorte de solidarité élastique entre les parties suspendues et les parties non suspendues de la voiture. En somme, l'appareil est un véritable *absorbeur de chocs.*

– IV –

LA TRANSMISSION

Généralités

Le but final de la mécanique de transmission est la propulsion de la voiture. Cela, tout le monde le sait. Mais comment, par quoi une voiture est-elle propulsée ? Suspendez une voiture par son centre de gravité à un câble, de façon que ses quatre roues ne touchent plus le sol. Mettez le moteur en marche. La transmission se fera parfaitement du moteur aux roues, mais la voiture n'avancera pas.

C'est « qu'un mécanisme soumis uniquement à des forces intérieures ne peut modifier de lui-même l'état de repos ou de mouvement de son centre de gravité ». Ce principe de mécanique, que M. P. Ravigneaux a rappelé au commencement de sa magistrale étude sur les transmissions par cardan, appelle cette question : Comment se fait-il alors qu'une voiture puisse avancer sur la route ? Il faut évidemment une force extérieure, puisque les forces intérieures ne peuvent donner la propulsion.

Cette force extérieure, c'est la *réaction du sol sur les bandages des roues motrices*. Laissez descendre, en effet, votre voiture suspendue précédemment à un câble, le moteur toujours en marche, jusqu'à ce que les roues motrices viennent appuyer sur le sol. Dès que l'adhérence sera suffisante, la voiture avancera. Vous aurez l'impression très nette que c'est le sol qui la pousse, et cette impression ne vous trompera pas.

Donc, c'est la réaction du sol sur les pneus qui pousse l'essieu arrière dans une voiture à cardan, et c'est cette poussée qu'il faut transmettre au châssis. On peut obtenir cette liaison entre le pont et le châssis de diverses manières que nous allons énumérer :

A. — Par l'arbre à cardan lui-même, ou par son carter en T.
B. — Par les ressorts à lames qui servent à la suspension,
C. — Par des bielles de poussée.

D. — Par une jambe de force.

Que nous choisissions l'une ou l'autre de ces quatre liaisons — ou mieux des trois premières, car la quatrième se confond finalement avec la première, comme nous le verrons plus loin — nous sommes assurés que notre voiture avancera.

Cette préoccupation principale écartée, passons à une autre : il nous faut maintenant prévoir un organe qui résiste au couple moteur, .le ne dirai pas ici ce qu'est le couple moteur. Mes lecteurs le savent et peuvent en trouver la définition autre part. Je mécontenterai de montrer les effets du couple moteur, c'est-à-dire ce qui se passe quand l'effort moteur agit sur la grande couronne du différentiel par l'intermédiaire du pignon d'angle.

Voyez la fig. 56 qui représente la roue droite arrière avec la moitié du pont arrière, la couronne du différentiel D et l'arbre à cardan avec le pignon d'angle P. L'arbre à cardan tourne dans le sens de la flèche f_1, et la couronne D dans le sens de la flèche f_2. On voit que (pour peu que les roues résistent) le pignon d'angle tend à rouler sur la couronne du différentiel dans le sens de la flèche f_3. Il faut empêcher ce mouvement et maintenir la position du pignon d'angle fixe par rapport à la couronne du différentiel. On y arrive facilement comme on le voit en maintenant l'arbre dans un roulement à billes logé dans le carter du pont arrière. Mais, de plus, il faut encore empêcher le pont entier de tourner. Dans quelques voitures (de plus en plus nombreuses) on a confié cette fonction au carter en T. (L'arbre doit être à un seul joint), mais le plus souvent on a choisi pour cela un autre organe. En voici l'énumération :

- L'arbre lui-même (ou comme nous venons de le dire) son carter en T.
- Les ressorts de suspension.
- Des bielles de réaction.
- Des jambes de force.

Voilà encore quatre organes parmi lesquels nous pouvons choisir. Mais notre choix doit être fait avec discernement et circonspection. Car les organes de poussée et les organes devant résister au couple — nous les appellerons organes de réaction — et la suspension, tout cela doit vivre ensemble en bon accord.

Comme le dit M. P. Ravigneaux — que je ne saurais citer trop souvent, car son étude de la transmission à cardan fait autorité :

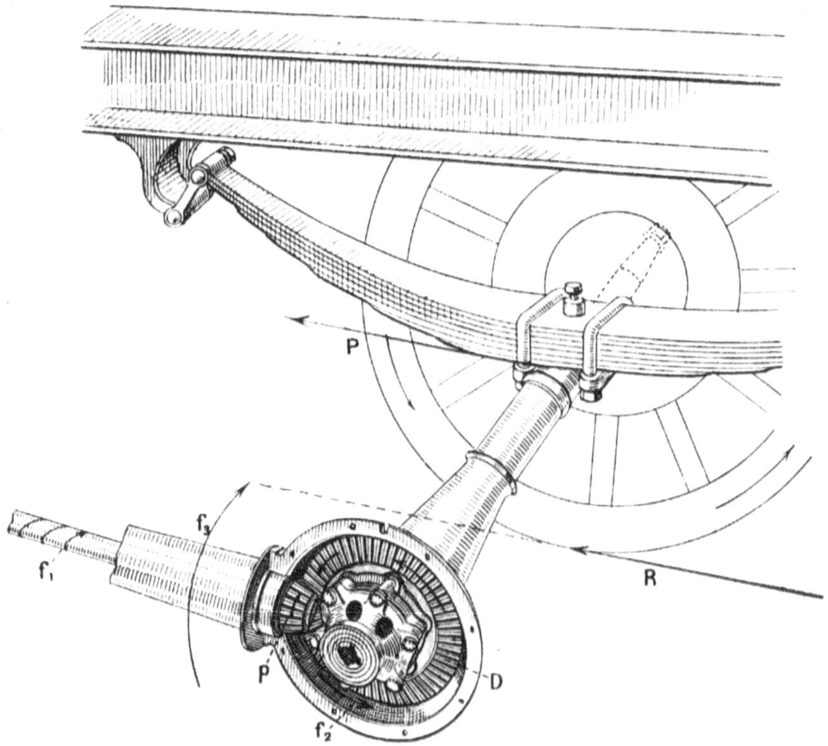

Fig. 56. — Schéma de la transmission d'une voiture à cardan.

P, pignon d'angle tournant dans le sens de la flèche f_1. — D, D, couronne du différentiel tournant dans le sens de la flèche f_2.

Si le pignon n'était pas maintenu dans la coquille du différentiel comme dans la figure, il aurait une tendance à monter sur la couronne dans le sens de la flèche f_3. Tel que l'ensemble est représenté, on voit que c'est le pont entier qui tend à tourner autour de son axe dans le sens de la flèche f3. Pour l'en empêcher, on peut, soit compter sur l'arbre à cardan lui-même (mais s'il casse, il défonce le plancher de la voiture), soit compter sur le carter en T, soit sur les ressorts (alors le palier doit être calé), soit sur des bielles, soit sur une jambe de force. La flèche R montre le sens de la réaction du sol sur le bandage de la roue — qui pousse l'essieu arrière. Cette poussée P doit être transmise au châssis, soit par l'arbre ou son cardan en T, soit par les ressorts — alors, pas de jumelle avant, car on voit sur la figure, que si le ressort pousse, la jumelle doit forcément se coucher sur la main, — soit enfin, par des bielles de poussée.

« Il ne faut pas croire que l'on puisse indifféremment faire partager l'effort de poussée ou celui de réaction au couple par plusieurs organes à la fois; en cette circonstance, pas de charité ; les organes ne doivent pas s'entraider, à chacun son rôle sauf cas exceptionnels, ou sinon les ressorts — qui ont bien droit à la considération aussi puisqu'ils ont une fonction à remplir, celle de suspendre la voiture, fonction qu'il faut leur laisser remplir — les ressorts contrariés dans l'exercice de cette fonction, s'en désintéresseront, se feront rigides et disloqueront tout ou se disloqueront eux-mêmes. »

Avec les organes A, B, C, D (organes de poussée) et 1, 2, 3, 4 (organes de réaction), on pourrait, en les combinant, obtenir seize différents genres de transmissions, comme

A — 1	A — 2
B — 1	B — 2
C — 1	C — 2
D — 1	D — 2

Ainsi, la combinaison A—1 emploie l'arbre lui-même ou son carter en T comme organe de poussée et de réaction. La combinaison C—1 emploie une bielle ou des bielles comme organe de poussée et l'arbre ou son carter comme organe de réaction. Dans B —3, les ressorts résistent à la poussée et une bielle est organe de réaction.

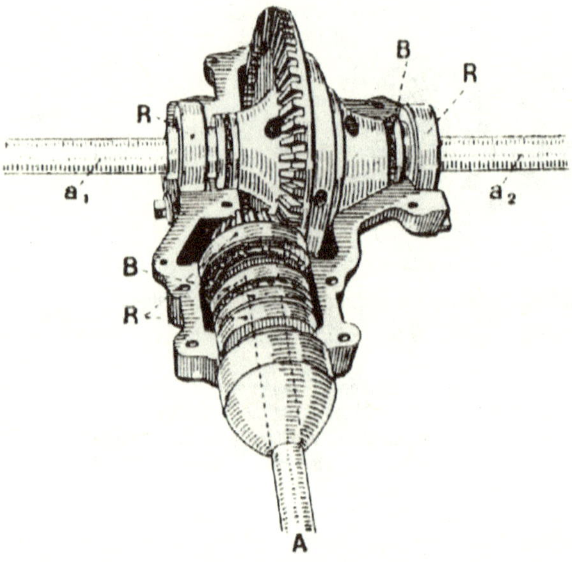

Fig. 57. — Croquis d'un pont arrière, la moitié du carter et les tubes du pont enlevés.

A_1, A_2, arbres d'entraînement. — R, R, roulements à billes. — B, butées. — A, arbre à cardan.

M. Ravigneaux, après l'étude critique de ces combinaisons, en a éliminé un bon nombre comme impraticables ou mauvaises.

Ainsi pour les combinaisons A — 2, A—3, A—4, car si l'arbre ou son cardan pousse (A) il est presque forcément aussi organe de réaction. Ainsi pour la combinaison avec D, car si la jambe de force est organe de réaction, elle ne pourra pousser, car son extrémité avant sera montée sur chandelle oscillante, ou pourra coulisser. Si elle devenait organe de poussée elle ferait, pour ainsi dire, partie du pont, et s'appellerait A et non D.

Il reste donc 9 combinaisons :

A — 1			
B — 1	B — 2	B — 3	B — 4
C — 1	C — 2	C — 3	C — 4

Ces transmissions n'ont pas une égale valeur, cependant toutes sont rationnelles. Sans doute l'expérience en éliminera un certain nombre et d'ici quelques années il ne subsistera que trois ou quatre types ayant fait leurs preuves : selon les statistiques de M. Ravigneaux, c'est la combinaison A — 1 qui avait en 1910 le plus grand nombre des partisans (le quart des châssis exposés).

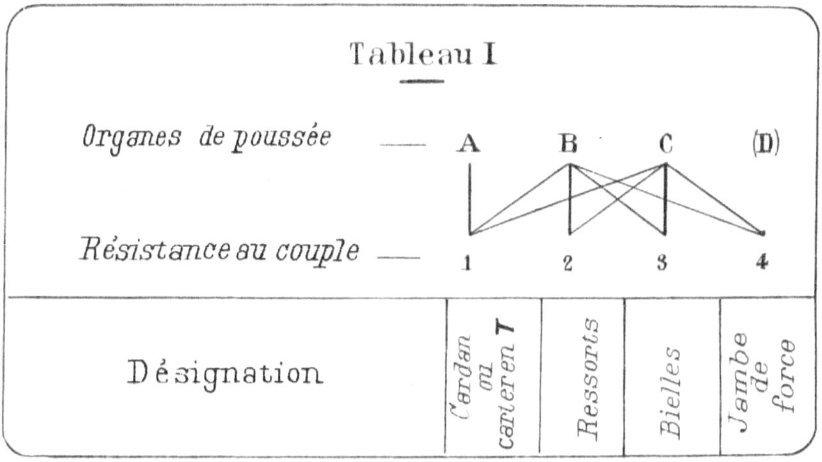

Fig. 58.

Cela s'explique très bien par la grande simplicité du dispositif. Venaient ensuite les combinaisons B — 4 (ressort poussé et jambe de force pour résister au couple) et B — 2 (ressorts faisant tout), mais tandis que B — 4 est en recul sur l'année précédente, B — 2 est en progrès très marqué, toujours par raison de simplicité.

***

Ayant choisi une transmission dans les combinaisons ci-dessus, il faut encore avoir soin de permettre aux organes de poussée ou de réaction de remplir convenablement leurs fonctions. C'est ainsi, par exemple, si le ressort doit pousser la voiture, il ne faudra pas le munir d'une jumelle à l'avant. Cela va de soi, car la jumelle se coucherait sur la main qui la porte et ne servirait plus à rien. C'est ainsi encore qu'il ne faudra pas caler le

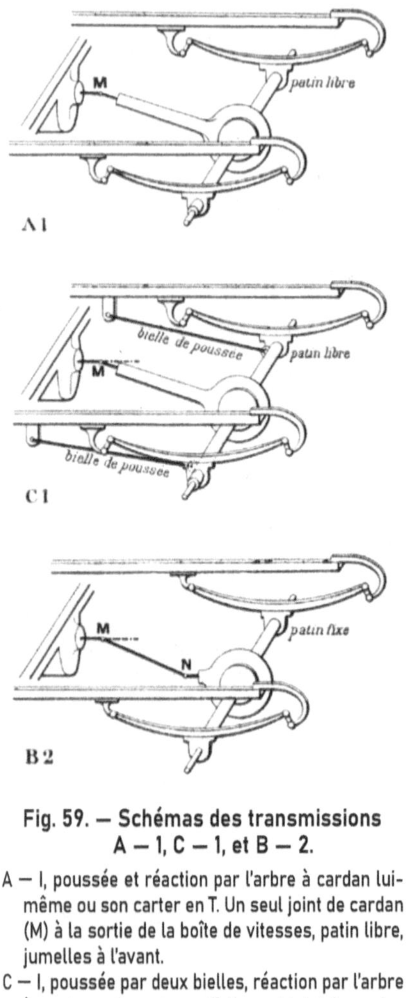

Fig. 59. — Schémas des transmissions A — 1, C — 1, et B — 2.

A — I, poussée et réaction par l'arbre à cardan lui-même ou son carter en T. Un seul joint de cardan (M) à la sortie de la boîte de vitesses, patin libre, jumelles à l'avant.

C — I, poussée par deux bielles, réaction par l'arbre à cardan ou le carter en T. Un seul joint de cardan (M), patin libre, jumelles à l'avant.

B — 2, poussée et réaction par les ressorts ; deux joints de cardan M et N. Patin fixe; pas de jumelles à l'avant. Cette dernière transmission est une des plus employées actuellement.

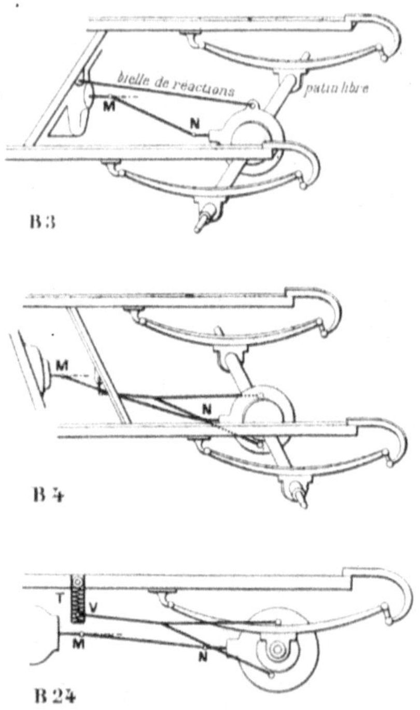

Fig. 60. — Schémas des transmissions B — 3, B — 4 et B — 2 — 4.

B — 3, transmission préconisée par M. Ravigneaux. Poussée par les ressorts réaction par une bielle placée comme sur figure. Deux joints de cardan (M et N), patin libre, pas de jumelles à l'avant.

B — 4, poussée par les ressorts, réaction par une jambe de force. Deux joints de cardan (M et N), patin libre et pas de jumelle à l'avant.

B — 2 — 4, poussée par les ressorts, réaction par les ressorts (2) et par une jambe de force (4) que le constructeur monte à chandelle T. Deux joints de cardan, patin libre, pas de jumelle à l'avant.

ressort sur le carter du pont arrière, si ce pont arrière doit être oscillant. Le patin (support du ressort sur le pont) doit être libre dans ce cas (fig. 63). Au contraire, si le ressort doit résister au couple moteur le ressort devra être calé sur le carter (patin calé). Enfin, l'arbre de transmission ne devra avoir qu'un seul joint de cardan s'il doit résister au couple moteur et empêcher le pont de basculer. De même, si c'est le carter en T qui doit remplir cette fonction, car le second joint alors serait inutile. Sauf, cependant, le cas exceptionnel où l'axe d'oscillation de l'arbre n'est pas confondu avec celui du tube en T. L'arbre alors doit avoir du jeu dans le tube (transmission A—1, variante I). Tout cela nous l'avons résumé dans trois règles très simples.

Règle I. — ***Un cardan dans les combinaisons avec 1 (arbre ou carter en T, organe de réaction), deux cardans partout ailleurs.***

Règle II. — ***Le patin doit être calé dans les combinaisons avec 2 (quand le ressort est organe de réaction) ; il doit être libre partout ailleurs.***

Règle III. — ***Pas de jumelle à l'avant du ressort arrière dans les combinaisons avec B (lorsque le ressort est organe de poussée). Jumelles à l'avant dans toutes les autres combinaisons.***

Ces règles sont bien simples, et en les observant, le constructeur a toujours beaucoup de chances de ne pas tomber dans la classe que M. Ravigneaux appelle avec tant d'indulgence les « dissidents ».

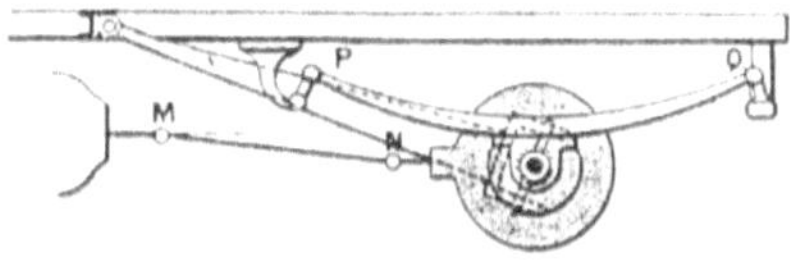

Fig. 61 — Schéma de transmission Delaunay-Belleville

appelée par M. Ravigneaux C – 4 variante II. Deux bielles, l'une faisant office de jambe de force (R_2, Z), toutes deux montées à rotule (R_1, R_2,) sur une traverse du châssis. Deux cardans, patin libre, jumelle à l'avant.

Car il y avait encore des transmissions dissidentes, c'est-à-dire tout à fait antimécaniques au Salon de Paris en 1910 ; il y en a encore, paraît-il — en moins grand nombre tout de même — à l'Olympia en 1912, et il y en aura peut-être même au prochain Salon. M. Ravigneaux nous le dira sans doute.

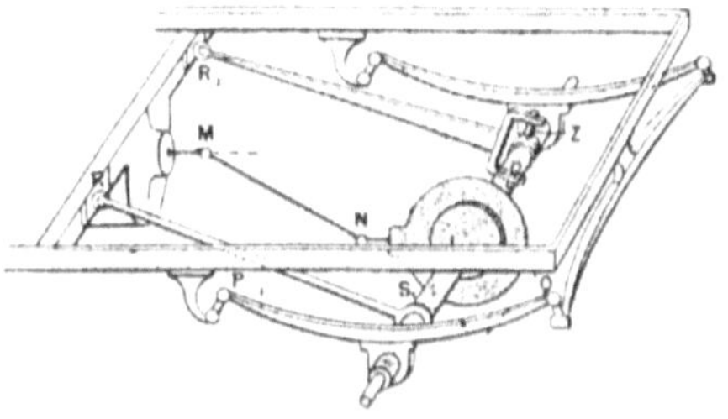

Fig. 62. – Vue en perspective de la transmission précédente.

Cette transmission est irréprochable au point de vue mécanique ; elle est robuste également, mais on lui reproche sa trop grande complication. Elle ne souffre pas une exécution médiocre.

Au Salon de 1908, il y avait 11 châssis dissidents, en 1910 six seulement. La leçon avait porté. Et ces transmissions pêchaient toutes, sans exception, par une trop grande complication, par un excès de liaisons. C'étaient des transmissions B-C-Z, A-B-1, C-2-4, avec un organe de trop, gênant le fonctionnement des deux autres. Un constructeur avait même composé une combinaison A-C-1-2-4, avec trois organes en trop !

Il poussait avec le carter et, en plus, avec des bielles ; pour la réaction, il y avait les ressorts (patin calé) une jambe de force et le cardan lui-même. Comme le remarque M. Ravigneaux :

> « dans une pareille transmission, la suspension, d'abord détestable, se bonifie peu à peu quand tous les organes qui font double emploi ont pris le jeu voulu pour ne plus servir à peine ; mais alors c'est la ferraille ».

Je cite cet exemple pour montrer combien l'acheteur doit être prudent dans son choix et combien il est utile pour lui d'avoir quelques notions techniques,

Cependant, comme je viens de parler des combinaisons où deux organes remplissent la même fonction, je dois ajouter que toutes ces réalisations ne sont pas absolument à rejeter. M. Ravigneaux en admet deux : C-2-3 et B-2-4. Dans la première, les ressorts travaillent en même temps que les bielles pour résister au couple. Le ressort se trouve légèrement bridé, lorsque l'ensemble de l'essieu se déplace, mais avec des ressorts, longs et à petite flèche, l'effet est négligeable.

Dans B-2-4, le constructeur cale le patin sur l'essieu et monte la jambe de force à chandelle, ce qui permet de faibles déplacements à l'extrémité de la jambe de force. À vrai dire, ces ressorts figurent souvent

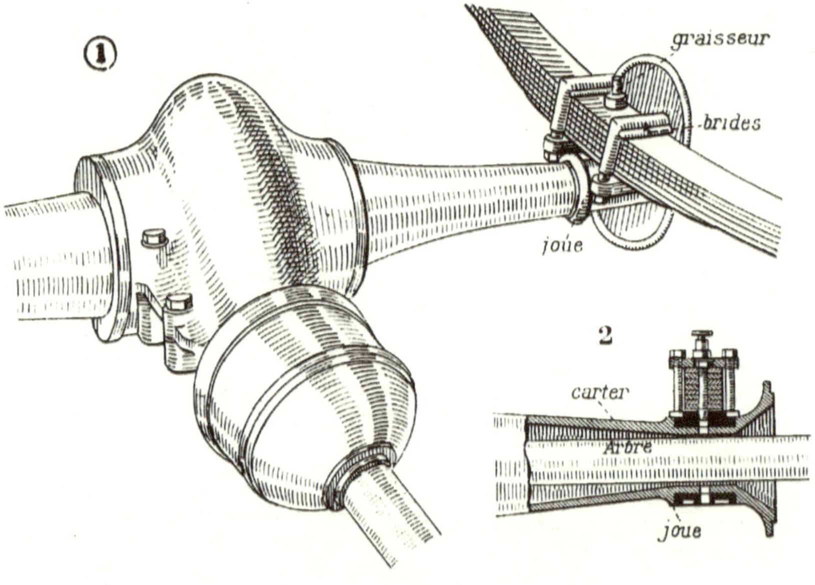

Fig. 63. – Un patin libre sur le carter du pont.

En (2) une coupe suivant le plan vertical passant par l'axe de l'essieu.

aussi dans la transmission B-4 classique, mais ils ne sont pas nécessaires et servent à adoucir les à-coups provenant de l'embrayage et du freinage.

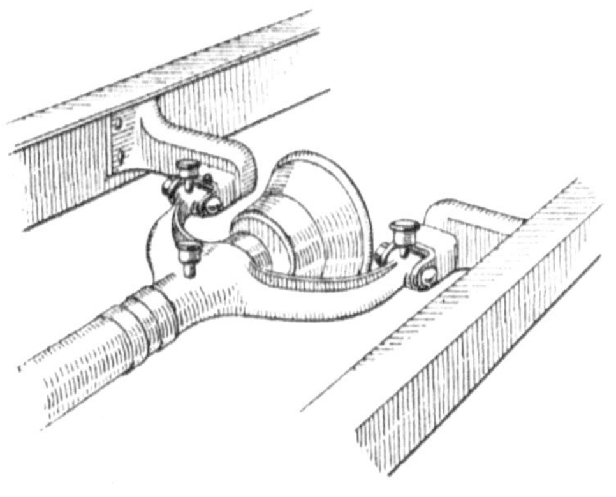

Fig. 64. — La fourche terminant le carter en T dans une transmission A — 1.

Cette fourche est articulée sur une traverse du châssis, derrière la boîte de vitesses.

Pourtant, si ces solutions sont admissibles, les solutions simples auront toujours la préférence du public français. N'oublions pas que la Peugeot victorieuse du Grand Prix de 1912 avait une transmission du type B-2, c'est-à-dire la plus simple possible. Or, une course met une transmission à une rude épreuve avec les démarrages rapides et les coups de freins brusques.

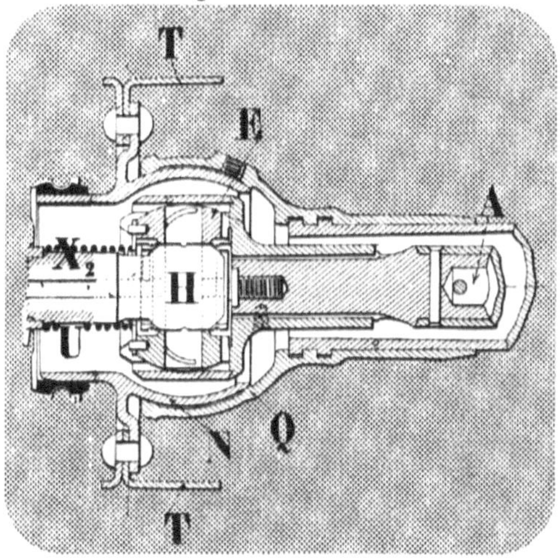

Fig. 65. — Montage par rotule d'un carter en T (transmission A — 1 ou B — 1).

L'essieu peut osciller autour de cette rotule.

A, arbre à cardan. — a, rotule portée par le carter en T. — N, rotule fixée à la traverse T du châssis. — E, dé de cardan. — X„ arbre venant de la boîte de vitesses. —U, ressort à boudin.

Cet assemblage par rotule est celui qui est employé sur la 15 HP sans soupapes Panhard-Levassor.

Remarque. — Les transmissions à quatre joints de cardan, avec arbres transversaux de de Dion-Bouton, de Bazelaire font partie de la classe B-3.

Bielle, jambes de force, carters

La fig. 69 représente l'arrière-train d'une voiture comportant des bielles de poussée et une jambe de force résistant au couple. La fig. 68 montre une jambe de force et sa chandelle à ressort. Cette fourche est articulée sur une traverse du châssis, derrière la boîte de vitesses.

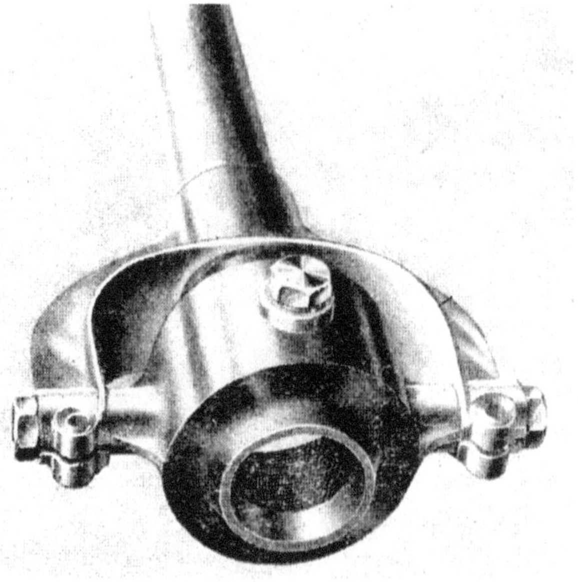

Fig. 66. Fourche du carter en T de la Arrol-Johnston 8-9 HP.

Dans certaines transmissions, comme C-l et C-2, par exemple, il est utile de monter les bielles à rotule, c'est-à-dire de les terminer par deux articulations sphériques, pour leur éviter de subir des torsions et afin qu'elles ne travaillent qu'à la tension ou compression.

De même, pour éviter aux ressorts la torsion qu'ils subissent lorsqu'une seule des deux roues se déplace verticalement (monte sur un obstacle) beaucoup de constructeurs montent les patins à rotules.

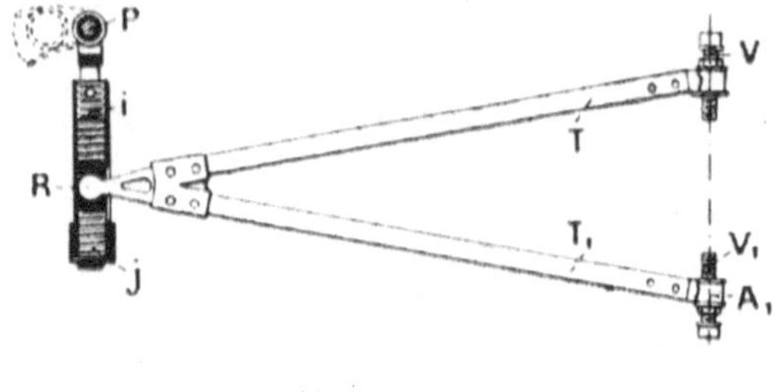

Fig. 67. — Détail d'une jambe de force

T, T_1, tubes d'acier. — R, rotule. — A, A_1, articulations traversées par les V, V_1, qui se montent sur le carter du pont arrière. — i, j, ressorts de la chandelle. — P, articulation de la chandelle sur une traverse du châssis.

Pour la jambe de force, il est utile (dans B-4 par exemple) de la monter de façon qu'elle puisse osciller autour d'un axe vertical solidaire du carter (du pont) ou que son extrémité avant puisse se déplacer latéralement.

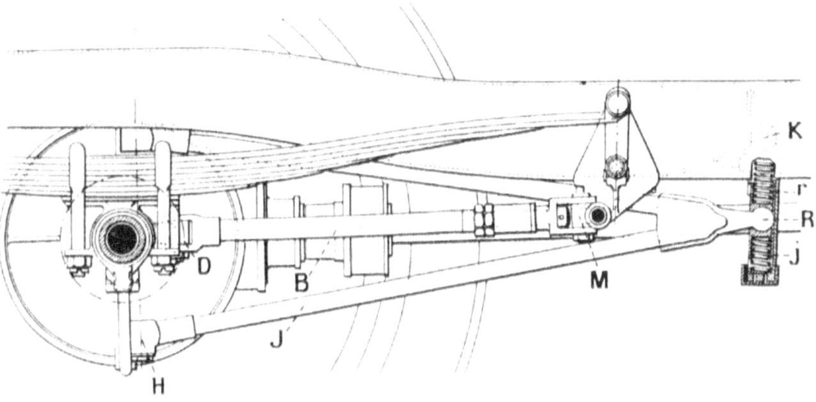

Fig. 68. — Transmission C — 4 avec bielle de poussée et jambe de force.

B, bielle de poussée articulée en D et M. — J, jambe de force montée à l'avant à chandelle et articulée sur un axe vertical en II. — R, rotule de la jambe de force. — r, j, ressorts.

Sinon, il faut qu'elle soit au moins assez élastique pour fléchir. La première de ces solutions est réalisée dans la jambe de force de la transmission Delaunay-Belle- ville (fig. 61).

Dans les transmissions A-l et B-1, où le carter en T ou l'arbre lui-même résistent au couple-moteur, on relie l'extrémité avant du T ou de l'arbre au châssis par une rotule (fig. 65). Quelques constructeurs comme D. F. P., Fiat, Isotta-Fraschini, Pipe, Arrol-Johnston (8-9 HP) finissent le carter par une fourche dans la transmission A-1 (fig. 64). Cette fourche est articulée autour d'un axe horizontal. Elle doit être très robuste pour pouvoir résister à la tendance du joint, dans certains cas, à se mettre de travers. Les articulations doivent être parfaitement graissées.

I - Le différentiel

Lorsqu'une voiture roule dans un virage, les roues intérieures au virage et les roues extérieures décrivent des arcs de cercles de rayons différents. Le chemin que parcourent les roues extérieures est plus grand que le chemin que parcourent les roues intérieures dans le même temps. Il faut donc que les premières tournent plus vite que les secondes, sinon elles riperaient sur le sol et useraient trop rapidement les bandages.

Grâce au différentiel — que nous devons à Passemant ou à Pecqueur — nous pouvons couper notre essieu arrière en deux et répartir l'effort moteur entre ces deux arbres isolés, commandant chacun une roue motrice, de telle façon que la somme algébrique de leurs vitesses angulaires soit toujours égale au double de la vitesse angulaire de l'appareil sur lequel agit l'effort moteur.

En d'autres termes, la somme algébrique des vitesses angulaires des deux roues motrices sera toujours égale à deux fois la vitesse angulaire de la couronne réceptrice de l'effort moteur (couronne du différentiel). Par exemple, si la couronne du différentiel tourne à vingt tours à la minute, l'une des roues pourra tourner à 15 tours à la minute, l'autre à 25, ou l'une à 8 tours, l'autre à 32, etc. ; la demie-somme de 15 + 25 ou 8 + 32 sera toujours 20.

Pour faire comprendre le fonctionnement d'un mécanisme différentiel, nous allons prendre un exemple très simple. Entre deux règles plates A et B, de même longueur *l*, plaçons un petit cylindre, un sou par exemple, comme dans la figurine I de la fig. 69, de façon que l'extrémité *n* de la règle A se trouve juste au droit de l'extrémité *p* de la règle B.

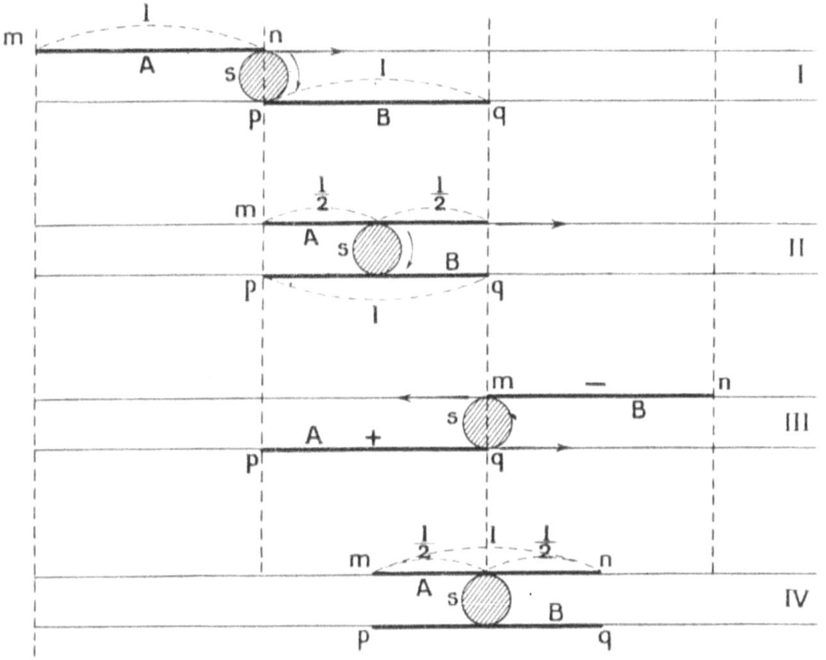

Fig. 69. - Explication d'un mouvement différentiel.

A et B sont deux règles plates. — S, un petit cylindre (satellite).

Supposons nos deux règles et le satellite dans la position I, faisons avancer la règle A dans le sens de la flèche.

Lorsqu'elle se trouvera exactement au-dessus de la règle B, position II, elle aura avancé d'une longueur 1 (sa longueur) et le satellite de ½. Faisons-les avancer encore de la longueur l (position III), le satellite aura encore avancé de ½, c'est-à-dire qu'en tout la règle ayant avancé de 2 1, le satellite a avancé de 1, toujours la moitié.

Faisons maintenant revenir la règle A de ½, et faisons avancer la règle B de ½ également (position IV). Le satellite ne bougera pas de place, mais il tourne sur lui-même, car dans ce cas, la somme géométrique des mouvements des deux règles est nulle (+½ - ½ = 0).

C'est tout le principe d'un mouvement différentiel.

Au moyen de la règle A, faisons rouler sans glissement le cylindre S (le sou, que nous appellerons tout à l'heure le satellite) dans le sens de la flèche. Arrivés dans les fonctions de la figurine II, arrêtons-nous et mesurons le chemin parcouru par *s* et par la règle A. La règle A a parcouru le chemin 1, le sou le chemin ½.

Le même résultat aurait été obtenu si nous avions, comme dans la figurine III, déplacé la règle B au lieu de la règle A. Il sera facile encore de voir que si nous déplaçons simultanément en sens inverse de la même quantité les deux règles, le sou ne changera pas de position ; que si nous déplaçons les deux règles en sens inverse, mais de quantités inégales, l'une de 1 et l'autre de ½, le sou se sera déplacé de (1+½) / 2 = ¾ 1 dans le sens du plus grand déplacement. Tout cela peut se traduire de la façon suivante : ***le sou (ou satellite) se déplace de la moitié du déplacement relatif des deux règles, et dans le même sens.***

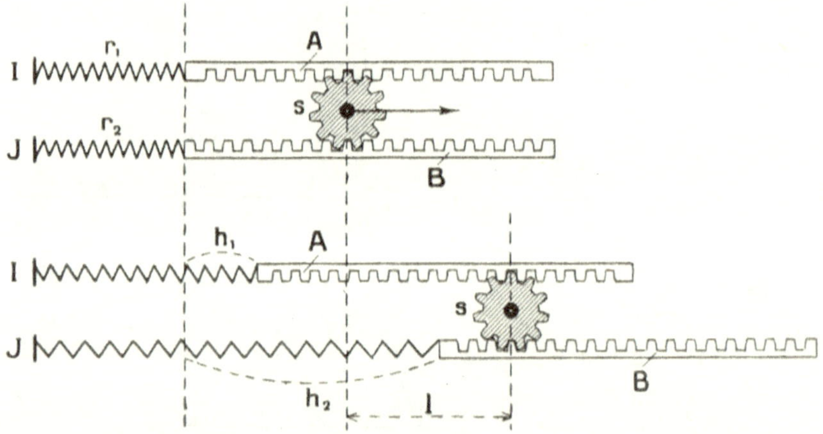

Fig. 70.

Si on garnit les deux règles et le satellite de dents convenables, et que l'on oppose à l'avancement des règles une résistance plus ou moins grande, on constate, qu'en entraînant le satellite cette fois par son axe sur lequel il tourne fou, que :

1° Si les deux ressorts opposent à chaque instant une résistance égale, l'ensemble forme bloc et est entraîné avec le satellite.

2° Si les résistances sont inégales, par exemple si r1 est plus grand que r_2, la règle A n'avance que de h_1 par exemple, la règle B de h_2, et de telle façon que $(h_1 + h_2) / 2 = l$, déplacement du satellite. Le satellite aura tourné sur lui-même.

Munissons maintenant notre cylindre — que nous appellerons désormais satellite — de dents, de même que les deux règles (fig. 71). Attachons les deux règles par une de leurs extrémités par l'intermédiaire d'un ressort à boudin à un point fixe, I, J. Entraînons le satellite par son axe sur lequel il tourne fou, dans le sens de la flèche, *f.* Nous constaterons que si la résistance des deux ressorts est à chaque instant la même, l'ensemble formera bloc et sera entraîné par le satellite. Au contraire, donnons maintenant à l'un des ressorts, au ressort *r*, par exemple, une résistance plus grande qu'à l'autre ressort.

En entraînant le satellite par l'axe, nous constaterons que l'ensemble ne formera plus bloc : le déplacement h_1, de la crémaillère A sera plus petit que le déplacement *l* de l'axe du satellite, tandis que le déplacement *h*, de la crémaillère B sera plus grand. Le satellite a tourné sur son axe pendant le déplacement et roulé sur les deux crémaillères, faisant avancer l'une et reculer l'autre.

Si nous mesurons h_1, h_2 et *l*, nous constaterons que nous avons toujours — quelle que soit la différence de résistance des deux ressorts $(h_1 + h_2) / 2 = l$.

Si nous immobilisons l'une des crémaillères, c'est-à-dire si nous faisons $h_1 = 0$ par exemple, l'autre crémaillère s'animera deux fois plus vite que l'axe du satellite, car on a alors $h_2 / 2 = l$ ou $h2 = 2\ l$). Comme ce déplacement se fait dans des temps égaux (et que la vitesse est le quotient de l'espace par le temps) on peut ainsi écrire $(v_1 + v_2) / 2 = v$ en appelant v, la vitesse de la crémaillère A, v_2 celle de la crémaillère B et v la vitesse du satellite.

C'est là tout le principe du différentiel.

Courbons nos deux règles en forme de circonférences fermées, nous avons la figurine 1 de la fig. 71. Courbons une crémaillère — ou plutôt, remplaçons nos crémaillères et le cylindre par des figures côniques, et nous avons la figurine 2, c'est-à-dire un véritable différentiel, dans lequel, seulement pour la symétrie, on a mis deux satellites au lieu d'un seul.

Ce que nous avons dit de notre mécanisme de démonstration reste vrai pour le différentiel. La résistance des ressorts représente la résistance au roulement de deux roues. La main qui entraîne l'axe du satellite, c'est l'effort moteur agissant sur la couronne du différentiel.

Sur le cadre C — appelé aussi *cage* ou *boîte du différentiel*, est boulonnée la grande couronne réceptrice — la couronne du différentiel. L'ensemble tourne autour de l'axe x y, E et F sont les deux arbres de commande des roues.

Pratiquement, un différentiel comporte presque toujours quatre satellites qui sont alors montés fous sur un croisillon.

Quelques constructeurs emploient des différentiels à engrenages droits, moins coûteux à établir en grandes séries que le différentiel à pignons coniques, mais ne présentant d'ailleurs aucun avantage sur ces derniers.

La boîte du différentiel porte alors les axes des satellites s, s_4, r, r_1, qui sont disposés par paires comme on le voit fig. 72 de façon que ces deux satellites engrènent ensemble et ces deux satellites à denture droite jouent le même rôle qu'un satellite à denture conique ; pour cela, les satellites r et r1 engrènent avec la roue dentée A, tandis que les satellites s et s1 engrènent avec B.

Le fonctionnement s'explique comme précédemment.

Les roues A et B d'un différentiel ne doivent être ni trop petites ni trop grandes. Si elles sont trop petites, elles s'usent trop vite et, en outre, le différentiel devient d'une sensibilité exagérée, la moindre résistance

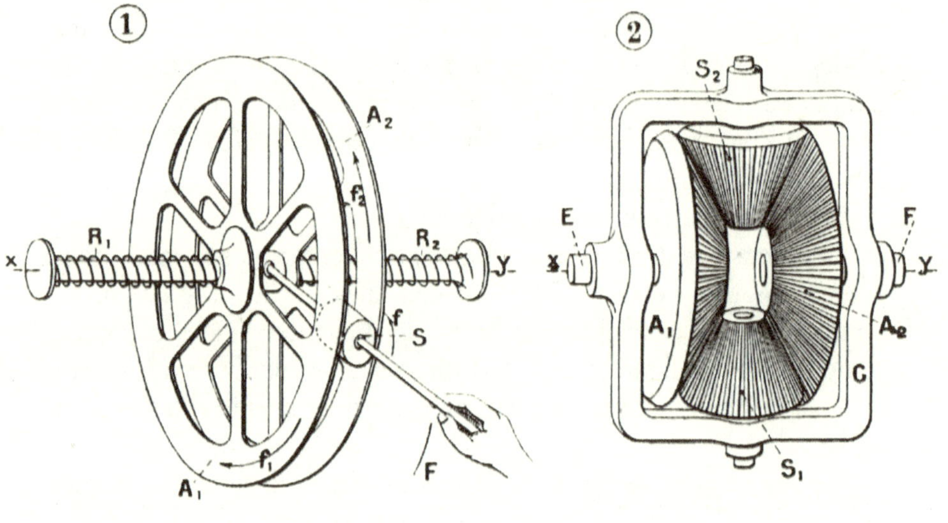

Fig. 71.

La figurine 1 représente, comme précédemment, un appareil à mouvement différentiel. Les règles plates A et B ont été courbées en forme de circonférence et sont devenues les roues planétaires A_1 et A_2. Ces deux roues tournent folles autour de l'axe x y. Le satellite S également tourne fou autour de son axe.

Si on entraîne la roue A_1 dans le sens de la flèche f1 en maintenant le satellite dans sa position, la roue B, tournera dans le sens de la flèche f_2, et le satellite tournera autour de son propre axe suivant la flèche f.

Si nous entraînons le satellite par son axe, si les deux roues éprouvent la même résistance, l'ensemble formera bloc et sera entraîné à la vitesse de l'axe du satellite. Si l'une des roues est bloquée, l'autre avancera à la vitesse double de l'axe du satellite.

Dans la figure 2, les roues planétaires A, et A, ont été remplacées par les roues coniques A_1 et A_2 solidaires respectivement des arbres E et F (arbres d'entraînement des roues motrices).

S_1 et S_2 sont deux satellites dont les arbres tournent également fous dans les tourillons de la cage C.

Sur la cage C est montée la roue du différentiel qui reçoit l'effort moteur. La cage C remplace l'axe du satellite de la figurine 1.

sur l'une des roues tendant à faire déraper la voiture. Si elles sont trop grandes, le différentiel devient trop paresseux et le pont arrière devient trop lourd. Cependant, mieux vaut encore un différentiel légèrement paresseux, la voiture est alors plus facile à conduire.

J'ai dit, plus haut, que le différentiel pouvait être la cause du dérapage d'une voiture, même d'un tête-à-queue complet. Cela demande à être expliqué. Nous avons vu plus haut que, grâce au différentiel, si dans un virage une des roues ralentit, l'autre au contraire accélère son allure, et la somme de leur vitesse angulaire reste toujours égale à deux fois la vitesse angulaire de la couronne du différentiel. Nous avons vu aussi que si l'une des roues se trouvait complètement immobilisée, l'autre continuait à tourner dans le même sens que la couronne du différentiel, mais à une vitesse double.

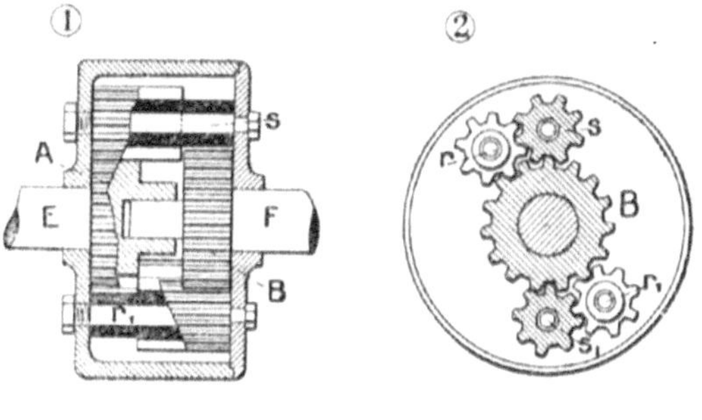

Fig. 72. — Différentiel à satellites droits.

F et F sont les arbres moteurs comme précédemment. — A et B sont les deux roues planétaires. — s et s_1 sont deux satellites engrenant avec la roue planétaire B, — r et r_1 sont deux satellites engrenant avec la roue planétaire A. — r et s, r_1 et s_1 engrènent de plus entre eux comme le montre la figurine 2.

Cela arrivera si les freins sur les roues arrière sont très mal réglés, que l'un bloque la roue et l'autre ne serre pas. La voiture alors tournera autour de la roue immobilisée et fera un tête-à-queue complet. Ce cas est très rare, heureusement, le palonnier répartissant l'effort de freinage assez également entre les deux roues.

Mais voici un cas plus fréquent. Supposons que l'on freine brusquement sur le différentiel, c'est-à-dire que l'on immobilise la couronne du différentiel. Si la résistance au roulement des deux roues est exactement la même, la voiture s'arrêtera sans déraper. Mais quatre-vingt-dix-neuf fois sur cent, ce ne sera pas le cas.

L'adhérence des deux roues au sol n'est presque jamais la même, soit par suite de la répartition des poids dans la carrosserie, soit par suite de la pression différente dans les pneumatiques, soit par suite de l'état de la route. La roue gauche, par exemple, pourra se trouver brusquement délestée au moment du coup de frein, et rouler sur un sol glissant, tandis que la roue droite roulera sur un sol sec et de bonne adhérence.

Qu'arrivera-t-il alors ? La roue droite continuera à tourner dans le sens de la marche, tandis que la roue gauche tournera dans le sens inverse, à la même vitesse, car la somme algébrique de leur vitesse angulaire doit être égale à la double vitesse angulaire de la couronne du différentiel, c'est-à-dire être nulle dans le cas que nous envisageons.

Il arrivera alors, comme le centre de gravité de la voiture n'est pas placé dans le plan de la roue adhérente, que la voiture tendra à tourner vers la gauche, et ce mouvement, une fois commencé, continuera si aucun obstacle ne l'arrête, jusqu'à tête-à-queue complet.

II - Le pont arrière

Détails de montage du pont arrière

Pour illustrer ce que nous avons à dire du montage d'un pont arrière, nous allons prendre tout de suite un exemple : le pont arrière d'une six-cylindres Charron 1912, qui nous montrera, à tous les points de vue, une excellente réalisation (fig. 73).

L'arbre à cardan A C (un seul cardan, à la sortie de la boîte des vitesses, solution C — 1, c'est-à-dire poussée par une jambe de force j et réaction pour l'arbre à cardan) porte le pignon d'attaque P qui engrène avec la couronne D du différentiel. Le pignon P est soutenu par deux roulements à billes r_1 et r_2. Quelques constructeurs, par raison d'économie, suppriment le roulement en bout d'arbre r_2. C'est une économie que le possesseur de la voiture paye cher, car les dents des engrenages P et D cherchent continuellement à se mettre hors de prise. Si l'arbre est insuffisamment soutenu, les pignons vibrent, font du bruit et les dents s'usent très rapidement. Il est certain qu'il est assez difficile de loger en cet endroit un roulement à billes de bonne dimension, la place manquant souvent. De plus, cela complique le carter. Mais ce sont là des inconvénients qui ne regardent que le constructeur.

Des butées *bu* reçoivent les poussées dues aux pignons d'angle et qui s'exercent dans le sens des flèches. Ces butées sont réglables grâce à des bagues de réglage que l'on immobilise par de petites vis *v*.

Le carter du pont C, et la boîte du différentiel sont en général en acier coulé ; quelques constructeurs font maintenant, comme nous le verrons plus loin, des ponts en acier embouti ou même en acier forgé.

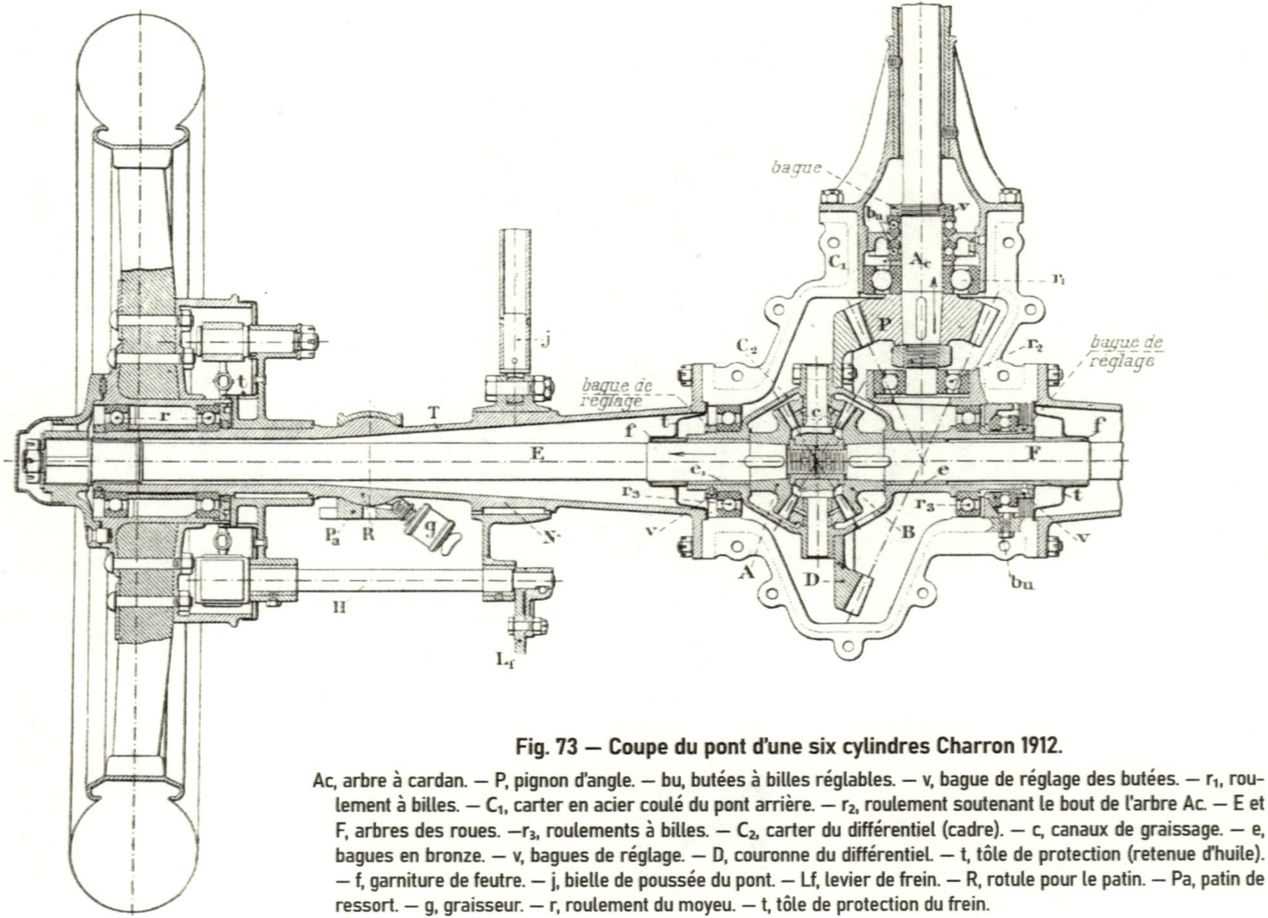

Fig. 73 — Coupe du pont d'une six cylindres Charron 1912.

Ac, arbre à cardan. — P, pignon d'angle. — bu, butées à billes réglables. — v, bague de réglage des butées. — r_1, roulement à billes. — C_1, carter en acier coulé du pont arrière. — r_2, roulement soutenant le bout de l'arbre Ac. — E et F, arbres des roues. —r_3, roulements à billes. — C_2, carter du différentiel (cadre). — c, canaux de graissage. — e, bagues en bronze. — v, bagues de réglage. — D, couronne du différentiel. — t, tôle de protection (retenue d'huile). — f, garniture de feutre. — j, bielle de poussée du pont. — Lf, levier de frein. — R, rotule pour le patin. — Pa, patin de ressort. — g, graisseur. — r, roulement du moyeu. — t, tôle de protection du frein.

Les deux arbres E et F roulent dans la boîte du différentiel sur des coussinets en bronze phosphoreux *e e* ; la boîte du différentiel elle-même est soutenue dans le carter C, par deux roulements à billes r3.

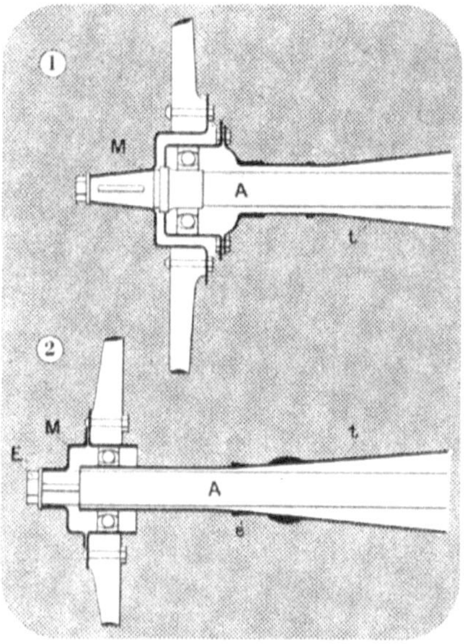

Fig. 74. — Schémas d'entraînement des roues.

1), entraînement par cône et clavette. — A, arbre. — M, moyeu. — t, tube du pont. — 2), entraînement par carré. — A, arbre. — M, moyeu. — t, tube. — E, écrou.

Le carter C1 est naturellement abondamment lubrifié avec de la graisse consistante et de l'huile ; pour éviter qu'un excès de lubrifiant s'échappe du côté des roues, le constructeur a prévu des tôles *t* qui serrent contre les arbres des bagues de feutre *f.* D'autres constructeurs remplacent ce dispositif par des boîtes à bourrage ; ce sont des bagues en acier évidées intérieurement et enserrant une rondelle de feutre (comme on voit sur la fig. 75).

Les tubes T, en acier forgé et évidé, sont solidement boulonnés sur le carter du pont. Ils portent un palier N sur lequel est clavetée une pièce portant d'un côté les oreilles pour l'attache de la jambe de force j et de l'autre côté une douille guidant l'axe de commande H du frein ; ensuite la rotule O du patin de ressort Pa, enfin une pièce A portant les douilles d1 et d2 servant à porter respectivement l'axe du point fixe et l'axe de la came du frein. Le bout du tube porte les deux roulements à billes R du moyeu M, entretoisés par la bague *e.* L'extrémité du tube est filetée et sur ce filetage est vissée la bague ba qui immobilisera le chemin intérieur des roulements. (L'un au moins des deux chemins de roulement extérieur doit avoir du jeu dans le sens latéral.)

Les arbres E et F qui doivent pouvoir tourner sans frottement dans ces tubes, portent à leurs extrémités des carrés et un filetage pour un écrou de sûreté (Voir fig. 73).

Sur le carré est montée une pièce U en acier, qui est rendue solidaire du moyeu par des vis de fixation. C'est par cette pièce U que l'arbre

Fig. 75. — Pont arrière de la 12 chevaux Vermorel.

C, pignon d'angle d'attaque. — L, couronne du différentiel réceptrice. — D, différentiel à pignons coniques. — bu, butées (toutes réglables). — bo, boîtes à bourrages. — T, arbre en acier du pont. — P, patin libre. — A, arbre de transmission de la roue. — R, roulements à billes du moyeu. — ba, bague de serrage pour le roulement. — bo, boîte à bourrage. — M, moyeu de la roue. — G, griffe d'entraînement.

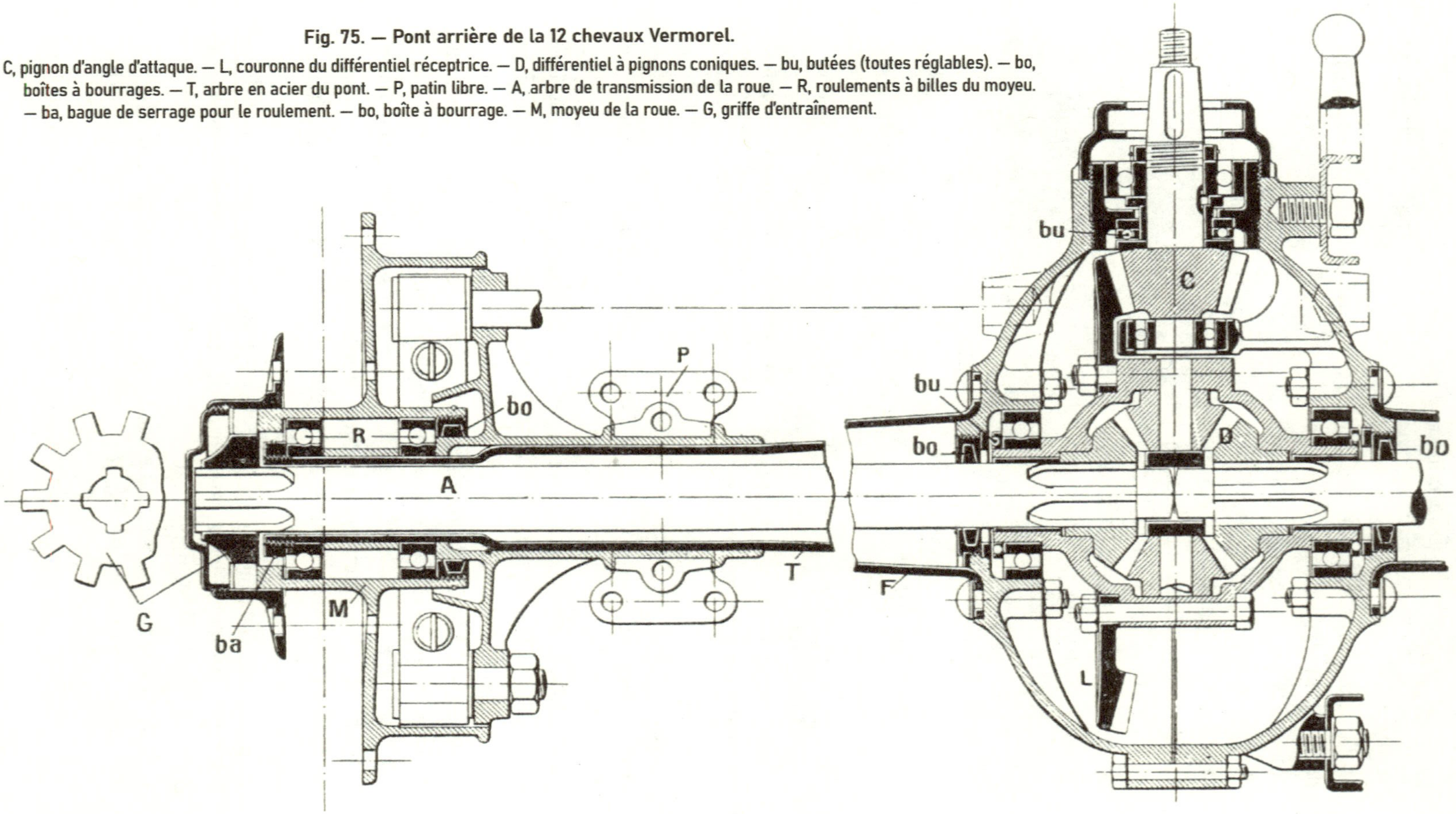

entraîne le moyeu, et par suite la roue. Dans quelques voitures, l'entraînement se fait par cône et clavette, mais ces ajustements sont difficiles à réaliser, surtout pour la partie femelle et, comme le remarque M. Rutishauser, on obtient avec peine des pièces interchangeables.

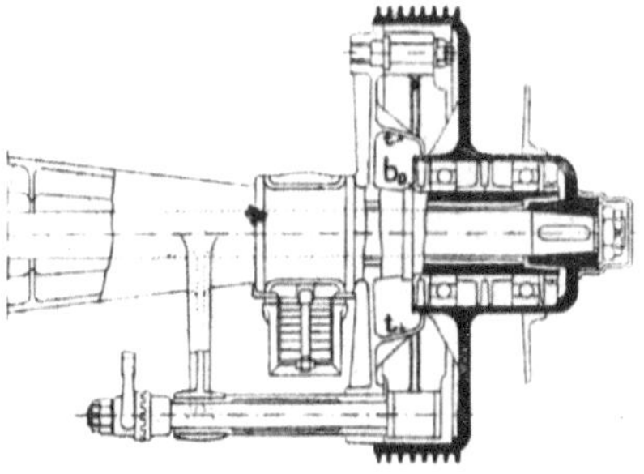

Fig. 76. — Coupe du moyeu S. A. V. A.
La protection des freins est assurée par le tablier de fonte t, et la boîte à bourrage ba ; entraînement par cône et clavette.

Dans quelques voitures aussi, les roulements à billes, au lieu d'être extérieurs au tube, sont à l'intérieur du tube, ou plutôt à l'intérieur d'un tambour boulonné sur le tube. L'arbre repose alors directement sur le roulement et non plus par l'intermédiaire du moyeu. Ces divers montages sont schématisés dans les figurines 1 et 2 de la fig. 74.

Dans de petites voitures légères, on peut monter les roues en porte-à-faux comme dans la 12 chevaux Panhard-Levassor, ce qui donne un moyeu plus simple et un ensemble plus léger. Dans de petites voitures légères, on peut monter les roues en porte-à-faux comme dans la 12 chevaux Panhard-Levassor, ce qui donne un moyeu plus simple et un ensemble plus léger.

Mais il faut alors soigner particulièrement le montage et prendre les précautions minutieuses que prend la maison P.-L. pour empêcher l'écoulement du lubrifiant et pour protéger les freins.

Dans la fig. 73, ce sont une boîte à bourrage b_0 et une tôle *t* qui empêchent l'huile d'arriver aux freins. Dans la fig. 76, c'est également une boîte à bourrage et une sorte de tambour *t* venu de fonte avec la pièce qui supporte les axes du frein. Même protection dans la voiture Vermorel (fig. 75).

Dans la fig. 77 c'est l'embouti *y* qui recueille l'huile que la boîte à bourrage x_1 ne retient pas, et cette huile peut s'écouler à l'extérieur par le trou y_1.

Dans ce pont arrière, nous avons quelques points intéressants à signaler. La couronne du différentiel D étant très grande, l'effort considérable exercé sur les dents en prise la font reculer et la couronne se couche légèrement. Il y a bien une butée J_1 de dimension respectable.

Mais cette butée n'est pas réglable — comme d'ailleurs aucune des butées de ce pont — et lorsque certains organes, et principalement les bagues en bronze M, et N, ont pris un peu de jeu, il se produit un coincement sur les billes de la butée J1, et on en trouve quelquefois de cassées ; pour remédier à ce défaut, le constructeur a prévu une butée J formée par une petite pastille en acier trempé qui vient soutenir la denture D juste sous les dents en prise.

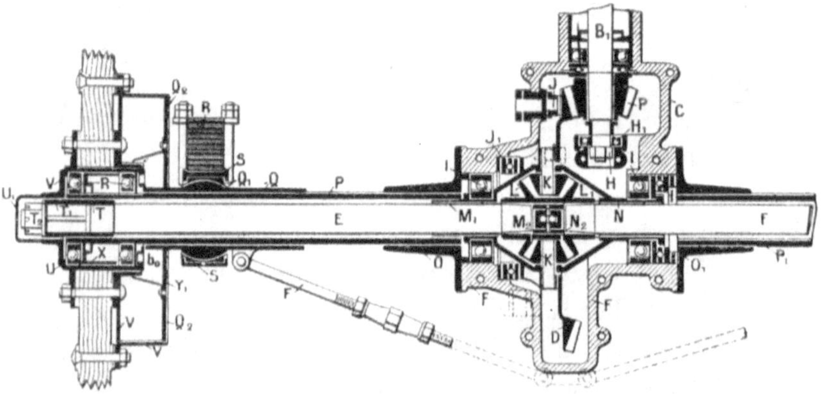

Fig. 77. — Coupe d'un pont arrière.

E et F, arbres d'entraînement. — B1, arbre à cardan. — P, pignon d'angle. — D, couronne du différentiel. — H_1, roulement soutenant le bout de l'arbre P. — H, écrou du bout d'arbre. — I, I_1, roulement supportant la coquille du différentiel dans le carter du pont. — C, carter du pont. — J_1, butée recevant la poussée du pignon d'angle. — J, galet soutenant la couronne du différentiel. — L, L_1, couronne planétaire du différentiel. — K, K, satellites (quatre). — M, N, douilles en bronze. — M_2, N_2, galets à billes annulant la poussée des arbres. — P, tubes sertis à la presse dans les tubes O. — A, tubes sertis sur le tube P. — A_1, rotule pour le patin. — S, patin de ressort. — R, ressort (coupe). — A_2, tôle de protection du frein. — Y_2, trou pour l'écoulement de l'huile. — bo, boîte à bourrage. — V, (d'une seule pièce avec U et T) moyeu d'entraînement. — T_1, partie carrée du moyeu. — T_2, écrou. — U_1, chapeau de roue.

Le pont est formé par le carter C en acier coulé, des tubes en acier P et P, solidement boulonnés sur le carter à l'aide des pièces o et o, en acier estampé, serties à la presse à l'extrémité des tubes. La rotule du patin ne fait pas partie des tubes, mais d'une pièce Q, également fixée solidement sur le tube.

Le moyeu est compliqué, mais le démontage des roues ne dérange pas les roulements et il n'y a aucun réglage de longueur à faire au moment du montage ; le cône T peut toujours être bloqué à fond et les mouvements latéraux des arbres E et F ne peuvent en rien influencer les portées à billes, car les roulements reposent sur une partie cylindrique du tube sans épaulement.

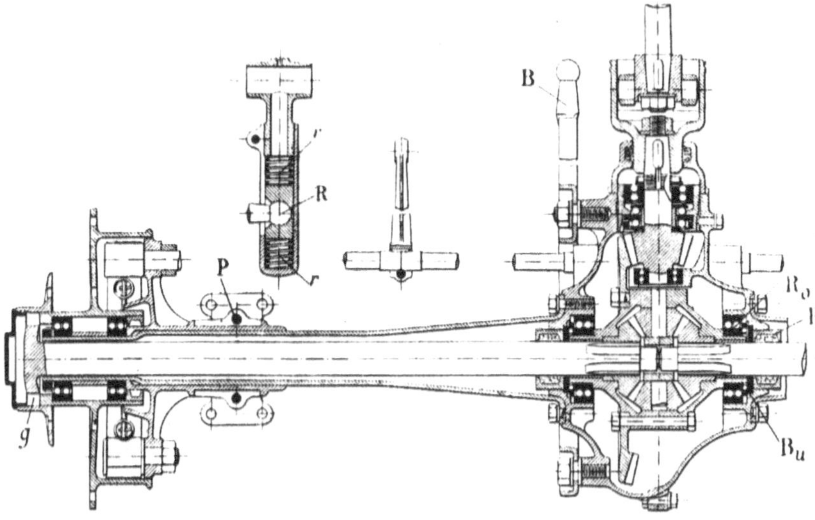

Fig. 78. — Le pont arrière Barré.

Ro, roulements doubles. — Bu, butée à billes. — E, boîte à bourrages. — B, jambe de force. — P, patin libre. — g, griffe d'entraînement. — r, rotule. — r, ressorts compensateurs.

Dans les autres ponts que nous montrons, le réglage est plus délicat sans présenter cependant de difficultés réelles. Dans la fig. 73, par exemple, les bagues intérieures étant bloquées, il faut régler la position du moyeu de telle façon que la bague extérieure, non libre, soit bien placée au-dessus de la bague intérieure correspondante.

Ce réglage se fait par l'écrou Z que l'on fixe avec une goupille.

Dans la voiture Vermorel, où les deux bagues extérieures sont libres, ce réglage n'est pas à faire. Cependant, les roulements à billes ne peuvent pas rester en place à cause de la boîte à bourrage bo qui les entraîne.

Dans la voiture S. A. V. A., au contraire, ils peuvent rester en place, il n'y a pas de réglage à faire.

Le chapeau de roue ne sert, en général, qu'à protéger le moyeu contre la boue.

La roue est empêchée de quitter l'essieu par un écrou qui la retient. Chez Vermorel ce sont les roulements à billes seuls qui la retiennent.

Certains constructeurs ont voulu donner du carrossage aux roues motrices, et ils y sont parvenus au prix de quelques complications.

La fig. 81 montre le schéma d'un pont avec carrossage. L'arbre à cardan Ac commande directement le croisillon du différentiel D.

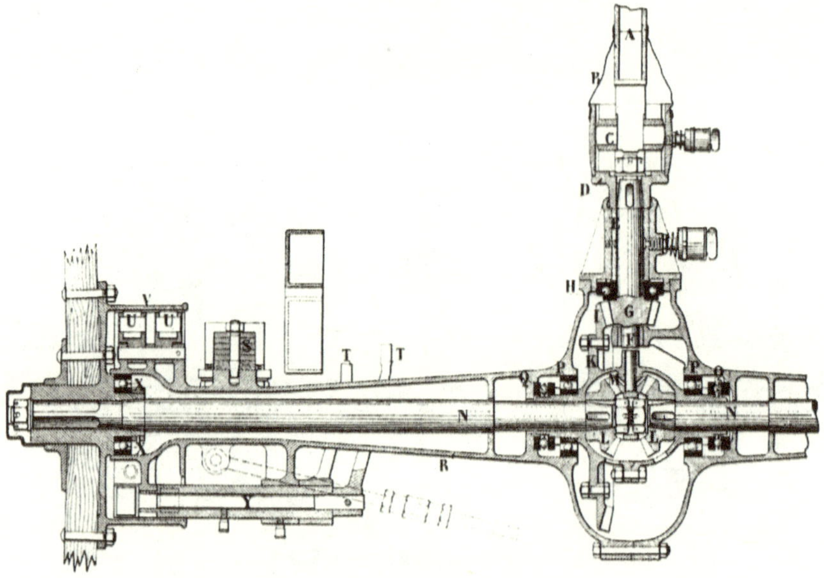

Fig. 79. Le pont arrière et les freins de la 8 HP D. F. P.

A, arbre à cardans. – B. manchon de cuir. – C, croisillon de cardan. D, tête de joint de cardan. – F, petit palier lisse du pignon d'attaque. – E, palier du pignon à queue. – O, pignon d'attaque. – H, butée à billes. – I, couronne d'angles. – K, boîte du différentiel. – L, couronne du différentiel. – M, satellite. – N, arbre d'entraînement des roues AR. – P, roulement à billes. – R, trompette du pont. – S, ressorts. – T, leviers des freins. – U, freins à segments. – Y, tambour de frein. – X, roulement à billes.

A_1 et A_2 sont, comme précédemment, les couronnes planétaires, *s s* les satellites. La couronne A_1 commande, par l'intermédiaire d'un arbre L le pignon S, lequel engrène avec la couronne C_1 solidaire de l'arbre F de commande de la roue arrière droite. L'autre couronne planétaire commande, par un arbre qui est creux pour laisser passer l'arbre *t*, un pignon qui engrène avec la couronne C et commande l'arbre E, par conséquent la roue arrière gauche. On voit que les arbres E et F n'ont pas besoin d'être dans le prolongement l'un de l'autre. Pour la commodité de la figure nous les avons représentés comme s'ils étaient dans un même plan horizontal ; en réalité, bien entendu, ils sont dans un même plan vertical et également inclinés sur l'horizontale de 4° environ.

Bien que ces dispositifs soient très prônés par leurs auteurs, je considère, pour ma part, que c'est bien compliquer une construction pour un petit résultat. Ce qui use les pneus, ce n'est pas tant le fait qu'ils ne reposent pas normalement sur la route, mais bien plus le poids non suspendu que supportent les roues. Or, cette construction, que nous venons de décrire, est forcément plus lourde qu'une construction ordinaire ; de plus, elle est plus délicate et plus coûteuse.

Si on veut absolument du carrossage, mieux vaut alors adopter les cardans transversaux

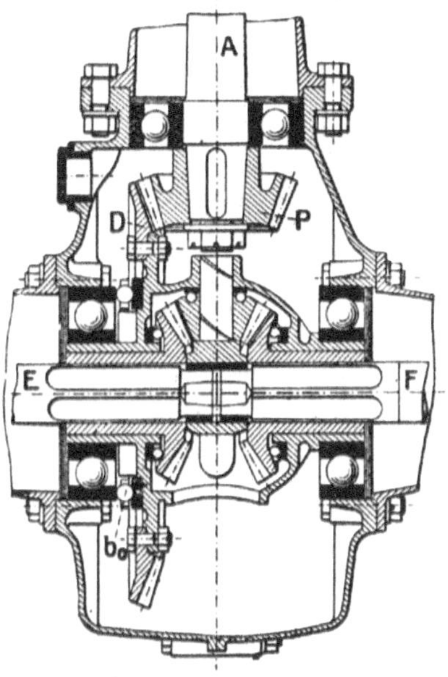

Fig. 80. — Coupe du pont arrière d'une cent-chevaux.

A, arbre à cardan. — P, pignon d'angle. — D, couronne du différentiel. — bo, butée recevant la poussée des engrenages d'angle. — E et F, arbres d'entraînement.

Remarquez le luxe de butées dans le différentiel ; pourtant, la butée bo pousse directement sur le chemin extérieur du grand roulement de gauche. Il y a là un défaut évident.

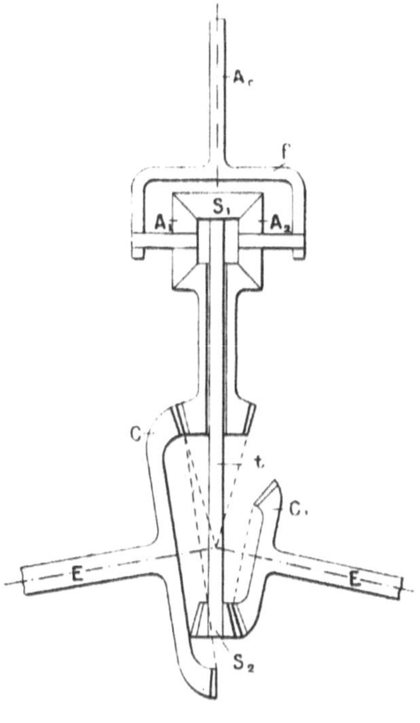

Fig. 81. — Pont arrière à carrossage.

Ac, arbre à cardan se terminant en fourche. — S1 et S2, couronnes planétaires du différentiel. — A1, satellites. — F et E, arbres de transmission aux roues. — C, couronne d'angle solidaire de l'arbre E. — C1, couronne solidaire de l'arbre F. — La couronne S, engrène avec C, au moyen d'un pignon d'angle S2. — L'autre couronne est également solidaire d'un pignon d'angle qui engrène avec la couronne C. — On voit que les deux arbres E et F n'ont pas besoin d'être dans le prolongement l'un de l'autre. — Dans cette figure, pour la facilité de la description, nous avons supposé les arbres inclinés dans le plan horizontal. En réalité, ils sont dans un même plan vertical.

qui les donnent tout naturellement.

Nous en parlerons plus loin.

Le différentiel provoquant très facilement le dérapage, quelques constructeurs ont voulu le remplacer par autre chose. C'est à cette préoccupation que nous devons les dispositifs Godefroy, Hedgeland, Brouhot, etc. En général, les roues sont rendues solidaires par un embrayage quelconque et dans un virage l'une ou l'autre se trouve débrayée et tourne folle.

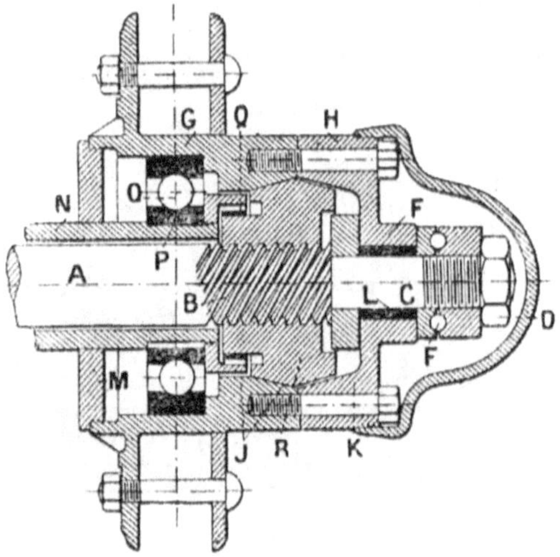

Fig. 82. — Dispositif Hedgeland remplaçant le différentiel (logé dans le moyeu de la roue).

A, extrémité de l'arbre d'entraînement de la roue. — B, filetage de l'extrémité de A. — R, écrou à double cône. — J et K, surface conique solidaire du moyeu. — G et H, deux parties du moyeu. — O, roulements à billes. — F, butée à billes. — N, tube du pont. — L, coussinet en bronze. — C, bout de l'arbre A. — D, écrou.

Le débrayage est obtenu soit automatiquement par la force centrifuge qui agit sur une masse quelconque (la roue ou le châssis), soit obtenu par commande.

Dans le dispositif Godefroy, le débrayage est commandé par la direction au moyen de levier et d'un étiquetage. Cette commande est d'ailleurs complètement indépendante de la volonté du conducteur. Dans l'appareil Hedgeland, ce sont des écrous qui peuvent se déplacer sur des vis à filet carré et qui viennent se serrer contre la partie motrice si la roue offre une certaine résistance, s'en écartant au contraire — et débrayant la roue — dès que la résistance au rendement de celle-ci diminue.

La fig. 82 représente l'appareil Hedgeland placé dans le moyeu même de la roue.

L'extrémité de l'arbre moteur A est fileté (pas très allongé), et munie d'un écrou R ayant extérieurement la forme d'un double cône pouvant porter sur deux surfaces coniques femelles I et K appartenant au moyeu.

Dans la marche avant, l'arbre A tournant dans le sens marche avant, l'écrou viendra se coincer contre le cône J et entraîner le moyeu, par suite la roue motrice. Si on renverse le sens de rotation de cet arbre (marche arrière) ou si on freine son mouvement, ou encore si la roue vient à tourner plus vite que l'arbre (dans une descente, la voiture entraînant le moteur, dans un virage, la roue extérieure au virage) l'écrou va se dévisser et la transmission cessera. Plus la variation de vitesse sera grande, plus l'écrou se dévissera. Dans un renversement de marche, l'écrou viendra se coincer contre le cône K donnant l'entraînement en marche arrière.

Fig. 83. — Pont arrière de la 12 HP Benz, carter en T résistant à la torsion, bielle B transmettant la poussée. Il y a naturellement des jumelles à l'avant des ressorts arrière et les patins sont libres.

Fig. 84. — Ensemble du pont arrière Delaunay-Belleville. J2, bielle de poussée.

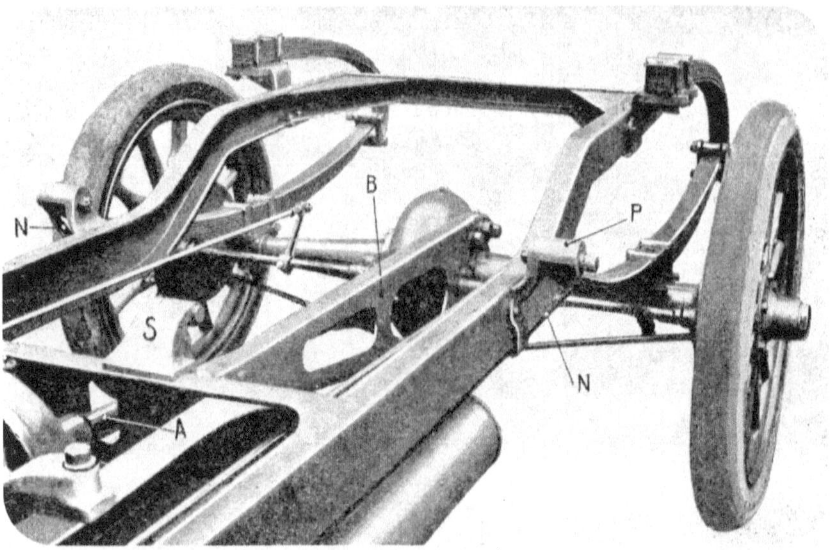

Fig. 85. Le pont arrière et les liaisons de la voiture Le Gui.

A, arbre à cardan. — S, support de la chandelle de la jambe de force. — B, jambe de force en tôle emboutie. — P, articulation du ressort recevant la poussée. — N, nervure consolidant l'axe du ressort. — Transmission. — La transmission comprend deux joints de cardan. La poussée est transmise par les ressorts de suspension, qui sont larges et plats en charge, et la réaction par une jambe de force en acier embouti, boulonnée sur le carter du couple conique et reliée à une traverse du châssis par une chandelle articulée à ressorts amortisseurs.

Le point fixe des ressorts, qui reçoit la poussée, a été particulièrement renforcé. Afin d'éviter toute flexion de l'axe qui passe dans l'œil du ressort, cet axe n'est pas en porte-à-faux, son extrémité libre est au contraire soutenue par une nervure venue d'une seule pièce avec le support.

Le pont est, bien entendu, oscillant. Il est en acier et présente une forme d'égale résistance. Le carter du couple conique s'ouvre suivant un joint horizontal, ce qui permet d'en voir l'intérieur sans rien démonter d'autre.

***

Je n'insiste pas davantage sur ces dispositifs qui ne présentent que peu d'intérêt à l'heure actuelle ; un différentiel bien construit donnant, en effet, au point de vue mécanique, le minimum d'ennuis. S'il rend quelquefois la tenue de la route mauvaise, il ne faut pas exagérer cet inconvénient. Un conducteur prudent peut le réduire à peu de chose, en ralentissant dans les passages difficiles et en ne donnant pas de coups de frein trop brusques. Beaucoup de ponts arrière ont le grave défaut d'être trop lourds et insuffisamment rigides.

Un pont arrière — sans les roues, mais avec les patins et segments de frein — pèse de 80 à 250 kilogs. (Un essieu pour chaînes ne pèse que de 20 à 30 kilogs). Rares sont les ponts pesant moins de 100 kilogs.

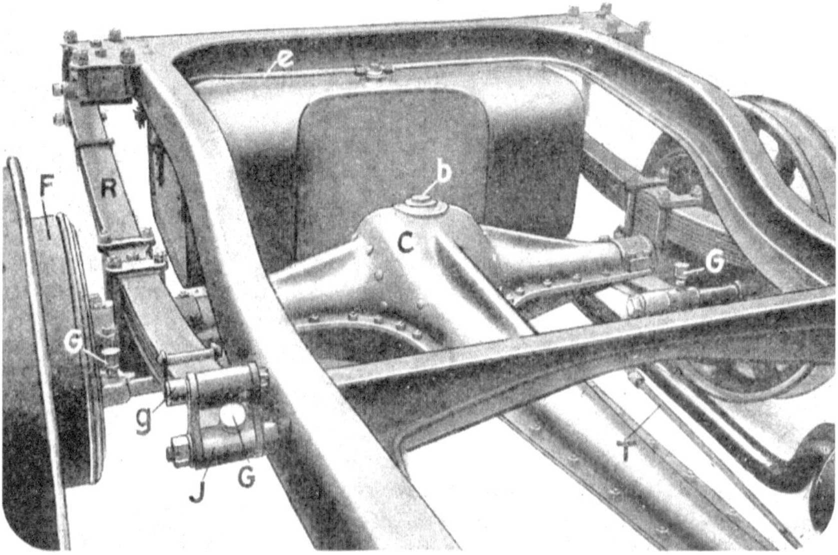

Fig. 86. — Le pont arrière Fiat.

F, tambours de frein. — R, ressorts. — G, graisseurs. — J, jumelles. — g, graisseur des axes de jumelles. — C, carter du différentiel. — b, bouchon de remplissage d'huile. — T, tige de commande du frein de roues.

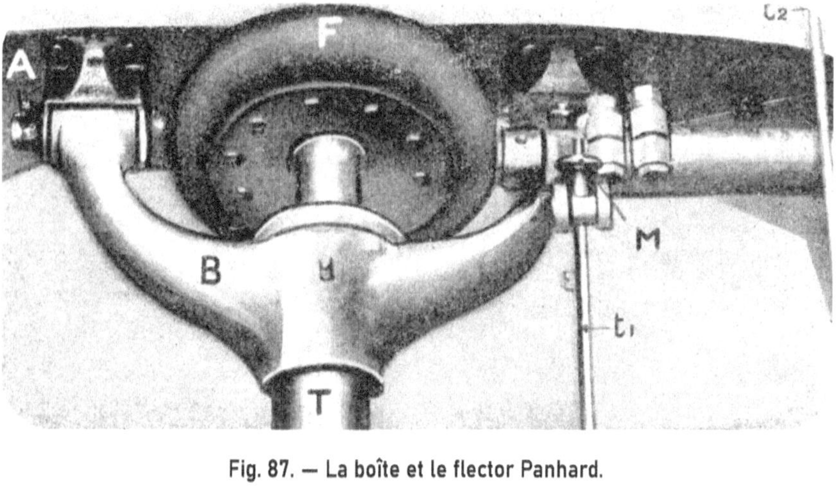

Fig. 87. — La boîte et le flector Panhard.

V, boîte des vitesses. — J, jauge permettant de vérifier le niveau d'huile de la boîte. — t_1, t_2, tiges de freins. — M, N, écrous de réglage des freins. — C, traverse du châssis. — A, chape d'attache. — F, Hector. — B, fourche de poussée. — T, tube de poussée.

Le mouvement est transmis aux roues motrices par un seul joint universel, placé à la sortie de la boîte des vitesses et un pont arrière oscillant. Ce joint, qui est d'un type tout nouveau, a reçu le nom de « flector ».

Fig. 88. — La transmission de la 10 HP Panhard

T, tube de cardan. — P, tube du pont. — G, carter de différentiel. — tambour des freins. — J, bielles de poussée. — R R, rubans de freins.

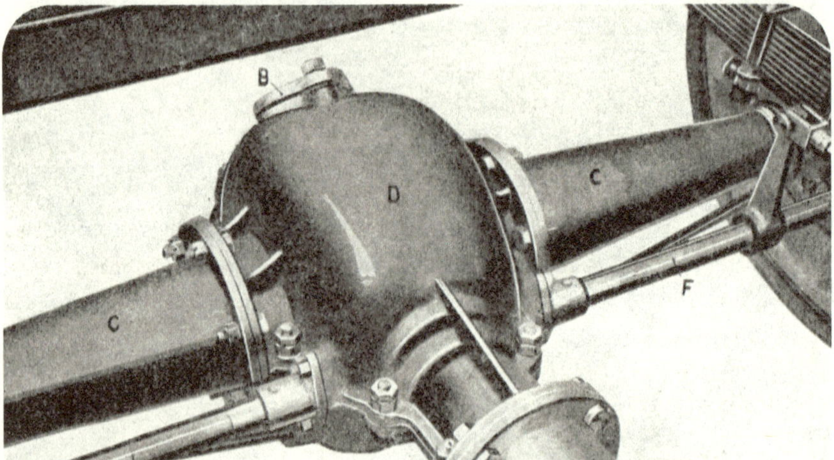

Fig. 89. — Ensemble du pont arrière Gobron.

A, tube fourreau de l'arbre à cardan taisant fonction de jambe de force. — B, bouchon de visite et de graissage. — C, C, canon du pont arrière. — D, carter du différentiel. — F, F, tige dont la rotation commande le fonctionnement des freins sur roues.

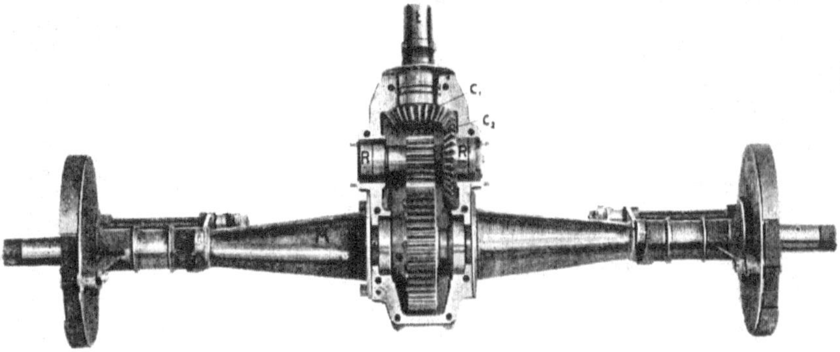

Fig. 90. — Pont à démultiplication de la 10 HP Lion-Peugeot.
C1 et C2, engrenages coniques. — RR, roulements à billes et butées. — M, tubes du pont.

Beaucoup plus nombreux sont les ponts arrière pesant près de 150 kilogs. Enfin, mon expérience me permet d'affirmer qu'il existe des constructeurs — que ne puis-je les nommer — qui n'ont aucun scrupule de vendre des voitures dont le pont pèse à lui seul plus de 200 kilogs.

Or, le pont, c'est une charge non suspendue !

Fig. 91. - Pont arrière Peugeot.
C, carter démontable. - T, tubes en acier.

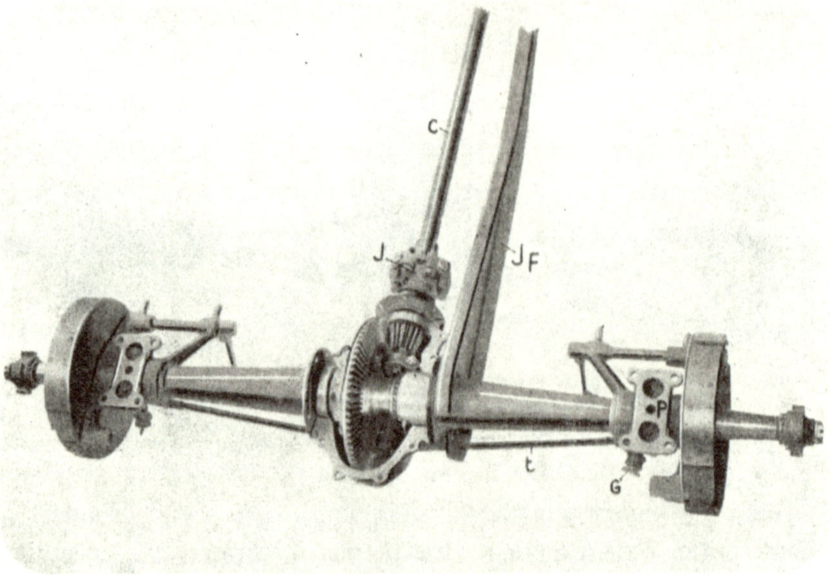

Fig. 92. — Pont arrière F. N.

J, joint de cardan. — C, arbre à cardan. — J F, jambe de force. — t, tendeur. — g, graisseurs.

Fig. 93. — Le pont arrière La Buire

J F, jambe de force triangulaire.

Fig. 94. — Le pont arrière Crespelle

T, tubes du pont. — C, arbre à cardan. — J, joint de cardan coulissant.

Fig. 95. — Le pont arrière Delâge

Fig. 97.

P, patin V. Renault libre sur l'essieu. — g_1, graisseur du moyeu. — g_2, graisseur du patin.,— g_3, graisseur du roulement annulaire. — P, patin libre. — R, ressort suspendu. — A, amortisseur Renault. — r, rotule. — Z, levier de l'amortisseur.

III - La transmission par arbres à cardan transversaux

Nous avons vu que le plus grave reproche que l'on puisse adresser à la transmission par arbre à cardan longitudinale est le suivant : le pont arrière, dans cette transmission, n'est pas suspendu, mais pèse directement sur les roues. Or, ce pont arrière, qui doit être très rigide et très robuste, est forcément très lourd. Cette masse considérable martèle le pneumatique et le roulement à billes à chaque choc de la route. Nous avons déjà vu de quelle influence était sur la durée des pneumatiques le poids des roues. Mais le poids de deux roues avec leurs moyeux n'est en général que la moitié ou le tiers du poids du pont arrière.

On conçoit donc que l'on ait cherché à remédier à ce mal par tous les moyens possibles.

Beaucoup de solutions ont été proposées à ce problème. Nous n'en retiendrons qu'une qui a reçu la consécration de la pratique : *la transmission par cardans transversaux.*

Cette transmission a d'abord été réalisée par la maison de Dion-Bouton sous la forme bien connue que représente schématiquement la figurine 1 de la figure 98. La transmission Pilain (Société des automobiles Pilain) schématisée dans la figurine 3 n'est qu'une variante de la transmission de Dion-Bouton. Dans les transmissions de Dion-Bouton et Pilain, le carter du différentiel est suspendu à une traverse du châssis. Les arbres moteurs des roues A, et A, sont terminés à leurs deux extrémités de joints de cardan à dés ou à olives (nous parlerons plus loin des différents joints de cardan). L'un de ces joints est dans la boîte du différentiel, l'autre commande la fusée de la roue.

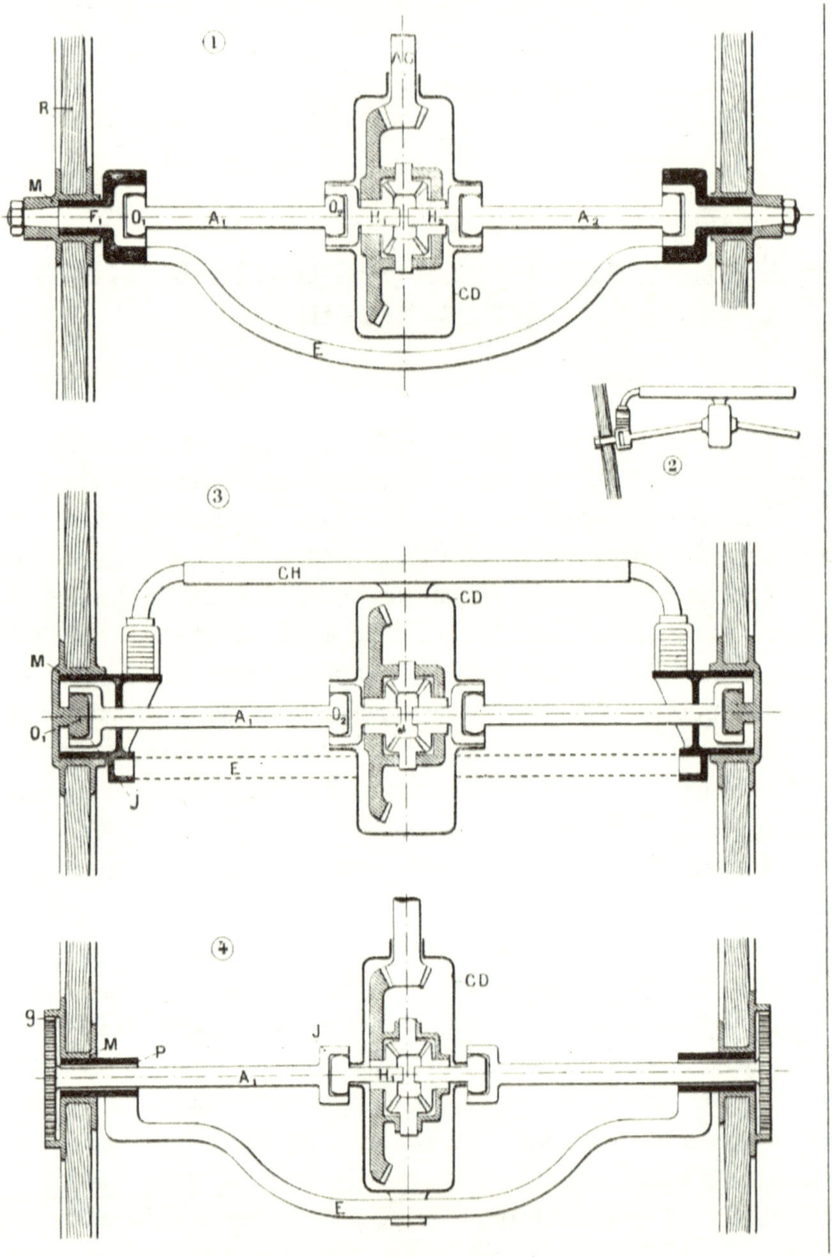

Fig. 98. — Schémas de transmissions par arbres transversaux.

Dans la transmission Pilain cette fusée est creuse pour laisser passer l'arbre de commande et l'attaque se fait le plus loin possible, extérieurement même au plan des roues. L'arbre de commande A, est alors un peu plus long que dans la transmission de Dion-Bouton, ce qui est un avantage non négligeable.

Il faut remarquer, en effet, — nous reviendrons plus loin là-dessus — que pl us un arbre à cardan est long, moins les dés de cardan travaillent. Si l'arbre est trop court — c'est un peu le défaut de la transmission de Dion-Bouton — les deux joints travaillent beaucoup et s'usent très vite.

Ce défaut sera moins sensible lorsque l'arrière de la voiture sera chargé normalement, car le dessin de la transmission est en général prévu pour ce cas, et alors, si les calculs du ressort ont été bien faits, les arbres H_1, F_1 et A_1, H_2, F_2 et A_2 doivent se trouver dans le prolongement l'un de l'autre.

Dans la transmission Ariès, le carter du différentiel n'est plus suspendu par une traverse au châssis, mais repose sur un essieu porteur indépendant du mécanisme. Cet essieu porte à chaque extrémité une douille que traverse (sans frottement, avec au contraire beaucoup de jeu) l'arbre de commande de la roue.

Cette douille porte aussi le patin du ressort et les roulements du moyeu.

L'arbre de commande de la roue est muni d'un joint de cardan à sa sortie de la boîte du différentiel ; il traverse ensuite, comme nous l'avons dit, la douille de l'essieu porteur et entraîne la roue au moyen d'un petit plateau muni de griffes qui entrent dans les encoches *ad hoc* pratiquées au bout du moyeu.

Le défaut de cette transmission réside dans l'emploi d'un seul joint de cardan.

Légende de la figure 98

1° Schéma de transmission de Dion-Bouton, vue en plan. – A_1, A_2, arbres de commande des roues. – Ac, arbre à cardan. – CD, carter du différentiel.– H_1, H_2, bouts d'arbre sortant du différentiel et portant les boîtes à cardan. – E, essieu porteur. – O_1, O_2, cardans en olive. – F_1, fusée. – M, moyeu. – R, roue motrice.

2° Schéma de transmission de Dion-Bouton, vue en élévation.

3° Schéma de la transmission Pilain (Société des Aut. Pilain de Lyon), vue en élévation.– CH, traverse du châssis. – CD, carter du différentiel. –E, essieu porteur (passe derrière le carter). – I, fusée creuse solidaire de l'essieu porteur. – O_1, O_2, cardans en olive. – M, moyeu de la roue.

4° Schéma de la transmission Ariès, vue en plan. – CD, carter du différentiel. A_1, arbre de transmission à la roue. – H_1, bout d'arbre à cardan. – I, joint de cardan à olive. – P, fusée creuse. – M, moyeu de la roue. – g, griffes d'entraînement

Nous verrons plus loin que l'arbre A, prend, dès qu'il n'est plus rigoureusement dans le prolongement de l'arbre conducteur H_1, un mouvement irrégulier, par à-coups. La roue, naturellement participe à ce mouvement, et le pneu ripe à chaque tour sur la route. Le mouvement de rotation de l'arbre est d'autant plus irrégulier, que l'angle formé par les deux arbres est plus grand. Dans la transmission Ariès, l'angle ne peut être que très petit. Le défaut sera donc toujours petit, mais il existe quand même.

Un avantage de ces transmissions par arbres transversaux, c'est de permettre de donner du carrossage aux roues motrices. Les fusées étant commandées par des arbres à cardan et réunies par un essieu, on peut évidemment les incliner à volonté sur l'horizontale. Mais c'est un bien petit avantage, à notre avis.

Voici qui est plus intéressant: cette construction permet de faire un châssis droit, sans la surélévation qui est nécessaire avec les ponts rigides (pour que le carter du différentiel ne vienne pas buter contre le plancher de la carrosserie lorsque les ressorts viennent à fléchir). Or, avec le châssis droit, l'établissement des carrosseries est plus facile et l'ensemble est plus solide.

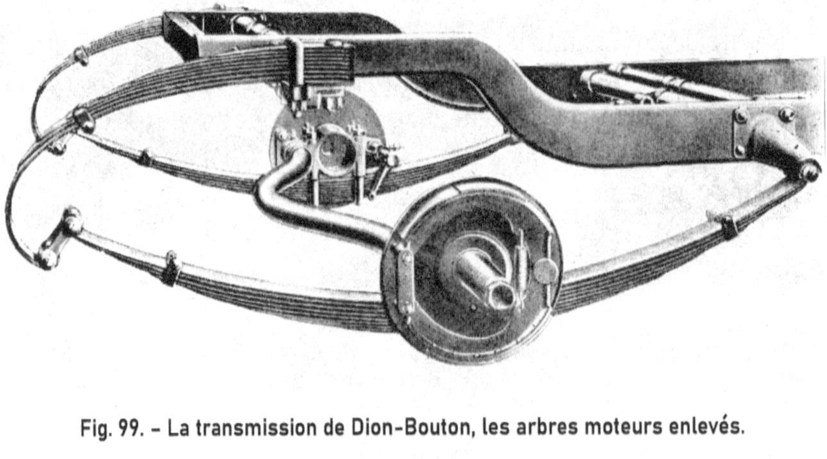

Fig. 99. - La transmission de Dion-Bouton, les arbres moteurs enlevés.

Détails de Construction

Les figures 100, 101, 102, 103, montrent des détails de construction des diverses transmissions par cardans transversaux. Le carter du différentiel de Dion-Bouton est en acier coulé (il peut être lourd sans grand inconvénient) et il est fixé sur une traverse du châssis au moyen d'une broche qui le réunit à deux supports en acier coulé solidaires de cette traverse qui repose elle-même sur le châssis par quatre coussins en caoutchouc (modèle 9 chevaux) (fig. 99).

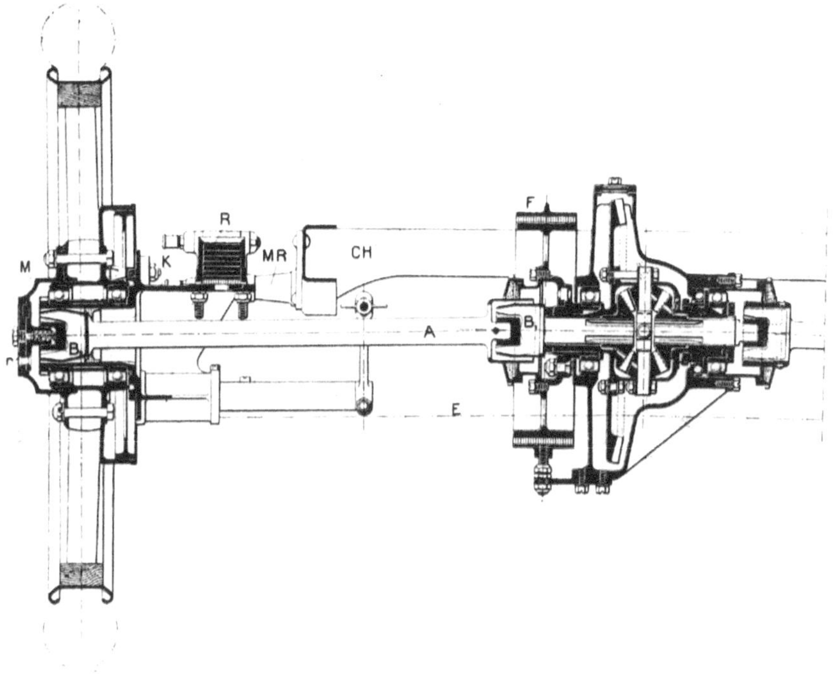

Fig. 100. — La transmission Pilain, dessin d'exécution.

CH. traverse du châssis. — A, arbre de transmission. — B_1, B_2, cardans à olives. — E, axe de l'essieu porteur. — MB, main arrière du ressort. — R, ressort. — K, fusée creuse supportant les roulements. — M, moyeu de la roue. — r, pièce d'entraînement. — F, tambour de frein.

Les arbres du pignon planétaire portent à leur extrémité des boîtes de cardan. Les arbres transversaux portent à chacune de leurs extrémités une pièce O, munie de deux tourillons diamétralement opposés et coiffés de dés en bronze phosphoreux. Ces dés carrés glissent dans les rainures de la boîte produisant ainsi l'entraînement.

Un ressort repousse toujours l'arbre vers le différentiel et empêche son clapotement. L'entraînement du moyeu se fait par le carré de l'arbre moteur et la pièce R rendue solidaire par des boulons Z.

La figure 101 représente le pont arrière Pilain. C H est une traverse du châssis sur laquelle est suspendu le carter du différentiel. N est le support de la jumelle arrière du ressort. Le patin du ressort repose sur une pièce K qui forme fusée creuse et qui est solidaire de l'essieu porteur E (indiqué en pointillé sur le dessin).

L'arbre transversal A, porte à son extrémité, du côté du différentiel, une noix de cardan en acier cémenté, formant rotule et, à son autre extrémité, une boîte à cardan B. Un petit ressort repousse l'arbre vers le différentiel. La noix de cardan est carrée intérieurement et entraîne un plateau vissé directement sur le moyeu.

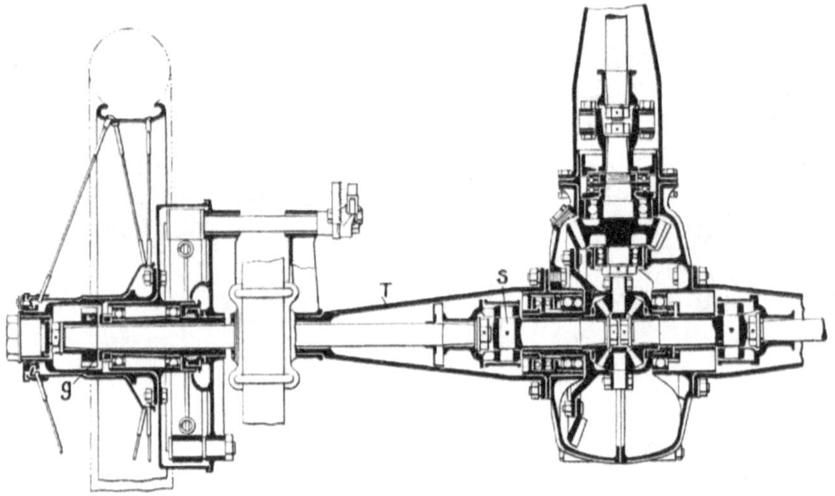

Fig. 101. — Pont arrière Pipe, à carrossage.

Même principe de construction que le pont Ariès, sauf qu'au lieu d'un essieu porteur il y a ici un tube t. — S, joints de cardan. — g, griffes d'entraînement.

La boîte du différentiel étant fixée rigidement, sur la traverse du châssis, on a pu établir le frein F sur le différentiel dans la position très heureuse que l'on voit sur la figure.

On a pu aussi — dispositif qui nous plaît bien moins — accoler la boîte de vitesses au différentiel, ce qui, à vrai dire, supprime tous les joints qui seraient nécessaires si la boîte de vitesses était à la sortie de l'embrayage, car même dans cette construction, les flexions des longerons ne sont pas négligeables.

Mais il en faut tout de même — au moins un joint — entre l'embrayage et la boîte de vitesses. Et, d'autre part, le poids important de la boîte de vitesses, rejeté à l'arrière, décentre la voiture et rend la tenue sur route moins bonne.

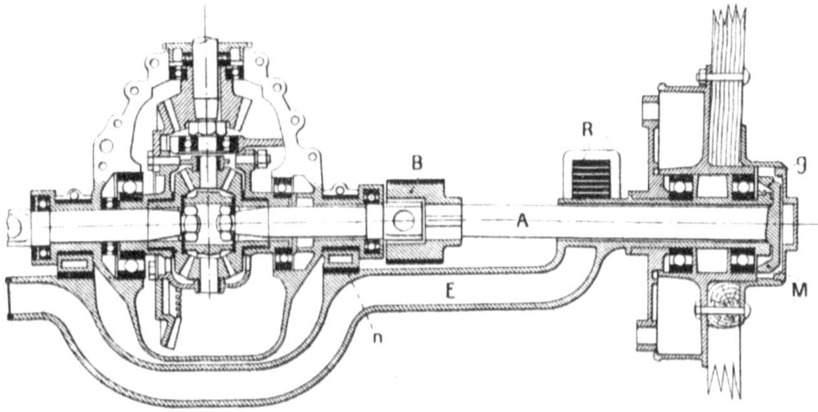

Fig. 102. — Dessin d'exécution de la transmission Ariès.

E, essieu porteur. — A1, arbre de transmission.— Ac, arbre à cardan. — D, différentiel. — P, pignon d'attaque. — F, fusée de la roue.

Les voitures Pilain, malgré cela, tiennent très bien la route, je le sais par expérience ; cela prouve en somme une chose, c'est qu'un dispositif vaut surtout par son exécution. Tel dispositif critiquable au nom de la théorie pure, peut devenir passable et même bon entre les mains d'un constructeur habile. La réciproque d'ailleurs, est également vraie, nous en avons tous les jours la preuve.

IV - Transmission par pignons d'angle à essieu porteur sans cardan transversaux

C'est la transmission bien connue des voitures Chenard-Walcker qui mérite ce long titre. C'est une transmission mixte, qui participe de la transmission par cardans longitudinaux et de la transmission par chaînes. Elle est représentée schématiquement fig. 196.

Le carter du différentiel AD est supporté par l'essieu porteur E. Les deux demi-essieux moteurs A, et A, portent à l'une de leurs extrémités une couronne planétaire du différentiel, à l'autre extrémité, un pignon droit P, qui engrène avec une roue R D, dentée intérieurement et solidaire de la roue motrice. Cette roue dentée remplace la roue de

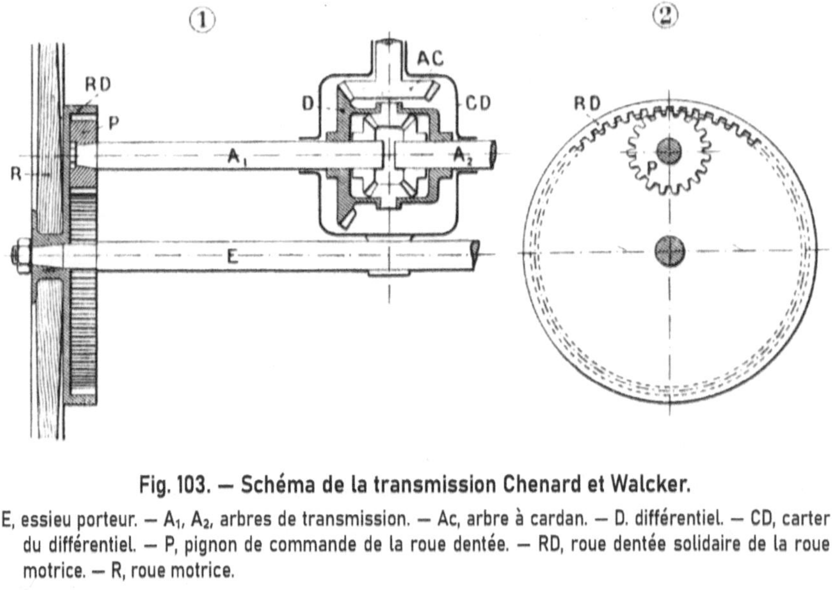

Fig. 103. — Schéma de la transmission Chenard et Walcker.

E, essieu porteur. — A_1, A_2, arbres de transmission. — Ac, arbre à cardan. — D. différentiel. — CD, carter du différentiel. — P, pignon de commande de la roue dentée. — RD, roue dentée solidaire de la roue motrice. — R, roue motrice.

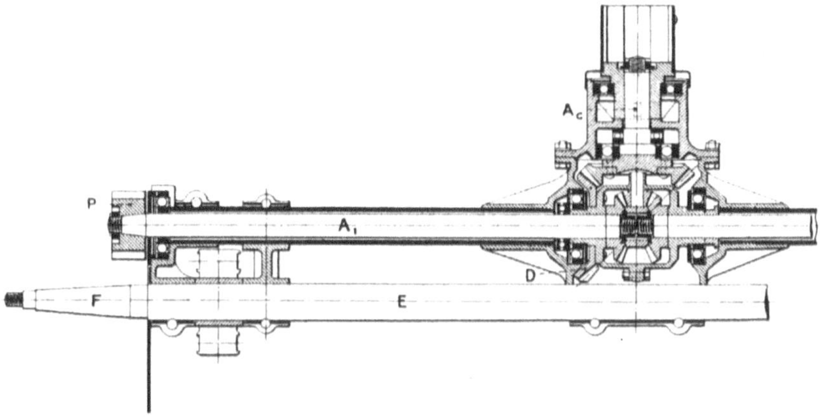

Fig. 104. — Coupe du pont arrière Chenard el Walcker

Ac, Arbre de transmission de l'effort moteur. — D, Différentiel. — A_1, arbre de transmission aux roues. — P, petit pignon. — E, essieu porteur. — F, fusée de la roue.

Fig. 105. — Le pont arrière Chenard et Walcker, les jumelles arrière munies d'amortisseurs Télesco.

chaîne et la chaîne d'une transmission par chaînes ; le pignon P c'est, si on veut, le pignon de chaîne. Comme dans la transmission par chaînes, la démultiplication ne se fait plus entre le pignon d'attaque de l'arbre A C et la couronne du différentiel — qu'on n'est plus obligé de faire démesurément grande — mais entre le pignon P et la roue dentée R D.

On peut ainsi obtenir tout rapport de démultiplication que l'on désirera, et cela, sans la moindre difficulté.

L'ensemble est très rigide, très robuste et peut être très léger. (On voit sur la fig. 104 que le carter du différentiel est tout petit).

C'est, en somme, une excellente transmission qui n'a qu'un défaut qui est le suivant : il est assez difficile de graisser parfaitement l'attelage d'attaque de la roue, c'est-à-dire les dents du pignon P et de la roue dentée R D, ou, tout au moins, il est assez malaisé d'enfermer hermétiquement ce mécanisme et empêcher des déperditions de lubrifiant.

On y est cependant parvenu et, aujourd'hui, cette transmission fonctionne admirablement.

Les joints de cardan

Le *joint de cardan* — ou plus correctement *le joint à la cardan* — permet la transmission d'un effort entre deux arbres dont les axes peuvent faire entre eux un angle variable. C'est un mécanisme des plus précieux, qui rend dans la construction automobile les plus grands services.

Nous trouvons, en effet, presque sur tous les châssis, d'abord deux joints de cardan, entre l'embrayage et la boîte de vitesses, puis, dans les voitures à transmission par pignon d'angle, un ou deux joints encore entre la boîte de vitesses et le différentiel, enfin, dans certaines voitures, comme nous l'avons vu, un ou deux joints encore entre le différentiel et chacune des roues motrices.

Le joint de cardan est donc un organe important d'une voiture et mérite comme tel une étude détaillée.

La figure 106 représente un joint de cardan type.

Deux arbres M et N sont terminés, l'un en T, l'autre par une fourche.

La petite branche du T se termine par deux tourillons n_1 et n_2, et la fourche par deux paliers m_1 et m_2.

Un cercle D réunit les deux paliers et les deux tourillons, comme on le voit sur la figure.

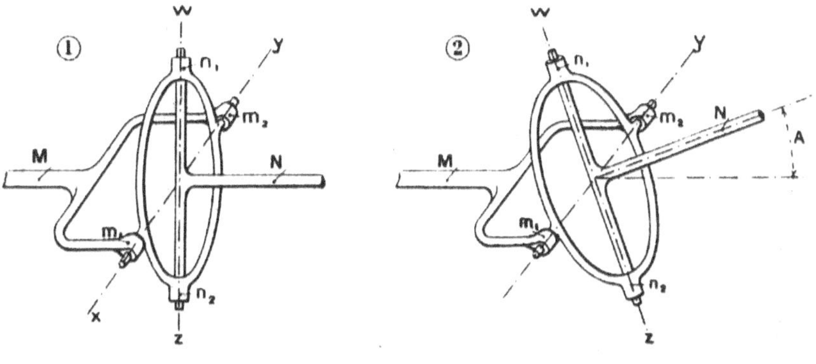

Fig. 106. — Joint de cardan type.

M et N, les deux arbres, l'un conducteur, l'autre conduit. — m_1, m_2, tourillon sur l'axe ny. — n_1, n_2, tourillon sur l'axe wz, perpendiculaire au précédent.

1° Les deux arbres sont dans le prolongement l'un de l'autre ;

2° L'arbre N fait avec le prolongement de l'arbre M un angle A.

Les deux arbres M et N peuvent donc osciller respectivement autour des deux axes perpendiculaires x y et w z.

Ils pourront former entre eux tous les angles possibles, sans cesser d'être liés dans leur mouvement de rotation.

Si M est l'arbre conducteur et N l'arbre conduit, N sera entraîné par M, quelle que soit son inclinaison par rapport à M.

Cependant, il ne faudrait pas que cet angle A que peuvent former entre eux les axes des arbres M et N fût trop grand. La limite absolue est de 90° pour l'angle A.

La limite pratique est bien plus basse. C'est qu'en effet, lorsque les deux arbres font entre eux un angle, la vitesse angulaire (vitesse de rotation) de l'arbre conduit n'est plus uniforme, mais passe à chaque tour par un minimum et maximum. L'arbre est entraîné par à-coups et ces variations de vitesse sont d'autant plus grandes que l'angle A est plus grand[(2)].

Le mouvement est périodiquement varié et la longueur de la période est égale à $\pi/2$ ou 90°.

Après chaque période, les variations se produisent en sens inverse, égales en valeur absolue, mais de signes contraires, ce qui a pour effet, finalement, de donner à l'arbre conduit une même vitesse angulaire totale qu'à l'arbre conducteur.

(2) Le rapport des vitesses angulaires des deux arbres varie entre cos A et 1/cos A, ce qui donne pour A = 45°, 0,7 et 1,4, soit du simple au double.

On conçoit que ces variations de vitesses soient des plus nuisibles quand il s'agit de la commande d'un mécanisme, comme une boîte de vitesses, par exemple, ou d'un pont arrière. D'autant plus que l'effort exercé sur les paliers et tourillons varie également et dans les mêmes proportions.

La transmission par joints de cardan ne serait donc pas recommandable, lorsqu'il s'agit, comme dans une voiture automobile, de conduire des masses considérables à des vitesses très grandes, s'il n'y avait aucun moyen de remédier à ces inconvénients.

Heureusement que le remède est simple. Il suffit de disposer entre les deux arbres à relier, un troisième arbre W, faisant avec chacun des deux premiers le même angle A (fig. 107).

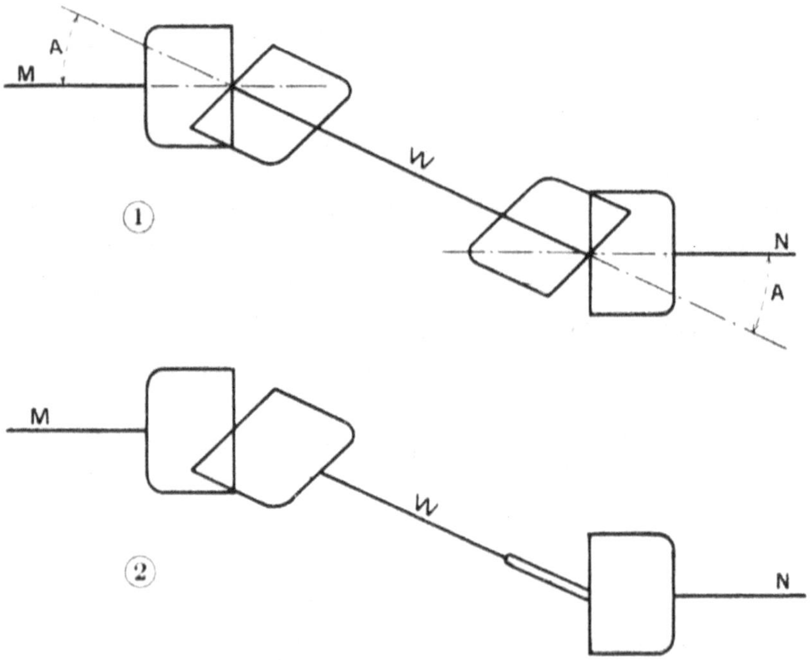

Fig. 107. — Entraînement par deux joints de cardan.

Avec un seul joint de cardan, l'arbre conduit a un mouvement saccadé, irrégulier. Avec un deuxième joint de cardan on peut corriger ce défaut, sous condition :

1° Que les deux arbres M et N restent parallèles ;

2° Que les fourches de l'arbre conducteur et de l'arbre conduit, d'une part, de l'arbre intermédiaire, d'autre part, soient dans deux plans perpendiculaires.

M et N, arbre conducteur et arbre conduit. — W, arbre intermédiaire,

Dans la figure 1, bonne disposition donnant à l'arbre conduit un mouvement parfaitement uniforme.

Dans la figure 2, les fourches de l'arbre intermédiaire W ne sont pas dans un même plan. Disposition tout à fait défectueuse.

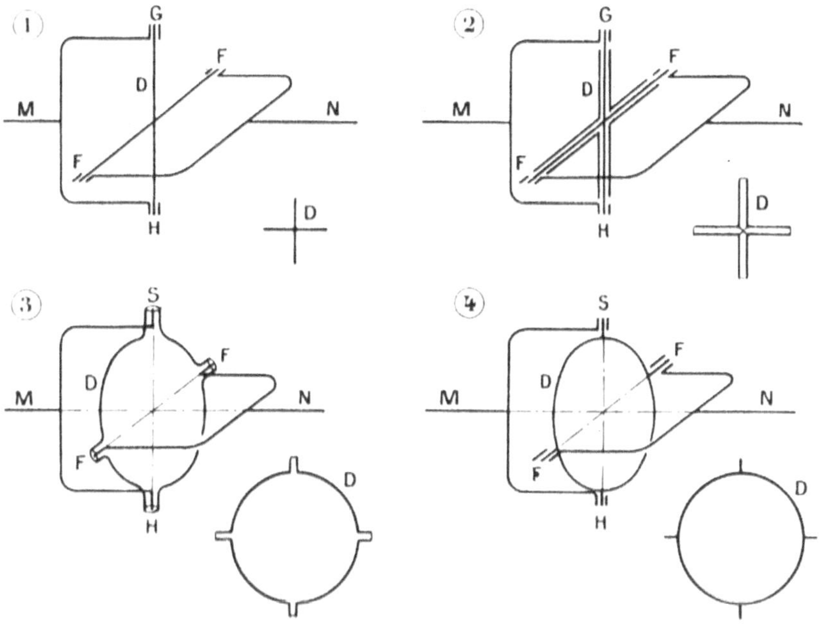

Fig. 108. — Schémas de quelques joints de cardan.

1° Schéma d'un joint à croisillon simple : M et N, arbre conducteur et arbre conduit. — D, croisillon. — G, H, E, F, tourillons ;
2° Schéma d'un joint à croisillon creux : M et N, arbres. — D, croisillons. — G, H, E, F, tourillons ;
3° Schéma d'un joint à cercle : M et N, arbres. — D, cercle (croisillon). — G, H, E, F, tourillons des fourches ;
4° Schéma d'un joint à cercle portant les tourillons : M et N, arbres. — D, cercle portant les quatre tourillons (joint Glaenzer).

L'arbre W aura alors un mouvement irrégulier, mais le mouvement transmis à l'arbre N sera parfaitement uniforme(3) — sous condition, cependant, que les deux fourches de l'arbre W se trouvent dans un même plan. Si ces deux fourches n'étaient pas dans un même plan, ou si deux arbres M et N n'étaient pas parallèles, le remède serait pire que le mal.

La figure 108 montre les schémas d'un certain nombre de joints de cardan le plus souvent employés.

Le principe est le même que celui du joint type, et ils ne diffèrent entre eux que par la forme du croisillon.

La figurine 1 représente un joint à croisillon ou noix de cardan simple. Ce joint est d'une réalisation assez malaisée.

(3) Voir à ce sujet une étude remarquable de mon confrère M. A. Contet, dans *La Technique Automobile* du 15 septembre 1912.

Si le croisillon est constitué d'une seule pièce, il faudra, pour pouvoir monter l'ensemble, faire le tourillon G H E et F en deux pièces, avec chapeau rapporté et boulonné. Ce ne serait pas trop solide, car ce sont ces tourillons qui travaillent le plus, puisque c'est par eux que l'effort est transmis.

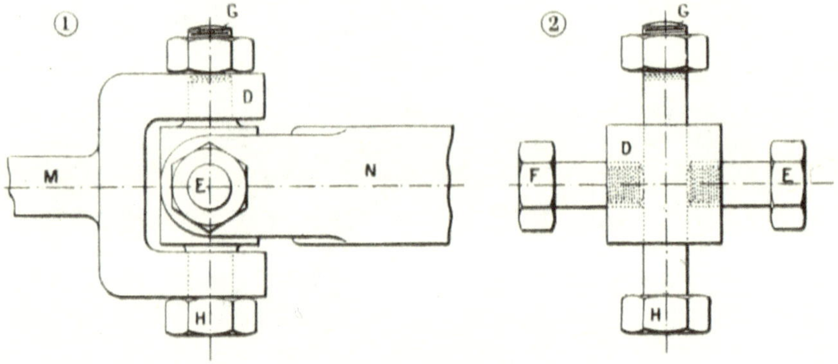

Fig. 109. — Joint à dé carré.

1° M, arbre conducteur. — N, arbre conduit. — G, H, boulons. — E et F, têtes des vis ;
2° Le croisillon du joint : D, dé en bronze. — G, H, les boulons. — E, F, les vis.

On a préféré avoir recours au dispositif représenté fig. 110 et qui n'est pas encore très heureux.

Le croisillon est constitué, dans ce joint, par une noix en bronze, traversée par un boulon G H, et dans laquelle sont vissées deux vis E et F. Les axes des deux vis d'une part, et du boulon d'autre part, se

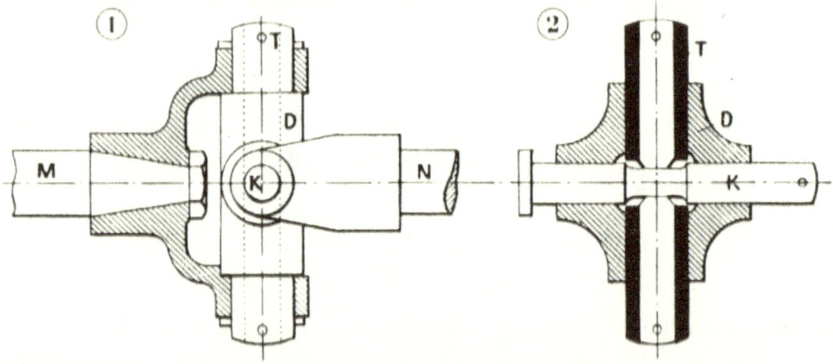

Fig. 110. — Joint à dé formant entretoise.

1° M et N, arbres se terminant par des fourches. — T, arbre en acier. — K, axe aminci au milieu. — D, entretoise en bronze ou acier coulé ;
2° Coupe suivant l'axe K du croisillon.

coupent en un point et sont perpendiculaires l'un à l'autre. Il est très difficile d'empêcher ces vis de se desserrer et de prendre du jeu ; on a bien imaginé des moyens de remédier en partie à cet inconvénient sans cependant rendre ce joint véritablement pratique.

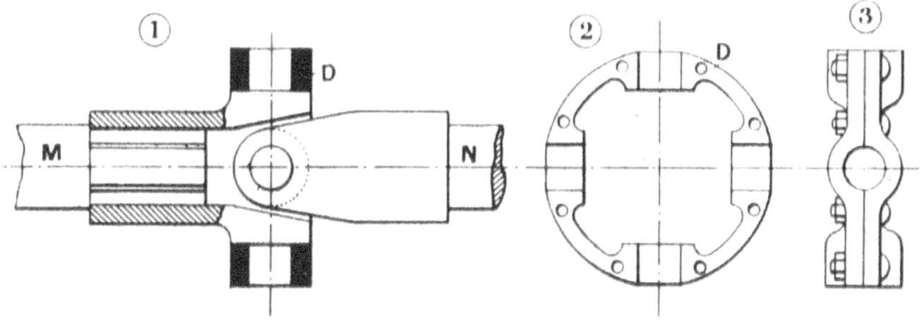

Fig. 111. — Joint à cercle.

1° M et N, arbres se terminant par des fourches portant des tourillons. — D, cercle en deux parties ; 2° Vue d'une moitié du cercle.

La figurine 2 représente schématiquement un joint avec croisillon creux qui forme entretoise à deux axes. Ces deux axes doivent se couper en un même point, ils ne peuvent donc pas être formés d'une seule pièce, car alors il ne serait pas possible de les faire entrer dans le croisillon-entretoise.

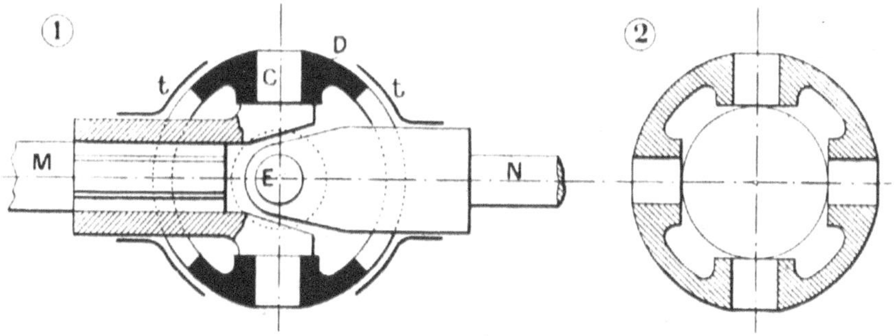

Fig. 112. — Joint à cercle avec tôle de protection.

1° M et N, arbres à fourches portant les tourillons C et E. — D, cercle. — t, calotte hémisphérique en tôle ; 2° Vue du plan du cercle.

On pourrait former l'axe G H d'un boulon qui traverserait l'entretoise à frottement doux, et former l'autre axe par deux vis taraudées près de la tête et lisses sur le bout. La partie taraudée serait vissée dans la fourche tandis que le bout lisse tournerait à frottement doux dans l'entretoise.

C'est, en somme, une variante de la solution précédente. La noix en bronze de la figure 109 est devenue ici un croisillon-entretoise, avec la différence que, dans la variante, ce ne sont plus les axes qui tourillonnent dans la fourche, mais que c'est le croisillon qui tourillonne autour de ses axes.

Cette solution ne vaut guère plus que la précédente.

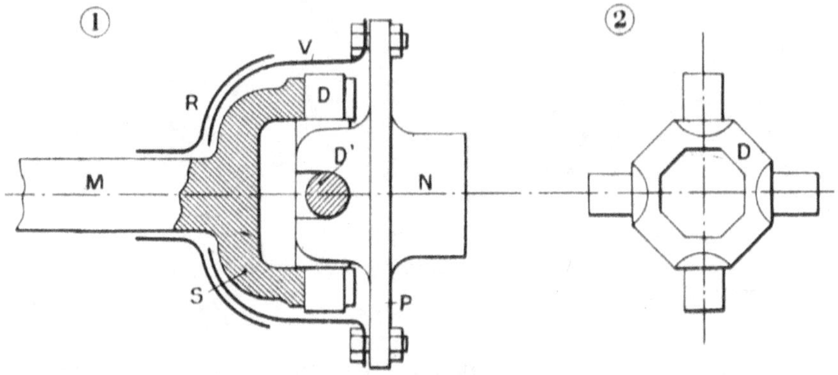

Fig. 113. – Joint Glaenzer.

1° M, arbres portant une fourche. – N, arbres portant un plateau P et une mâchoire en forme de C. – D, dé en forme de cercle portant des tourillons. – V, calotte sphérique boulonnée sur le plateau P et s'appuyant sur la partie sphérique S de la fourche M. – R, joint en tôle ;
2° Le dé en une seule pièce du joint Glaenzer.

On peut, il est vrai, empêcher ici les vis de se desserrer, au moyen de rondelles de Grover, par exemple, mais l'ensemble reste fragile, peut prendre du jeu et le graissage en est malaisé.

La figure 110 représente une réalisation qui est bien supérieure aux précédentes.

Le croisillon-entretoise D est alésé à deux diamètres différents. La branche à gros alésage est traversée par un tube T et la branche à petit alésage par un axe plein K. L'axe K, qui est perpendiculaire au tube T traverse celui-ci.

Pour permettre aux deux arbres M et N une amplitude angulaire suffisante, et ne pas trop affaiblir le tube, on diminue le diamètre de K en son milieu, comme le montre la figure. Ce n'est pas encore parfait, mais le graissage est plus facile dans ce joint, et le montage est des plus aisés. Le tube T et l'axe K doivent être en acier cémenté et trempé. Le croisillon peut être en acier coulé et nervuré au besoin.

La figurine 3 représente un joint toujours du même type, mais dans lequel il n'y a plus, à proprement parler, de croisillon. La noix de cardan D est constituée par deux demi-colliers portant les quatre tourillons et réunis ensemble par des boulons.

Une variante est représentée fig. 112 : les colliers ont alors chacun la forme d'une demi-sphère.

On peut alors, avec des calottes sphériques en tôle *t*, renfermer le joint et le préserver contre la boue et la poussière. Pourtant, la nécessité de former le collier de deux parties (pour le montage) fait que ce joint, quoique bon, n'est pas encore parfait.

Il existe une autre variante encore du même joint, variante dans laquelle le collier porte, au lieu de bagues lisses, des roulements à billes. C'est beaucoup de complications pour un résultat bien médiocre.

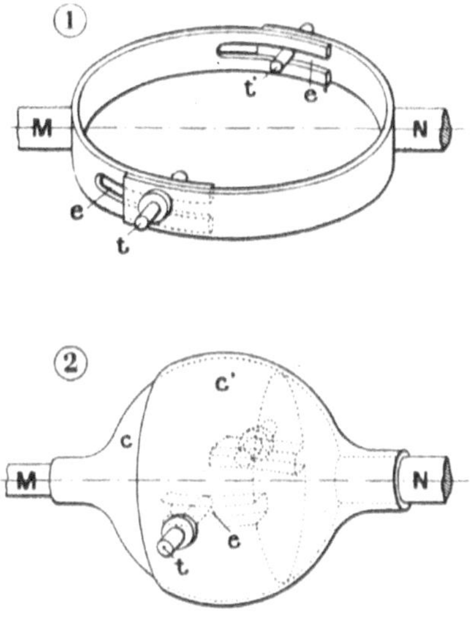

Fig. 114. — Joint à rotule.

1° Schéma d'un joint à rotule : M et N, arbres portant des colliers. — e, rainures du collier M. — t, tourillon du collier N.

Les deux colliers peuvent osciller autour de l'axe des tourillons, et les tourillons peuvent glisser sur les rainures e e. Les arbres M et N peuvent donc prendre, l'un par rapport à l'autre, toutes les positions voulues.

2° Figure de démonstration d'un joint à rotule : M, arbre portant la sphère C. — N, arbre portant la calotte sphérique C'. — e, e', rainures de la sphère C. — t, t', tourillons de la calotte C C'. — Mouvements comme précédemment.

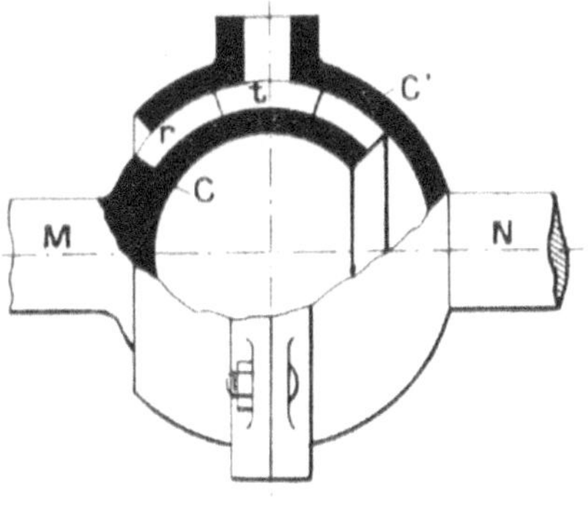

Fig. 115. — Réalisation d'un joint à rotule.

M, arbre portant la sphère (creuse) C. — N, arbre portant la calotte sphérique (en deux pièces) C'. — r, rainures de la sphère C. — t, tourillon de la calotte C'.

La figurine 4 représente le même joint que précédemment, sauf que le collier, au lieu de porter les bagues dans lesquelles s'engagent les tourillons en fourche, porte lui-même les tourillons.

Le joint Glaenzer en est une des réalisations les plus heureuses. Dans ce joint, que représente la fig.

113, la noix D est d'une seule pièce. Les mâchoires des têtes de cardan sont en forme de C. Pour empêcher le jeu des tourillons de la noix de cardan dans ces mâchoires, l'une des têtes de cardan porte un plateau P, l'autre une partie sphérique S.

Une calotte V hémisphérique recouvre l'ensemble; cette calotte est fixée par des boulons sur le plateau P et coiffe la partie sphérique S.

Une seconde calotte R fait l'obturation, laquelle est complétée par le serrage d'une rondelle de feutre sur la partie sphérique de la première.

Ce joint est d'un montage et démontage extrêmement simple.

Le graissage se fait en remplissant les joints aux deux-tiers de graisse lors du montage; on ajoute ensuite de temps en temps ce qui a été usé.

***

La maison Glaenzer fait aussi, sur le même principe, des joints doubles qui donnent à l'arbre commandé une vitesse uniforme.

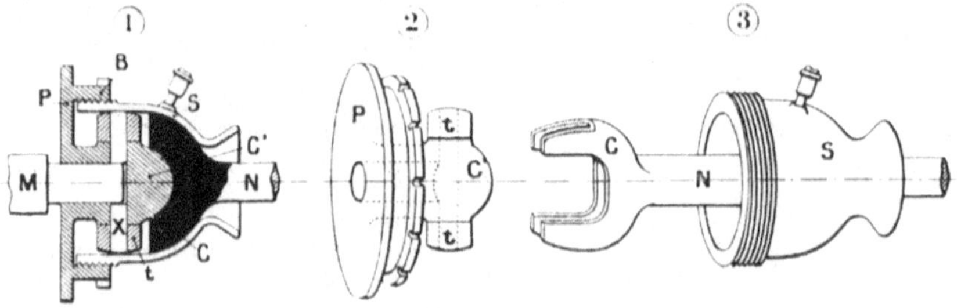

Fig. 116. — Joint à rotule Motobloc.

1° Coupe du joint : M, arbre conducteur.— P, plateau solidaire de l'arbre M et portant le bossage sphérique C'. — X, axe traversant le bossage C' et portant les tourillons t. — N, arbre conduit portant la calotte à mâchoires C. — S, calotte sphérique se vissant dans la partie filetée B du plateau P ;

2° Le plateau P avec le bossage sphérique C' et le tourillon t ;

3° L'arbre N avec les mâchoires en C et la calotte S.

Un autre joint très apprécié, mais d'un usinage coûteux, est le joint à rotule, schématisé dans la fig. 114.

Les deux arbres M et N se terminent par des colliers C et C. Le collier C est fendu à chacune de ses extrémités ; le collier C, au contraire, porte des tourillons *t* qui peuvent s'engager dans ces fentes. Les deux arbres peuvent donc osciller autour de l'axe du tourillon; d'autre part, les colliers peuvent aussi se recouvrir plus ou moins d'un côté ou de l'autre, ce qui donne un second déplacement angulaire aux arbres M N.

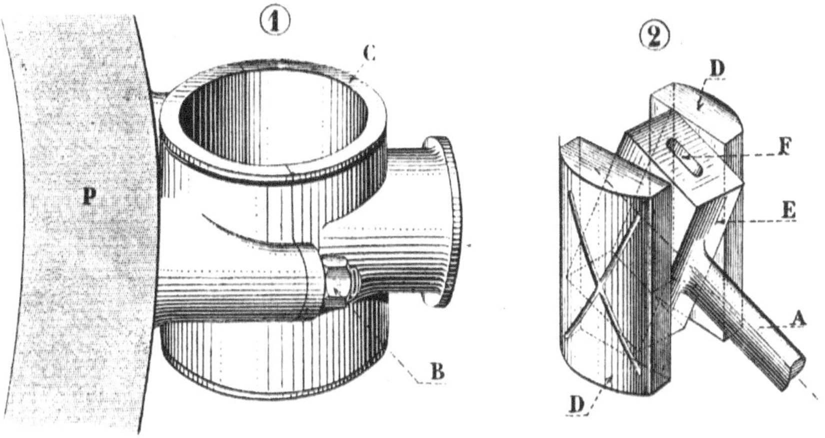

Fig. 117. — Détail du Joint de cardan Phénix.

P, tambour de frein. — C, partie cylindrique. — B, prisonniers. — D, dés de cardan. — E, tête de cardan. — A, arbre à cardan. — F, trou du boulon des couvercles.

En réalité, les colliers sont remplacés, l'un C par une sphère, l'autre C_1 par une calotte sphérique, comme on le voit sur la figure de démonstration (figurine 2).

Dans la sphère C sont creusées des rainures e diamétralement opposées ; la calotte C_1 porte des tourillons *t* qui peuvent glisser dans ces rainures.

La fig. 115 montre une réalisation d'un joint à rotule. L'arbre M est terminé par une sphère creuse C (pour diminuer le poids), l'arbre N est terminé par la calotte C_1 qui porte des tourillons *t.* (La calotte C est naturellement en deux pièces, pour le montage). Ces tourillons peuvent glisser dans la rainure *r* de la sphère C.

***

La figure 116 représente le joint à la sortie de la boîte de vitesses de la 12 HP Motobloc .

M est l'arbre secondaire de la boîte de vitesses ; P est un plateau solidaire du tambour de frein ; N est l'arbre à cardan de transmission.

Le plateau P porte une partie sphérique C' traversée par un axe X (en deux pièces) qui porte les tourillons en bronze *t*.

L'arbre N se termine par une calotte sphérique C munie de rainures ou mâchoires dans lesquelles viennent s'engager dans le tourillon *t*.

L'arbre N peut donc tourillonner autour de l'axe X, d'une part, et, d'autre part, le mouvement normal au précédent est permis grâce à la longueur des rainures dans lesquelles les tourillons peuvent glisser.

Une calotte S peut se visser dans la partie filetée B du plateau P ; elle maintient le centre de la sphère C dans l'axe des tourillons *t*, c'est-à-dire qu'elle permet de maintenir les deux têtes de cardan, de façon que les centres des sphères C et C' coïncident. Cette calotte sert également à protéger le mécanisme contre la boue et la poussière.

Le graissage est des plus simple et le démontage des plus aisés. C'est un excellent joint à tous les points de vue. Il doit cependant être assez coûteux à établir.

Joints d'Oldham et joints universels

Le joint d'Oldham, ou « Joint hollandais », ou « double tournevis » permet l'entraînement l'un par l'autre des deux arbres qui restent toujours rigoureusement parallèles, mais dont la distance d'axe en axe varie.

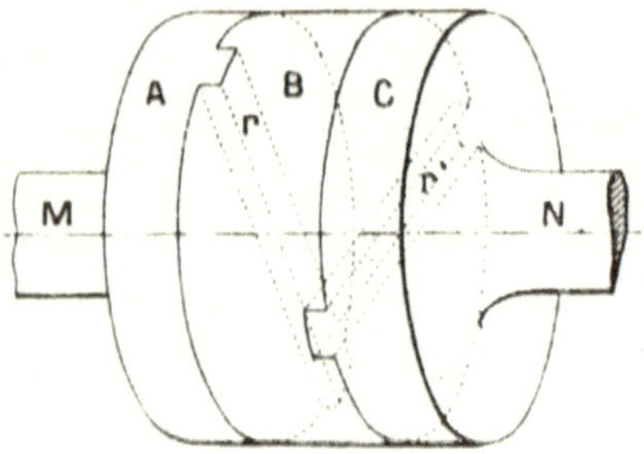

Fig. 118. — Schéma du joint d'Oldham.
M et N, les deux arbres conducteur et conduit. Ces deux arbres doivent rester parallèles, mais non pas toujours dans le prolongement l'un de l'autre. A, plateau solidaire de l'arbre M. — C, plateau solidaire de l'arbre N. — B, plateau intermédiaire. — r et r', rainures du plateau B, formant entre elles équerre.

Les deux arbres M et N se terminent respectivement par les plateaux A et C. Ces plateaux portent chacun une partie saillante rectangulaire *r* ; ces parties saillantes pénètrent à frottement doux dans les cannelures (ou rainures) en équerre pratiquées dans une pièce intermédiaire B.

Le fonctionnement s'explique de lui-même (fig. 118).

Nous n'insistons pas davantage sur ces joints, parce qu'ils sont peu employés dans la construction automobile, sauf dans des commandes.

Il se produit, en effet, très facilement des coincements sur les parties des arbres dès que la vitesse de rotation est grande et surtout dès que les deux arbres M et N ne sont plus rigoureusement parallèles. Or, il est très difficile d'assurer ce parallélisme rigoureux de deux arbres sur un châssis d'automobile qui est très flexible et facilement garantissable.

Les joints dits « Universels » sont, au contraire, de plus en plus employés. Ces joints permettent à deux arbres de se rapprocher ou de s'éloigner l'un de l'autre, de coulisser l'un par rapport à l'autre, tout en leur permettant également le déplacement angulaire, les seuls que les joints de cardan ordinaire autorisent.

Le plus simple et le plus employé de ces joints, est le cardan à olive représenté fig. 119.

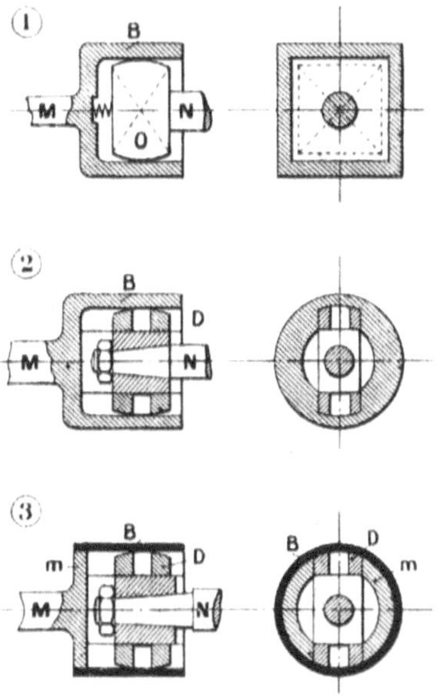

Fig. 119. – Schémas de joints Universels.

1° Joint à olive carré.
M, arbre conducteur. – N, arbre conduit. – B, boîte à cardan carrée. – O, olive en forme de prisme carré.
2° Joint à olive cylindrique.
3° Même joint que ci-dessus, mais la boîte cylindrique est remplacée par deux mâchoires en C et une enveloppe B en acier.

L'arbre M se termine par une boîte B, évidée en forme de prisme carré. L'arbre N se termine par une olive en forme de prisme carré, dont les quatre faces latérales sont arrondies de façon que, sous les changements d'angle des axes des deux arbres, ses faces roulent avec le plus petit glissement possible sur les faces internes de la boîte B. (On appelle aussi la boîte B prisme femelle et l'olive prisme mâle).

C'est ce type de joint que nous avons vu appliqué dans la transmission par arbres à cardans transversaux. On l'appelle quelquefois improprement joint de cardan à olive.

La figurine 1 représente une variante de ce joint.

La boîte B n'est plus prismatique, mais cylindrique extérieurement. Intérieurement elle porte deux rainures. Sur le haut de l'arbre N est calée une noix portant deux tourillons, sur lesquels sont montés les dés en bronze phosphoreux D. Ces dés ont leur face extérieure en forme de calotte sphérique. La tête de l'arbre N peut venir glisser dans la boîte B et grâce à la forme des dés, l'arbre N peut s'incliner dans tous les sens.

La figurine 2 montre encore une autre variante.

L'arbre M est terminé par des mâchoires en C et ces mâchoires sont recouvertes d'un cylindre en acier. Ce dispositif facilite beaucoup le montage et la visite des dés de cardan.

Joints déformables

Les joints métalliques, aussi bien usinés et aussi bien entretenus qu'ils soient, prennent du jeu à la longue; ils deviennent plus bruyants. Or, la guerre au bruit est aujourd'hui à l'ordre du jour.

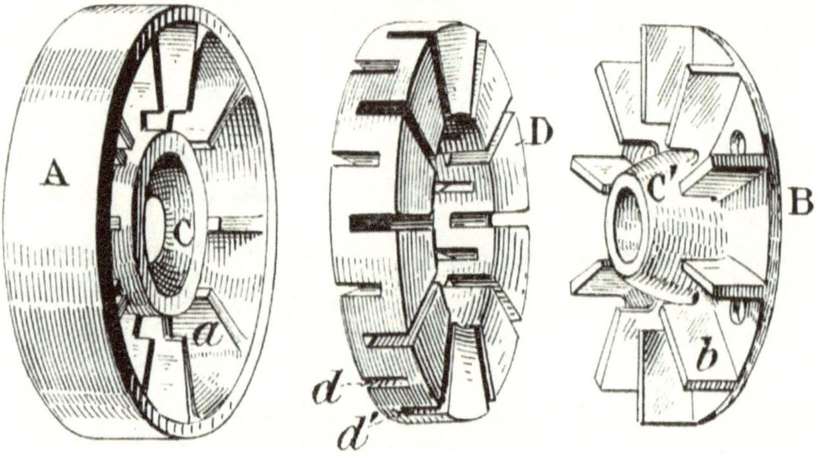

Fig. 120. — L'entraînement élastique Charron.

B, plateau à ailettes solidaires de l'embrayage. — B, plateau formant couvercle, solidaire de la transmission. — D, gâteau en caoutchouc. — a et b, ailettes d'entraînement. — d et d', logement des ailettes. — C logement de la rotule C'.

C'est un appareil simple et cependant assez efficace. Une cuvette munie d'ailettes d'entraînement intérieures reçoit un gâteau en caoutchouc qui s'y emboîte. Un couvercle ayant également des ailettes s'emboîte dans le gâteau et ferme la cuvette. L'élasticité du caoutchouc donne une certaine élasticité à la transmission. Le gâteau de caoutchouc peut se remplacer très facilement.

Cet entraînement élastique est monté sur les nouvelles douze chevaux Charron.

Certains constructeurs ont donc essayé de remplacer le joint métallique indéformable par des joints élastiques déformables. Tel est l'accouplement élastique D. S. P. L. Dans ce joint le croisillon d'entraînement est constitué par des ressorts à lames. Le bruit est très atténué — puisque les chocs eux-mêmes sont amortis — et l'entraînement est très doux. Tel est aussi le « flector » Panhard-Levassor dont une description a paru également dans cette revue. Tel, enfin, l'intéressant joint « Unic ».

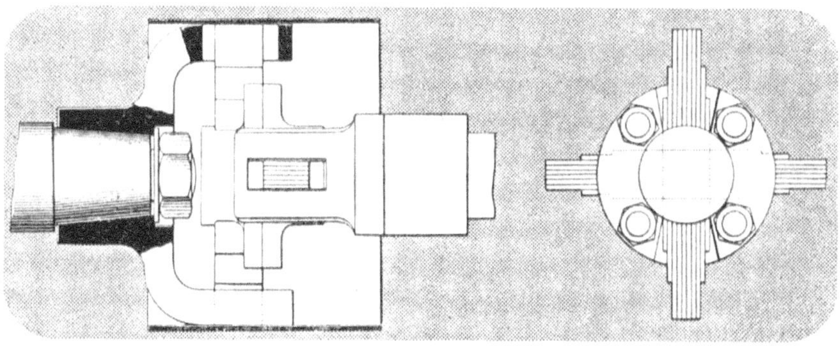

Fig. 121. — L'accouplement élastique D. S. P. L.

Le joint double est constitué par deux plateaux coniques, solidaires l'un de l'arbre venant de l'embrayage, l'autre de l'arbre allant à la boîte de vitesses.

Fig. 122. — La transmission élastique de la 10 HP Panhard-Levassor

V, boîte des vitesses. — E, traverse du châssis. — W, flector. — X, manchon portant le flector. — Z, fourche du tube de poussée. — T, tube de poussée. — MN, écrous de réglage des freins.

Le joint double est constitué par deux plateaux coniques, solidaires l'un de l'arbre venant de l'embrayage, l'autre de l'arbre allant à la boîte de vitesses.

Les cônes sont réunis à un manchon intermédiaire par des cônes en cuir.

Les deux arbres peuvent prendre l'un par rapport à l'autre toutes les positions voulues. Ils peuvent aussi coulisser l'un par rapport à l'autre, se rapprocher ou s'éloigner suivant les nécessités. Ils remplacent du même coup les joints à croisillons et les joints à dés.

***

Nous pourrions donner encore beaucoup d'autres réalisations de joints. Chaque constructeur, presque, a son joint.

Mais comme tous ces joints peuvent toujours se ramener à l'un des joints que nous venons d'étudier, nous nous en tiendrons là.

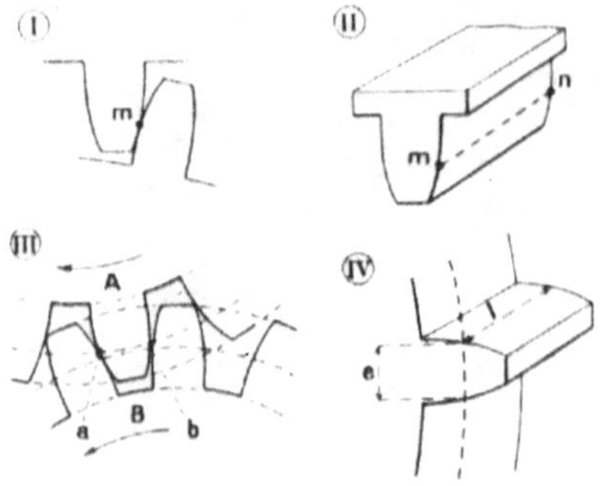

Fig. 123. — Les engrenages droits.

I. — Deux dents d'un engrenage droit se touchent par une droite seulement, la droite m n de la figurine II.

III. — Suivant que c'est la roue A ou la roue B qui est conductrice, le contact se fait d'un côté ou de l'autre de la dent, en a ou en b. Lorsque le contact se tait en a, il y a du jeu en b. S'il y a irrégularité dans l'entraînement, c'est-à-dire si les roues A et B sont alternativement conductrices et conduites, il se produit des chocs en a et en b, d'où bruit désagréable.

IV. — l, largeur d'une dent. — e, épaisseur (au cercle primitif).

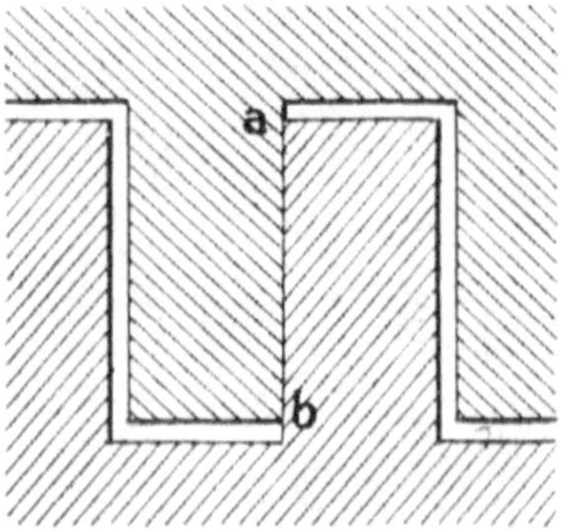

Fig. 124. — Schéma de l'entraînement dans un engrenage par vis sans fin.

Le contact se fait par une surface a b; le contact est donc très large et la pression unitaire très faible.

Comme la pression est faible, l'huile n'est jamais expulsée complètement (ce qui arrive souvent dans les engrenages droits ou coniques). Il s'ensuit que la lubrification est facile et que l'usure est insignifiante. Cela contribue aussi au silence de la vis sans fin.

Ce qu'il importe que nos lecteurs ne perdent jamais de vue, c'est qu'un joint de cardan travaille énormément, surtout aux démarrages et dans les coups de frein sur le mécanisme.

Il faut donc soigner tout particulièrement cet organe de la voiture et ne jamais lui ménager la graisse. Il en usera d'ailleurs fort peu, mais s'il en manque un seul jour le mal est irréparable.

À mon avis, les joints déformables ont beaucoup d'avenir et s'imposent sur les voitures de luxe.

V – Pignon d'angle et vis sans fin

L'attaque de la coquille du différentiel se faisait toujours, il y a quelques années encore, par engrenages cônes, ou comme on dit communément, par pignons d'angle. Depuis, en Angleterre d'abord et en France ensuite, quelques constructeurs ont remplacé le couple conique par une vis sans fin commandant une roue à denture hélicoïdale.

C'est la recherche d'un silence de plus en plus parfait qui a conduit à l'adoption de la vis sans fin. Les pignons d'angle font en effet toujours un certain bruit, surtout si les dents sont étroites et la pression unitaire sur les dents grande.

Ce bruit provient du choc entre les dents, qui est la conséquence d'une part du jeu que laisse inévitablement une taille qui n'est pas rigoureusement juste et d'autre de ce fait que le moteur et l'arbre à cardan qu'il commande ne tournent jamais absolument « rond », c'est-à-dire n'ont pas un mouvement de rotation uniforme.

Les dents sont donc appuyées l'une sur l'autre avec une force qui varie à chaque instant, et peut même s'annuler ou changer de signe momentanément. Le contact, au lieu de se faire sur une face de la dent, se tait sur l'autre ; il y a choc. Il y aura encore choc lorsqu'à nouveau le contact se fera sur la première face.

Le profil des dents n'est jamais exact, mais seulement approché, soit parce que les machines à tailler les engrenages ne sont pas d'une précision absolue, soit parce que l'engrenage a été déformé par la trempe qu'on lui a fait subir. Il faudrait, après cette opération, rectifier le profil avec une machine spéciale. Mais ces machines ne sont pas encore d'un usage général dans notre industrie.

Les dents, au lieu de rouler l'une sur l'autre, glissent donc souvent, et au frottement de roulement est substitué le frottement de glissement, beaucoup plus considérable.

Si avec cela, la pression unitaire entre les deux est trop forte (dents pas assez larges) et que l'huile est expulsée, il y aura une nouvelle et importante cause de bruit dans le frottement métal sur métal.

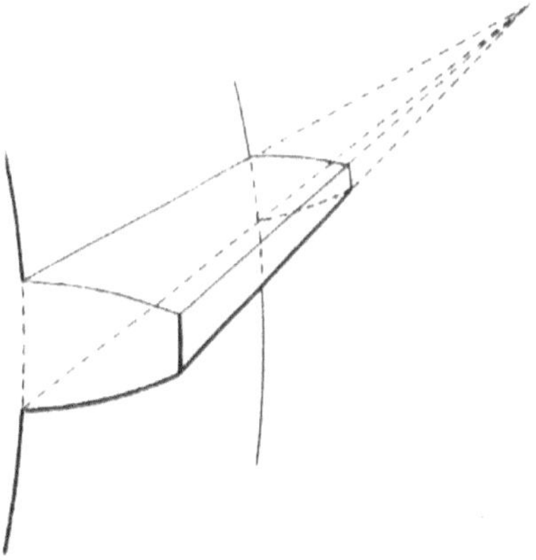

Fig. 125. — Dent d'un engrenage conique.

Dans un engrenage conique, le contact se fait suivant une génératrice. On voit qu'il est difficile de faire des dents très larges, leur épaisseur allant rapidement en diminuant. La pression unitaire est donc très grande toujours, et l'huile risque toujours d'être expulsée.

Lorsqu'il s'agit de pignons droits, comme ceux de la boîte de vitesses, il est toujours facile de faire les dents assez larges pour éviter dans tous les cas possibles l'expulsion du lubrifiant. Mais cela sera beaucoup moins facile quand il s'agit de pignons coniques. D'ailleurs par raison de poids, d'encombrement et de main-d'œuvre, les constructeurs font les engrenages de commande du différentiel de dimensions aussi réduites que le permet la sécurité, par conséquent, en général, à dents trop étroites.

Ainsi, un couple conique est bruyant, — plus ou moins, sans doute, suivant les soins apportés à l'usinage, suivant la qualité de l'acier, suivant la perfection du montage. — Mais c'est trop encore, le faible ronronnement, le grincement qui subsiste dans les meilleures conditions. Il était donc naturel, qu'avec les moteurs silencieux, et si souples qu'ils permettent de garder presque constamment la prise directe, on ait cherché à supprimer cette dernière cause de bruits.

La vis sans fin donne, à ce point de vue, entière satisfaction. Une vis sans fin bien établie, donne un silence absolu, obtenu immédiatement, sans retouches, et cela pour toujours. L'usure n'enlève rien à cette qualité essentielle de la vis sans fin. Il existe en Angleterre des voitures avec vis sans fin Lanchester ayant déjà fait près de 60.000 milles (100.000 kil.) et aussi silencieuses qu'au début. Le rendement seul baisse, quand l'usure augmente.

À propos du rendement des vis sans fin, on a noirci beaucoup de papier depuis deux ou trois ans. Le rendement d'une vis sans fin est-il meilleur ou moins bon que celui du couple conique ? Se basant sur certaines expériences faites par la Société d'Œrlikon, en Suisse, on aurait pu conclure — et on a conclu un peu vite — que le rendement de la vis bien établie équivalait au moins au rendement d'un couple conique. La Société Œrlikon avait obtenu en effet un rendement de 97,5 % pour la roue et la vis. Les essais avaient été faits sur un moteur de 30 HP à 780 tours par minute ; la réduction obtenue par la vis sans fin était de 13,7 à 1, la roue en bronze ayant 68 dents et la vis ayant cinq filets.

D'autre part le réducteur Glaenzer, à vis sans fin et roue à rouleaux, donne un rendement moyen de 93 %.

Un couple conique très bien établi peut donner dans les meilleures conditions de 90 à 95" %.

Avec un peu d'optimisme on avait donc pu conclure là aussi à la supériorité de la vis sur le pignon conique.

Pourtant des expériences faites dans des conditions d'application pratique de la vis sans fin ont montré que le rendement de la vis était presque toujours inférieur à celui d'un couple conique.

M. Faroux a publié l'année dernière des diagrammes comparatifs entre les rendements des deux systèmes avec des données fournies par les constructeurs. Il en résulte que, sauf pour des vitesses angulaires moyennes, comprises par exemple entre 1.200 et 1.800 tours, le rendement de la vis est inférieur à celui d'un couple conique.

D'où viennent ces différences dans le rendement de la vis sans fin. Pourquoi 97 et presque 98 % dans un cas, et à peine 70 % en moyenne dans l'application pratique ?

C'est que, tout d'abord, le rendement d'une vis sans fin est fonction de la démultiplication du système ; or, un châssis d'automobile, muni d'un moteur de régime donné et de roues d'un diamètre déterminé, ne peut varier qu'entre des limites assez étroites.

Une autre raison pour laquelle le rendement de la vis sans fin est affecté dans le mauvais sens, c'est la nécessité d'avoir une transmission réversible et d'incliner par conséquent les filets de la vis à 45° sur l'axe. Or, ce n'est pas en général cette inclinaison qui donne le meilleur rendement.

Voici d'ailleurs ce que dit à ce sujet M. Faroux :

« Théoriquement, le rendement de la vis sans fin peut être supérieur à celui de la transmission par pignons d'angle, mais les conditions nécessaires à cette supériorité ne peuvent être réalisées sur une automobile ».

Ainsi, la vis sans fin est plus silencieuse que le couple conique, mais son rendement, aux basses allures surtout, est mauvais.

Si nous examinons la question sous toutes ses faces, nous constaterons que la vis sans fin possède, en outre du silence, les deux gros avantages suivants : grande facilité de graissage, et moindre usure que le pignon d'angle. Ces deux avantages découlent de ce que, dans ce système, il y a, lors de l'entraînement, de grandes surfaces de contact, d'où abaissement des pressions unitaires, ce qui rend impossible l'expulsion de l'huile.

Par contre, comme inconvénients, il faut signaler le prix de revient de cette transmission, qui est un peu plus élevé que celui du pignon d'angle (30 à 60 francs) et la nécessité — étant donné qu'il faut placer la vis dans le plan de la roue, au-dessus ou au-dessous — soit d'entailler la carrosserie si la vis est placée au-dessus de la roue, afin de s'assurer une garde suffisante soit, si la vis est placée sous la roue, d'incliner tout le mécanisme, y compris le moteur, de l'avant vers l'arrière (afin d'avoir les arbres en ligne).

Dans le premier cas, on a une petite difficulté au point de vue carrosserie, dans le second cas, l'accessibilité et l'esthétique souffrent et on risque d'avoir des ennuis de graissage du moteur surtout si on n'a pas un graissage sous pression aux têtes de bielles.

Si maintenant nous voulons faire la balance des inconvénients et avantages de la vis, nous trouverons :

Inconvénients de la vis sans fin :

1. - Mauvais rendement, surtout aux basses allures (conséquence : démarrages paresseux, mauvaises reprises, tirage en côte);
2. - Prix de revient plus élevé ;
3. - Difficultés pratiques de construction (nous reviendrons sur ce dernier point).

Avantages de la vis sans fin :

1. - Silence parfait et durable ;
2. - Douceur d'entraînement de la voiture ;
3. - Facilité de graissage et moindre usure.

Ainsi, de tout ceci, nous conclurons que la vis sans fin peut très bien vivre à côté des pignons d'angle. La vis sans fin convient surtout aux voitures de grand luxe disposant de beaucoup d'excédent de puissance.

Je vois très bien la vis sans fin équipant par exemple une puissante voiture à moteur sans soupape, carrossée en limousine de grand luxe, pneus jumelés, éclairage électrique, etc. Tout cela va très bien ensemble. Dans une pareille voiture, on peut très bien abandonner quelques chevaux pour plus de silence, plus de sécurité, plus de confort.

En revanche, sur la petite voiture, destinée à un service utilitaire, il est logique, comme le remarque M. Faroux,

> « d'éviter tout gaspillage d'énergie et une légère supériorité de silence est achetée bien cher, si on veut faire entrer en ligne de compte une plus grande consommation d'essence et d'huile ; je dis d'huile, car un pont à vis est un grand buveur de lubrifiant ».

Quoi qu'il en soit, il faut, comme le remarque encore M. Faroux, conserver à la vis sans fin un peu de reconnaissance, car sa vogue, même si elle ne doit pas durer, aura au moins eu l'avantage de faire travailler le silence des pignons coniques. À ce point de vue, on a déjà accompli d'énormes progrès ; il faut espérer, d'ailleurs, qu'on arrivera un jour à un procédé pratique permettant la rectification de dentures coniques après la trempe.

Construction des vis sans fin

Le sujet étant relativement neuf, nous allons nous arrêter un peu sur le calcul des dimensions et l'établissement du dessin d'une vis.

Il nous faut d'abord donner la définition des principales dimensions.

Si on coupe une vis sans fin suivant son axe, le profil obtenu est celui d'une crémaillère à flancs droits.

Appelons p le pas de la crémaillère, P le pas de la vis, P' le pas de la roue, n le nombre de filets de la vis, n' le nombre de dents de la roue, N le nombre de tours de la vis, N' le nombre de tours de la roue, H la distance entre l'axe de la roue et de la vis, D le diamètre primitif de la vis, D' le diamètre primitif de la roue, α l'angle d'inclinaison moyenne de la vis.

On a les relations :

$$P = P/n \qquad \text{ou} \qquad P = p\,n$$

Le pas de la vis est donc égal au pas de la crémaillère multiplié par le nombre des filets de la roue.

P’ = D’/n’ × 3,1416

On a aussi n / n’ = N’ / N

La réduction obtenue est égale au rapport du nombre de filets de la vis au nombre de dents de la roue.

Le diamètre primitif de la roue D’ = (n’× p) / 3,1416

Le diamètre primitif de la vis D = (H - (D’/2)) × 2

La tangente d’inclinaison à échelle moyenne sera tg α = P / π d d’où l’on déduit l’angle α. Cet angle, nous l’avons vu doit, théoriquement, être de 45° pour que la transmission soit réversible.

Pratiquement, on prend un angle beaucoup plus petit, 35° et même moins. La marche arrière est alors très désavantagée, et absorbe beaucoup de puissance. Par contre, le rendement en marche avant est un peu meilleur et les poussées contre les butées sont diminuées dans d’assez grandes proportions, ce qui est très important.

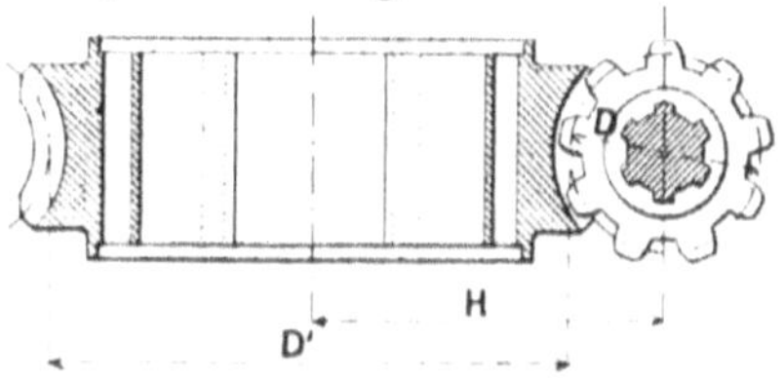

Fig. 126. — Coupe par l’axe de la roue hélicoïdale.

U, diamètre primitif de la vis. — U’, diamètre primitif de la roue hélicoïdale. — H, distance des axes.

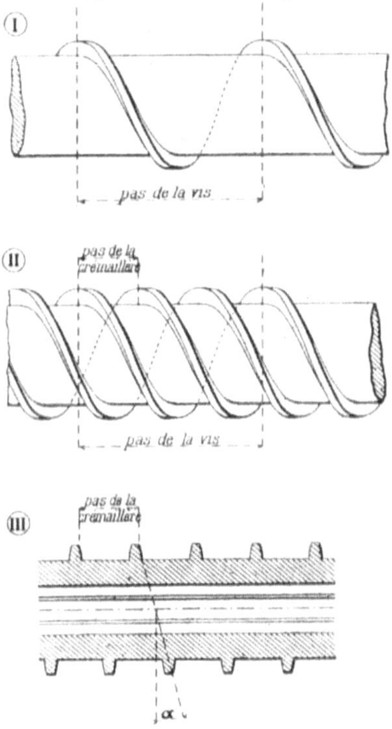

Fig. 127. — Schémas de vis.

I. — Vis à un filet.

IL — Vis à trois filets.

III. — Coupe d’une vis. α, l’angle de pression.

On choisit, en général, des vis à six, sept ou huit filets pour les vis sans fin appliquées à la transmission des voitures automobiles de tourisme.

Pour pouvoir calculer les dimensions, il faut encore se donner la distance H de l’axe de la roue à l’axe de la vis et le pas de la crémaillère.

Prenons un exemple.

Soit six le nombre de filets choisi ; supposons que

$$H = 120 \text{ mm} \quad \text{et } p = 20 \text{ mm}$$

Ce moteur tournant à 1.500 tours et la réduction à obtenir étant de 4/1 on a :

Nombre de dents de la roue : $n' = n\text{N} / \text{N}' = 6 \times 4 = 24$ dents

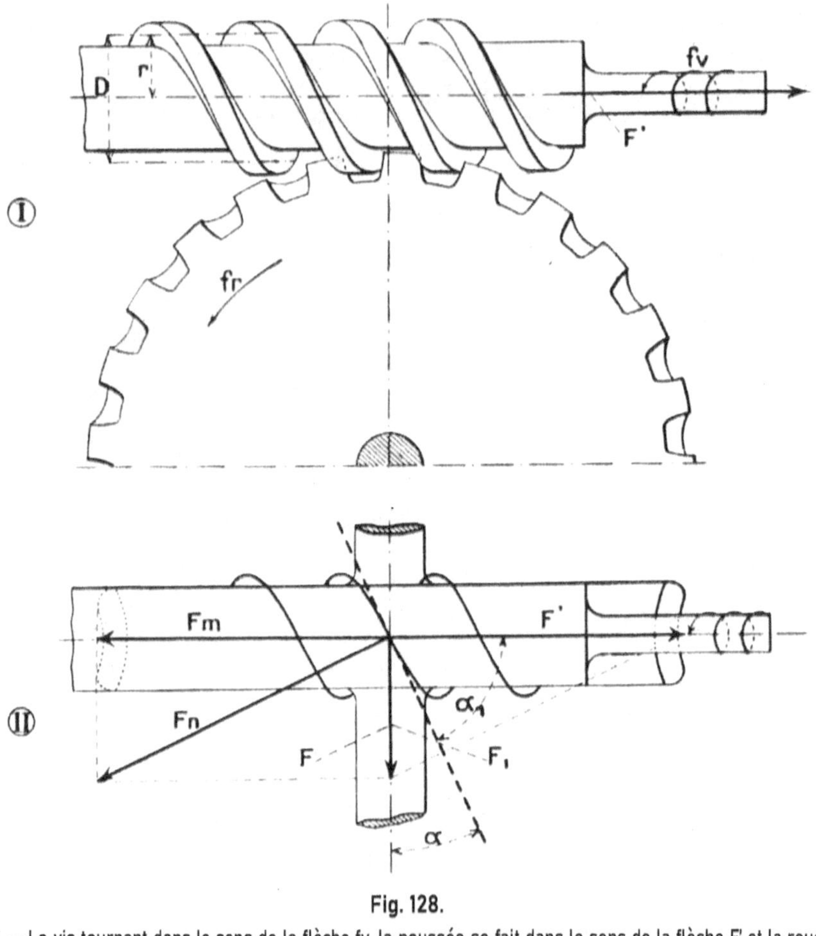

Fig. 128.

I. – La vis tournant dans le sens de la flèche fv, la poussée se fait dans le sens de la flèche F' et la roue tourne dans le sens de la flèche fr. – D, diamètre primitif de la vis r = D/2.

II. – La tangente aux filets de la vis fait avec l'axe de la vis un angle $\alpha 1$, complémentaire de l'angle α. La pression des filets sur des dents de la roue s'exerce normalement à cette tangente, suivant la ffèche Fn. Ces pressions Fn se décomposent en une poussée F, suivant l'axe de la roue, et une force Fm qui n'est autre que l'effort moteur sur la roue. La figure montre que Fm = F' et F = F1 en appelant F l'effort tangentiel au cercle primitif de la vis et F1 la poussée dans le sens de l'axe de la roue. Cette poussée, de même que F', doit être reçue par des butées à billes.

On a aussi le diamètre primitif de la roue

$$D' = 24 \times 20 \ / \ 3{,}1416 = 152 \text{ mm}$$

$$D = (120 - (152/2)) \times r = 88 \text{ mm}$$

Le pas de vis

$$P = 20 \times 5 = 120 \text{ mm}$$

et

$$\text{tg}\,\alpha = (3{,}1416 \times 88) \ / \ 120 = 0{,}43$$

donc

$$\alpha = 24° \text{ environ}$$

Cette valeur ne serait pas acceptable, il faudrait modifier nos données, pour arriver à un angle de 35° environ, on ne peut guère y arriver que par tâtonnements.

Dans une transmission par vis sans fin, les poussées axiales sont considérables.

La vis tournant dans le sens indiqué par la flèche f v (fig. 129) une poussée se fait suivant la flèche F'.

D'autre part, la pression Fn exercée normalement à la denture de la roue se décompose en une poussée F, suivant l'axe de la roue et une force F qui n'est autre que l'effort moteur sur cette roue.

La figure 128 montre que, lorsqu'on ne tient pas compte du frottement, on a

$$F_1 = Fm$$

et en appelant F l'effort tangentiel au cercle primitif de la vis

$$F = F_1$$

c'est-à-dire que la poussée dans le sens de l'axe, la vis est égale à l'effort moteur transmis à la roue, et que la poussée dans le sens de l'axe de la roue est égale à l'effort tangentiel correspondant au rayon du cercle primitif de la vis[4].

On a d'ailleurs les relations

$$F = F_1 \quad \text{et} \quad F' = Fm = F\ \text{tg}\,\alpha$$

(4) On sait que l'effort tangentiel $F = (P \times 60 \times 75) \ / \ (2 \times \pi \times r \times N)$ en appelant P la puissance motrice en HP, *r* le rayon du cercle primitif en mètres et N le nombre de tours à la minute

$$\pi = 3{,}1416$$

Ainsi, si nous supposons que la puissance du moteur est de 12 HP et le nombre de tours de l'arbre à cardan (en première vitesse) de 360 tours par minute, le diamètre primitif de la vis étant de 88 mm et l'angle α étant de 35°, on a :

$$F = F_1 = 540 \text{ kilog. environ}$$

$$F' = F_m = 600 \text{ kilog}$$[5]

Il faudra donc prévoir au bout de la vis une butée pouvant supporter à 360 tours une poussée d'au moins 600 kil., et sur l'axe de la roue une butée pouvant supporter pour la vitesse angulaire correspondante de la roue une poussée d'au moins 540 kilos, c'est-à-dire dans les deux cas des butées très robustes.

Comme en marche arrière les forces F, F_1, F' et F_m sont dirigées dans le sens opposé à celui qu'elles avaient en marche avant, il faut prévoir des butées de chaque côté de la roue et une butée double à la vis, comme on le voit figure 130.

Construction

Deux modèles de vis hélicoïdales sont employés actuellement dans la construction automobile, la *vis globique* (fig. 129) et la *vis cylindrique* (fig. 129).

La première est construite depuis une douzaine d'années déjà par la maison anglaise Lanchester.

Cette maison, spécialisée dans la fabrication de ces vis, a acquis une grande notoriété à l'heure actuelle, et fournit plusieurs maisons anglaises soit de ponts arrière entiers, soit de vis et de roues (Daimler anglais, Deasy, etc.) soit de machines spéciales à tailler les vis et les roues.

La vis cylindrique est la plus employée, parce que c'est la plus facile à tailler. La maison anglaise David Brown and Sons s'est acquis une grande réputation dans le taillage de ces vis.

(5) Si on tient compte du frottement entre les dents, on a, en appelant f le coefficient de frottement, les formules bien connues :

$$F' = F \frac{\operatorname{cotg} \alpha - f}{1 + f \operatorname{cotg} \alpha} \quad \text{et} \quad F_1 = \frac{F}{\sin \alpha + f \cos \alpha}$$

F et F_1 sont donc d'autant plus petits que f est grand. En général, on prend $f = 0{,}1$ pour le frottement acier sur bronze.

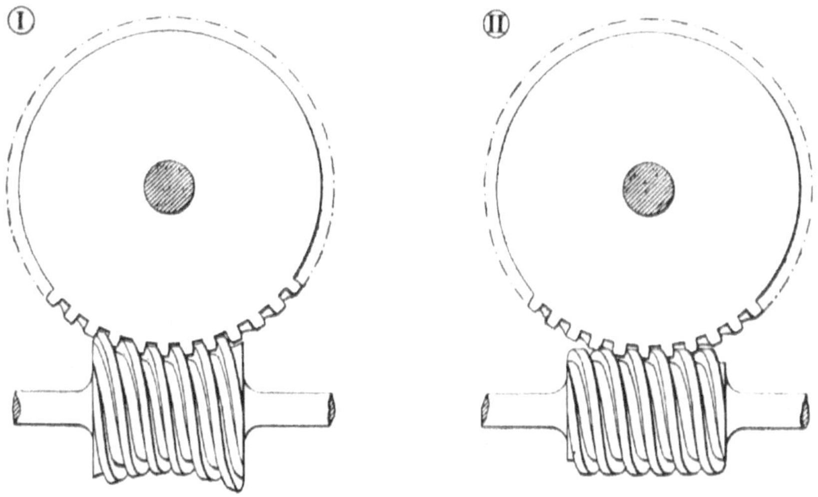

Fig. 129. — Deux types de vis.
I. — Vis globique, du type Lanchester.
II. — Vis cylindrique, le type le plus employé.

Une vis doit être fabriquée en bon acier de cémentation; la roue, au contraire, doit être en bronze phosphoreux avec 10 à 40 % d'étain.

Le bon fonctionnement d'une vis sans fin dépend surtout des soins apportés à son montage.

Voici les conseils que donne M. Perrot, ingénieur en chef des usines Argyll, qui a déjà construit un bon millier de voitures à transmission par vis sans fin :

« La vis doit être montée absolument au centre de la roue, la plus petite déviation occasionne un frottement considérable et le pont arrière chauffe.

On arrive facilement au résultat par un usinage soigné des pièces constituant le pont arrière.

Un léger grattage des flancs de la roue est recommandé pour obtenir une meilleure portée des flancs de la vis sur les flancs de la roue.

La roue ne doit avoir aucun porte-à-faux et les différentiels à pignons droits se prêtent mieux que les différentiels à pignons coniques pour l'établissement d'un bon montage sans porte-à-faux de la roue.

Quelques maisons qui ont eu des déboires avec la vis sans fin n'ont qu'à en accuser leur usinage.

La plus grande précision est nécessaire pour obtenir un bon rendement. Mais si les précautions voulues sont prises, la vis sans fin

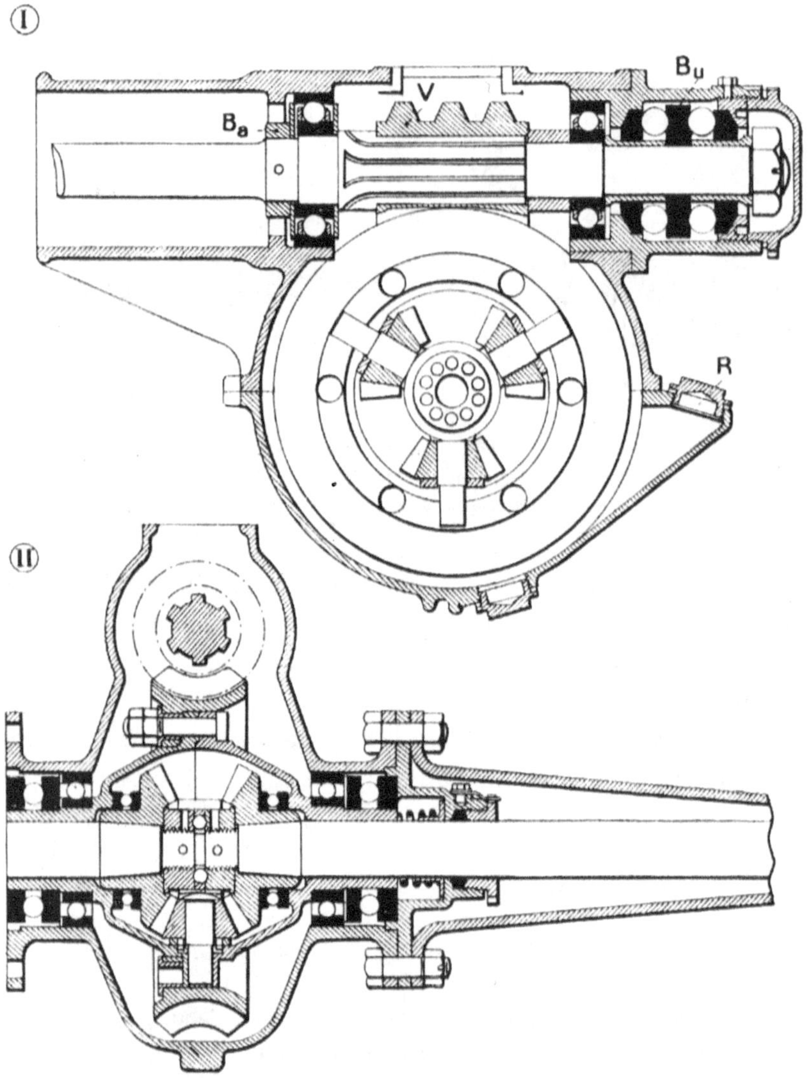

Fig. 130. — Le pont à vis de la voiture Argyll.

V, vis à trois filets. — Bn, une solide butée double. — Ba, bague de serrage. — R, orifice de remplissage d'huile.

I. — Coupe verticale par l'axe de la vis.

II. — Coupe horizontale par l'axe du pont.

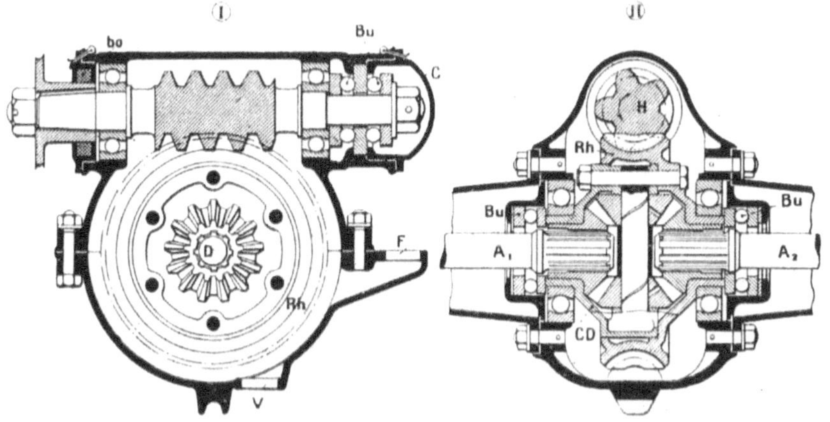

Fig. 131. — Un type de vis construit par David Brown.

Bn, butée double. — bo, boîte à bourrage. — C, couvercle de la vis. — Rh, roue hélicoïdale. — F, orifice de remplissage. — V, orifice de vidange. — A_1 et A_2 arbres moteur aux roues.

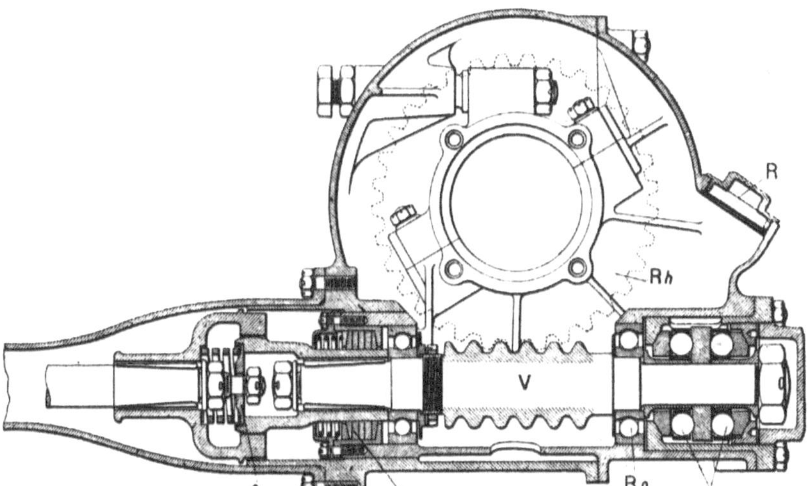

Fig. 132. — Coupe de la vis Peugeot.

V, vis à six filets. — Rh, roue hélicoïdale.— R, orifice de remplissage. — Ro, roulement à billes. — Bu, butée à billes. — bo, boîte à bourrage. — f, plaque de fermeture.

Fig. 133. — Le pont arrière à vis de la 14 HP Peugeot.
C V, carter de la vis. — CR, carter du différentiel.

Fig. 134. — Le carter de la 14 HP Peugeot démonté.

s'use très lentement – bien moins vite que des engrenages coniques – et le rendement reste bon très longtemps.

La maison belge S. A. V. A. construit une vis réglable en position; cela permet de corriger les défauts d'usinage, s'il y en a, et de rattraper l'usure qui peut se produire à la longue. C'est une excellente précaution ».

Entretien de la vis sans fin

L'entretien de la vis sans fin se réduit à une bonne et abondante lubrification.

La graisse consistante, que l'on emploie pour les engrenages coniques, est inutilisable pour les vis sans fin, l'huile seule doit être employée.

M. H. Perrot conseille l'emploi d'une huile épaisse, genre huile à cylindre de machine à vapeur. Cette huile laisse, la voiture étant arrêtée, un dépôt suffisant sur les filets, pour assurer encore après plusieurs jours de stationnement le graissage au démarrage.

Le graissage à huile oblige, naturellement, à prendre toutes les précautions nécessaires pour éviter les fuites d'huile. Une bonne boîte à bourrage (feutre suiffé) suffit d'ailleurs.

La transmission par chaînes

Nous ne dirons que peu de mots des transmissions par chaînes, puisqu'elles tendent à disparaître complètement.

À mon avis, il est inutile de les regretter. La transmission par chaînes a certainement de précieux avantages, mais elle a aussi de graves défauts : les chaînes s'usent rapidement, font du bruit — même protégées par des carters soi-disant étanches — et elles peuvent casser. La transmission par des chaînes usées donne un rendement déplorable.

Le bruit produit par une chaîne neuve, à vrai dire, est presque imperceptible. Mais quand elle a travaillé quelque temps, quand elle s'est légèrement allongée et que son pas ne correspond plus au pas de la denture des pignons ; quand surtout elle s'est imprégnée de poussière et de boue, et que chacun de ses maillons ne s'articule plus qu'en grinçant, elle devient alors fort bruyante.

Ce défaut ne lui est pas inhérent, mais provient uniquement des circonstances défectueuses de son emploi. La preuve en est que la chaîne, bien protégée et bien graissée, tend à remplacer les engrenages pour commander la distribution des moteurs, justement dans le but d'obtenir un fonctionnement plus silencieux.

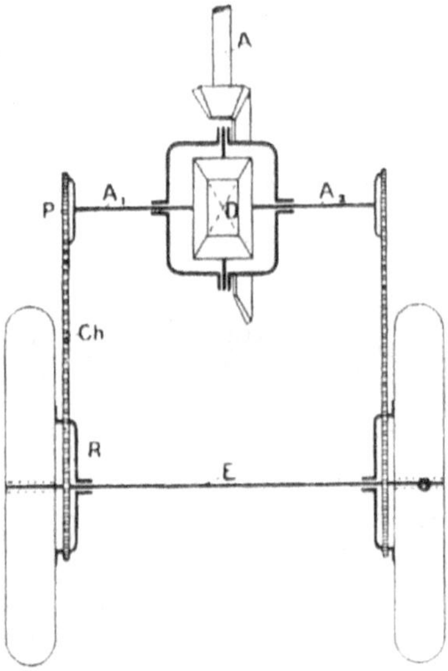

Fig. 135. — Schéma d'une transmission par chaînes.

A, arbre de transmission venant de la boîte de vitesses. — A1 et A2, arbres transversaux de transmission. — D, différentiel. — E, essieu fixe. — P, pignon de chaîne. — R, roue de chaîne. — Ch, chaîne de transmission.

Je sais bien qu'on a prétendu que, si les voitures à chaînes sont plus bruyantes, cela tient à ce que le couple conique est porté directement par le châssis et que son ronflement s'amplifie par la résonnance de la carrosserie ; tandis que celui d'une voiture à cardans, enfermé dans le pont arrière et porté par les pneus, voit ses vibrations s'amortir de ce fait. Mais les voitures à cardans transversaux (de Dion, Pilain, de Bazelaire, etc.) ont aussi leur différentiel fixé au châssis, elles sont cependant aussi silencieuses qu'aucune autre.

Le second grief qu'on a fait à la chaîne est d'exiger un nettoyage et un graissage aussi fréquents qu'inefficaces. Exposée à toutes les intempéries, la poussière et la boue pénètrent ses articulations et forment, avec le lubrifiant, un émeri qui les ronge rapidement. Si l'on veut retarder cette usure, il faut s'astreindre à des démontages répétés, des lavages au pétrole, des bains de suif fondu, toute une cuisine peu appétissante et souvent impossible à pratiquer à la remise ou au garage.

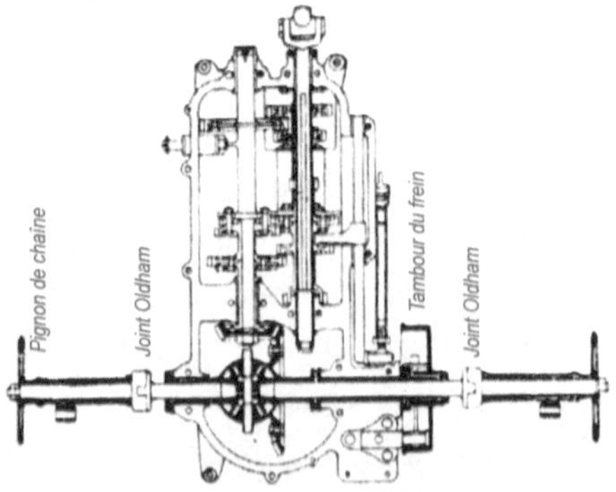

Fig. 136. — La transmission par chaînes (boîtes de vitesses pour voitures à chaînes) des anciennes voitures Bayard-Clement.

Le remède à tous ces inconvénients est l'emploi d'un carter. Nous en parlerons plus loin .En somme, alors que l'on cherche par tous les

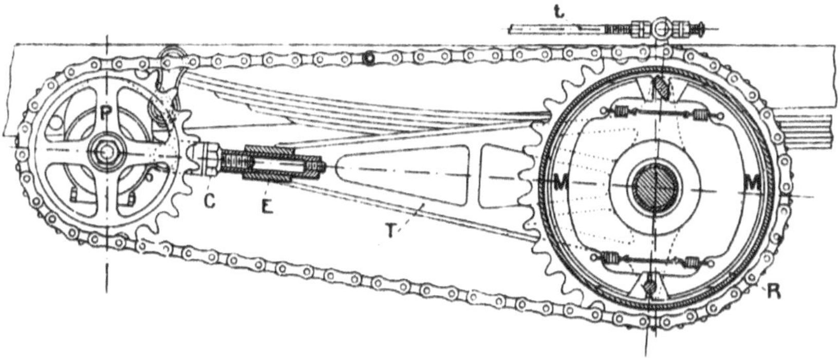

Fig. 137. — Chaîne avec tendeur de chaîne.

P, pignon de chaîne. — R, roue de chaîne. — T, tendeur. — E,écrou. — C, contre-écrou. — MM, mâchoires de frein. — t, tige de frein.

moyens, bons ou mauvais, de rendre la voiture silencieuse, employer une transmission par chaînes serait un véritable non-sens. Réservons la chaîne aux lourds camions ou aux très grosses voitures très rapides. Mais pour la voiture moyenne, la transmission par pignon d'angle est tout indiquée.

⁂

Dans une transmission par chaînes, tout comme dans la transmission par cardan, c'est la réaction du sol sur le bandage qui produit la propulsion de la voiture.

Cette poussée doit être transmise au châssis.

Elle pourrait l'être simplement par les ressorts de suspension, montés alors sans jumelle à l'avant. Mais comme il faut déjà prévoir un organe maintenant la chaîne à une tension voulue, on a préféré charger ce même organe de transmettre également la poussée.

Ce sera un tendeur de chaîne, faisant office de bielle de poussée.

Ce tendeur de chaîne devra être réglable en longueur ; il devra être horizontal, autant que possible, pour ne pas trop soulever l'arrière de la voiture dans un démarrage un peu brusque.

La fig. 137 représente un tendeur de chaînes du modèle le plus simple — qui n'est pas le meilleur. C'était l'ancien tendeur de chaînes Bayard-Clément, complètement abandonné aujourd'hui. On règle sa longueur par un écrou E et on bloque par le contre-écrou C.

Le tendeur à excentrique a été adopté par presque tous les constructeurs qui font encore de la voiture à chaînes.

Le pignon de chaîne est solidaire de l'excentrique. Cet excentrique, denté extérieurement, peut tourner dans la jambe de force. Une clef permet d'agir sur cet excentrique et de lui imprimer la rotation voulue.

On peut même entourer l'ensemble d'un carter, dit « carter de chaînes » et le réglage peut alors se faire de l'extérieur de ce carter, sans nécessiter aucun démontage.

Le carter de chaînes

La chaîne, enfermée dans une enveloppe étanche, travaillant à l'abri des agents destructeurs tout comme les autres organes mécaniques, conserverait longtemps son fonctionnement silencieux et son bon rendement des premiers jours. Sa durée, ainsi que celle des pignons et roues de chaînes, serait considérablement augmentée. Enfin, l'entretien serait réduit au minimum, le nettoyage supprimé, le graissage consistant simplement à garnir de temps à autre le carter de lubrifiant. Les chaînes ainsi protégées ne demanderaient pas plus de soins que des joints de cardan, d'une accessibilité souvent discutable. D'où vient donc que ce dispositif ne s'est pas généralisé ?

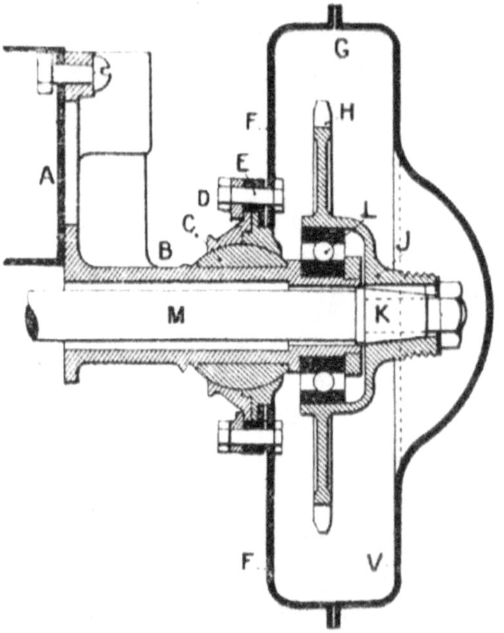

Fig. 138. — Coupe transversale par un carter de chaînes.

M, arbre transversal.– K, cône de serrage. – L, roulement à billes. – J, pignon de chaînes. – H, dents. – A, longeron du châssis. – C, rotule. – D, tendeur. – E, boulon de fixation du carter sur le tendeur.

C'est que le problème est délicat et qu'il faut satisfaire à des conditions qui peuvent paraître contradictoires. Le carter doit être rigoureusement étanche, sous peine de n'être qu'une gêne inutile ; cependant il doit permettre le réglage de la tension des chaînes. Il doit être fixé solidement, ne pas vibrer, ne pas ferrailler, être rigide, et cependant permettre la visite, le graissage, le remplacement aisé de la chaîne. Il doit permettre tous les déplacements de l'essieu, sans les contrarier, sans en souffrir, et sans cesser un instant son rôle de protection.

Les maisons Pipe, Charron, etc., qui se sont attelées à ce problème, en ont donné une solution des plus élégantes et des mieux réussies. Le carter de chaîne dont la maison Charron munit ses 25 HP répond d'une façon parfaite à tous ces desiderata.

Ce tendeur de chaîne (fig. 139) est en tôle d'acier emboutie, dont la section forme un U très aplati. À son extrémité B il porte une bague en bronze dans laquelle vient tourillonner l'essieu arrière, sur lequel une portée est ménagée à cet effet. L'autre extrémité est constituée par un collier en deux pièces E. Le tendeur porte en outre quatre bras, M, N, P, Q, dont nous verrons l'utilité.

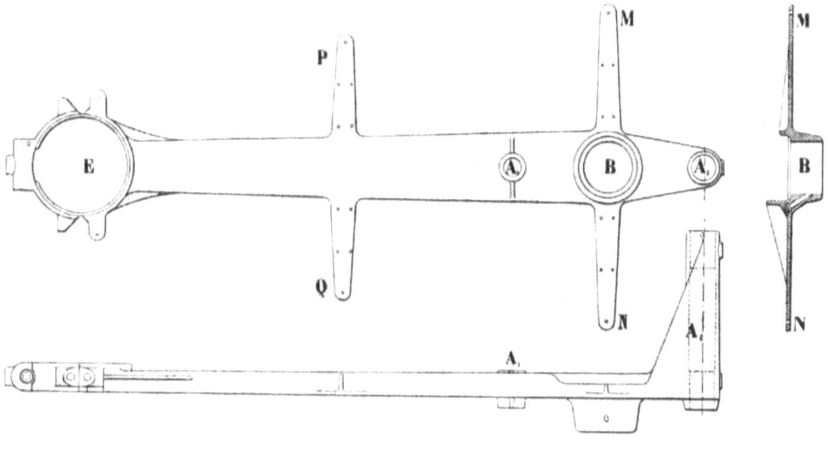

Fig. 139. — Le tendeur de chaîne Charron.

A_1, bossage portant l'axe d'articulation des segments de frein. — A_2, bossage portant l'axe de la came. — B, tourillonnement de l'essieu arrière. — E, collier contenant l'excentrique qui s'articule sur le pont différentiel. — M, N, P, Q, bras sur lesquels est rivée la tôle formant le fond du carter.

Examinons la fig. 141 ; le corps du tendeur est représenté en coupe en T, c'est la bague en bronze dans laquelle tourillonne l'essieu arrière. À l'avant se trouve le collier en deux pièces dont nous avons parlé et qui contient un excentrique E également en deux pièces. Cet excentrique est monté sur une rotule R que présente le pont différentiel, et sa circonférence est taillée suivant une denture hélicoïdale qui engrène avec une vis tangente V. Cette vis porte un carré Q sur lequel se fixe une clé manœuvrable à la main.

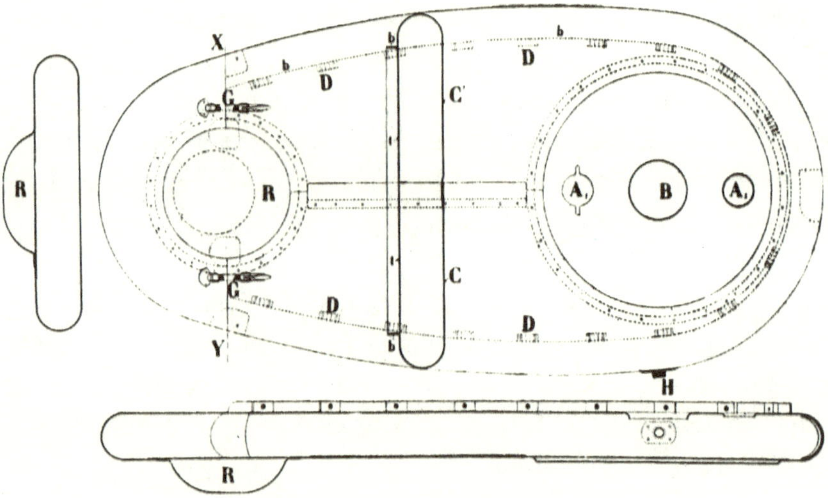

Fig. 140. — Coupe et élévation du carter de chaînes Charron.

t, tôle de fond du carter, rivée sur le tendeur. — b, rebord portant les bossages. — D, bossages filetés. — A1, A2, passage des bossages des axes de frein.— B, passage du bossage de l'essieu arrière. — G, agrafes maintenant la partie avant. — R, renflement circulaire contenant le pignon de chaîne. — XX, ligne suivant laquelle s'ouvre le carter. — H, bouchon de vidange.

Le mécanisme de tension de la chaîne se comprend aisément. En faisant tourner la vis V, celle-ci déplace l'excentrique E qui, prenant appui sur sa rotule, repousse le tendeur et par suite l'essieu arrière. La vis étant irréversible, il suffit de l'abandonner dans la position voulue.

Remarquons que les deux articulations du tendeur sont rigoureusement concentriques au pignon et à la roue de chaîne. Aucune variation de tension ne se produira donc lors des flexions de ressorts. En outre, le montage à rotule en R permet au tendeur toutes les obliquités lorsqu'une seule des roues rencontre un obstacle et le soustrait à tout gauchissement.

Passons au carter lui-même. Sur les bras M, N, P, Q du tendeur est rivée une tôle *t* (fig. 2 et 3) de 1,5 mm d'épaisseur présentant un rebord *b* (fig. 141). Cette tôle, fixée à demeure sur le tendeur, forme le fond du carter. Sur elle sont rivés des bossages D portant un trou fileté.

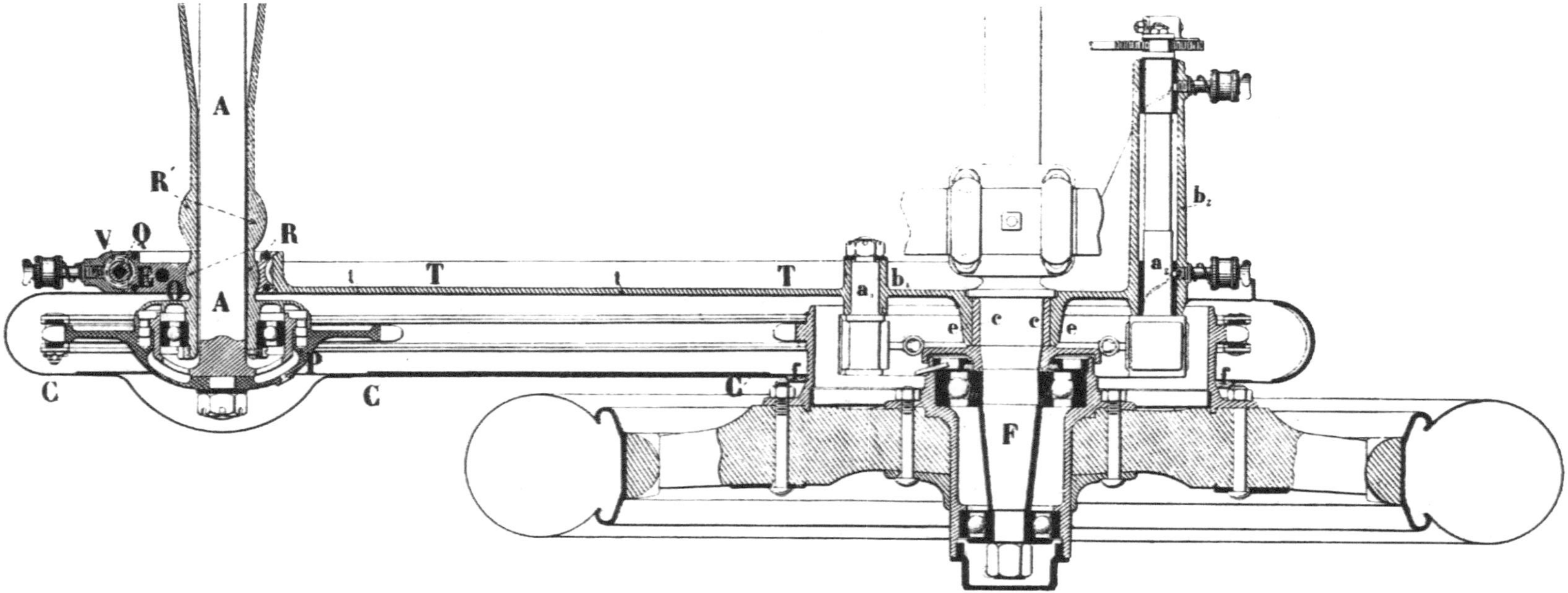

Fig. 141. — Ensemble du tendeur et du carter en place (Charron).

A, arbre portant le pignon de chaîne. — P, pignon de chaîne. —R′, rotule de fixation du pont différentiel au châssis. — R, rotule servant d'appui à l'excentrique. — E, excentrique. — V, vis commandant l'excentrique. — Q, carré de manœuvre de la vis. — T, tendeur de chaîne. — t, tôle formant le fond du carter. — O, ouverture pratiquée dans la tôle pour le passage du pont différentiel. — C, carter de chaîne. — $b_{,,}$, bossage de l'axe d'articulation des sabots de frein. — b_2, bossage de l'axe de la came. — a_1, axe d'articulation des sabots. — a_2, axe de la came. — e e, bossage tourillonnant autour de l'essieu arrière. — c c, bague en bronze. — F, fusée de l'essieu. — f, bourrage assurant l'étanchéité.

Ces bossages servent à fixer, au moyen de vis, le carter proprement dit C en deux parties assemblées, formées d'une tôle repliée de 0,8 mm d'épaisseur. Toute la portion du carter située à droite de la ligne XY est ainsi assemblée et ne s'enlève que lors d'un démontage de la roue. Il suffit pour cela d'enlever les vis des bossages D.

Au droit du pignon de chaîne, le carter porte un renflement circulaire R assez large pour permettre le déplacement du carter sur le pignon lors du réglage de la tension. Ce renflement circulaire est rivé sur la partie avant du carter, celle qui est à gauche de XY, et s'emboîte à frottement doux dans la partie arrière. Or, la partie avant est amovible et n'est maintenue sur le reste du carter, où elle s'emboîte, que par les agrafes G. Il suffit donc d'ouvrir ces agrafes et de tirer vers l'avant la partie détachable pour découvrir entièrement le pignon de chaîne. L'examen, le graissage de la chaîne se font en cet endroit.

Si un maillon est à changer, on l'amène sur le pignon en faisant tourner la roue arrière. Pour assurer une lubrification constante de la chaîne, il suffit de mettre dans le fond du carter de l'huile ou de la graisse dans quoi vient tremper le brin inférieur. Un bouchon de vidange H est prévu à cet effet.

Quant à l'étanchéité, on l'a obtenue du côté de la roue par un bourrage *f* (fig. 141) qui forme joint avec le tambour du frein. L'ouverture O nécessaire pour permettre le déplacement par rapport au pont différentiel, lors des réglages de tension, est complètement obturée par l'excentrique E.

La chaîne

Les chaînes sont toujours maintenant du type à rouleaux simples ou type dit « chaîne silencieuse ». Ces chaînes je n'y reviens donc pas.

Rappelons seulement que, pour obtenir une transmission satisfaisante, il ne faut pas faire travailler les chaînes à plus de 1/20 de leur charge de rupture ; qu'elles doivent être aussi légères que possible puisque c'est leur poids qui les fait flotter et que c'est ce flottement qui occasionne en partie leur bruit caractéristique ; qu'il ne faut pas que le rapport du nombre de dents du pignon et de la roue de chaîne dépasse le rapport de 1 à 5.

Table des Matières

I - La Direction

II – Les roues

III – La suspension

IV – La transmission

V – Pignon d'angle et vis sans fin

autos / motos

www.decoopman.com

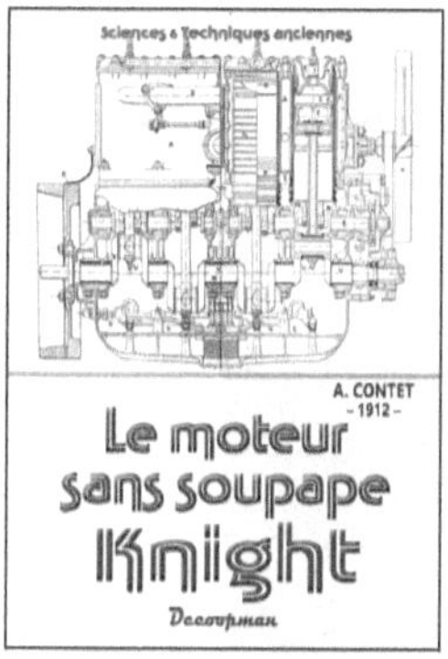

Éditions Decoopman - Ferrières - 30440 Saint-Laurent-le-Minier
Tel : +33 (0) 4.67.73.90.95 - web : www.decoopman.com - e.mail : livres@decoopman.com

www.ingramcontent.com/pod-product-compliance
Lightning Source LLC
LaVergne TN
LVHW090427061026
849522LV00002B/517
* 9 7 8 2 3 6 9 6 5 1 8 2 6 *